软件开发人才培养系列丛书

Python 实战教程
（微课版）

+ 孔祥盛◎主编
+ 王芸 聂萌瑶 茹蓓◎副主编

人民邮电出版社
北京

图书在版编目（CIP）数据

Python实战教程：微课版 / 孔祥盛主编. -- 北京：人民邮电出版社，2022.2（2022.12重印）
（软件开发人才培养系列丛书）
ISBN 978-7-115-57963-8

Ⅰ．①P… Ⅱ．①孔… Ⅲ．①软件工具－程序设计－教材 Ⅳ．①TP311.561

中国版本图书馆CIP数据核字(2021)第235869号

内 容 提 要

本书采用"案例螺旋升级"驱动"知识螺旋升级"的编写模式，针对同一案例，由浅入深地讲解了10种实现方法，巩固所学知识，帮助读者在实践中体会知识的价值。全书共16章，内容涵盖基本数据类型、自定义函数、控制语句、自定义模块和导入语句等Python基础知识，面向对象编程、文件管理和路径管理、序列化和持久化等Python中级知识，Web开发、数据库开发等Python高级知识，字符编码、BOM等拓展知识。

本书内容丰富，讲解深入，可作为普通高等学校计算机专业相关课程的教材，也可作为广大Python开发爱好者的自学参考书。

◆ 主　　编　孔祥盛
　　副 主 编　王　芸　聂萌瑶　茹　蓓
　　责任编辑　许金霞
　　责任印制　王　郁　陈　犇

◆ 人民邮电出版社出版发行　北京市丰台区成寿寺路11号
　　邮编　100164　电子邮件　315@ptpress.com.cn
　　网址　https://www.ptpress.com.cn
　　固安县铭成印刷有限公司印刷

◆ 开本：787×1092　1/16
　　印张：17.5
　　字数：499千字
　　　　　　　　　　2022年2月第1版
　　　　　　　　　　2022年12月河北第2次印刷

定价：59.80元

读者服务热线：(010)81055256　印装质量热线：(010)81055316
反盗版热线：(010)81055315
广告经营许可证：京东市监广登字 20170147 号

前言
Preface

Python 是一门工具语言，用户利用 Python 可以从事诸如 Web 开发、爬虫、软件测试、数据分析与数据挖掘、数据可视化、人工智能等开发工作。目前市场上介绍 Python 的图书较多，然而大多数图书仅将 Python 作为工具进行讲解，没有将 Python 作为编程语言进行深入的解析，导致很多初学者学完 Python 后，仍存在很多的知识盲点，这些知识盲点会给 Python 初学者和从业者带来许多困惑。为了帮助读者快速走出知识盲区，作者根据多年从事软件开发的经验编写了本书。

用书指南

主要内容

本书采用"案例螺旋升级"驱动"知识螺旋升级"的编写模式，全书共 16 章，分为基础篇、基础实战篇、中级篇、中级实战篇、综合实战篇、知识拓展篇。

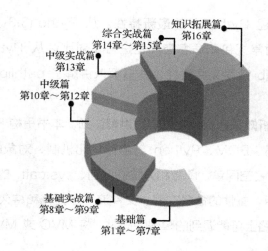

> **基础篇（第 1 章～第 7 章）**：讲解结构化编程的相关知识，具体包括 Python 的特点、赋值语句的执行流程、自定义函数、命名空间、控制语句、自定义模块、import 导入语句等知识。基础篇详细阐述 Python 的基本语法，帮助读者快速了解 Python，为读者后续深入学习 Python 夯实基础。

> **基础实战篇（第 8 章～第 9 章）**：讲解元组、集合、列表、字典、字符串的常用方法，并对第 1 章～第 7 章进行实战总结。

> **中级篇（第 10 章～第 12 章）**：讲解面向对象编程、文件管理和路径管理的相关知识。中级篇详细阐述对象的本质，帮助读者从对象的视角理解 Python 中的一切。

> **中级实战篇（第 13 章）**：讲解序列化和持久化，利用 json 标准模块、csv 标准模块和 pickle 标准模块对第 1 章～第 12 章进行实战总结。

> **综合实战篇（第 14 章～第 15 章）**：讲解 Web 开发和数据库开发等知识，利用 Bottle 第三方模块和 sqlite3 标准模块进行综合实战。

> **知识拓展篇（第 16 章）**：讲解字符编码、BOM 等知识，对 Python 中的标点符号进行总结。

内容特色

> **内容编排由浅入深、项目案例设计循序渐进**。学习的过程就是一个知识积累的过程，为了确保知识之间能够自然过渡，本书采用"案例螺旋升级"驱动"知识螺旋升级"的编写模式，使读者在项目案例升级的同时升级理论知识。

> **百余幅图例，图文并茂地阐释晦涩的理论**。编者绘制了百余张示例图片，并运用形象化语言图文并茂地讲解了晦涩难懂的理论知识；同时，在描述抽象知识时，使用形象化语言进行表达。

> **全面阐述 Python3 的最新特性**。从 Python3.3 开始，Python 即可支持命名空间包，本书对常规包和命名空间包进行了对比。从 Python3.4 开始，Python 即可支持使用 pathlib 管理文件路径，本书深入讲解了 pathlib 的使用，并与 os.path 进行了对比。

> **深入解析知识盲点，上机实践讲解详细**。本书重构 Python 知识体系，深入浅出地讲解了字符编码、BOM、Python 的内存优化机制、对象的拷贝、命名空间、组包和解包、常规包和命名空间包、函数和方法的区别、sys.path 的作用、构造方法的执行流程、self 的生命周期、属性的命名空间、文件流、序列化和持久化等知识盲点，帮助读者扫清 Python 前进道路上可能遇到的障碍。同时，将 MVC 或 MVT 分层的设计思想融入项目案

例，结合应用场景设计了大量的上机实践，读者按照书中操作步骤即可自行完成项目案例和上机实践任务，本书旨在帮助读者在最短的时间内深入理解 Python。

教学指南

由于各专业人才培养目标的不同，教学内容也不相同。本书针对各种教学场景给予相应的教学建议。如果教学计划是 32 学时，本书的第 1 章～第 9 章可作为主要教学内容。如果教学计划是 48 学时，本书的第 1 章～第 13 章可作为教学内容。如果教学计划是 64 学时，本书的第 1 章～第 15 章可作为教学内容。第 16 章是拓展知识，是对前面章节进行的知识补充，可作为学生的课外自学内容，用于培养学生自学能力。当然，教师在教学过程中，可以根据学生的知识掌握情况适当调整教学内容。

配套资源

➢ **安装程序和帮助文档**。本书提供 Python 安装程序（32 位和 64 位两个版本）、二进制查看器、Python 官方文档、Bottle 官方文档等资源，便于读者进行编程实践与拓展学习。

➢ **学习效果考核相关资源**。本书提供的项目案例可用于课程设计、期中考试和期末考试。教师只需布置考核任务，学生按照书中所列步骤，即可自行完成考核任务。本书还提供了非笔试考核方案供教师参考。

➢ **教学辅助资源**。本书提供 PPT 电子课件、各章节的源代码、项目案例源代码、电子教案、教学进度表等资源，便于教师教学。

阅读提示

➢ **Python 中一切皆对象**。本书使用对象和对象名描述 Python 中的所有知识。

➢ **使用命名空间管理对象名**。C、Java 等编程语言使用"栈"保存变量名，而在 Python 中使用命名空间保存对象名。本书从函数和模块的角度深入讲解命名空间。

编者分工

本书由孔祥盛担任主编，王芸、聂萌瑶和茹蓓担任副主编。其中：孔祥盛编写第 1

章~第 8 章；王芸编写第 9 章~第 12 章；聂萌瑶编写第 13 章~第 15 章；茹蓓编写第 16 章；孔祥盛设计了本书案例、内容架构，并进行了全书统稿。由于作者水平有限，书内难免有不妥或遗漏之处，恳请读者批评指正。

版权所有，侵权必究！

编者
2021 年 11 月

基础篇

第 1 章 Python 概述

1.1　Python 简介 ·· 2
1.2　Python 的特点 ··· 3
1.3　Python 解释器 ··· 3
1.4　安装 Python 解释器 ·· 4
　　上机实践 1　安装 Python 解释器和配置 Path 环境变量 ········ 4
　　上机实践 2　交互模式下运行 Python 代码 ···························· 6
　　上机实践 3　运行 Python 程序（采用直接方式）·················· 8
　　上机实践 4　运行 Python 程序（采用间接方式）················ 12
　　上机实践 5　利用自省功能自学 Python ······························ 13

第 2 章 标识符和对象名

2.1　标识符 ··· 18
　　2.1.1　标识符的命名规则 ··· 18
　　2.1.2　单下画线标识符 "_" 的妙用 ····································· 18
2.2　Python 内存优化机制 ··· 19
2.3　对象名的管理 ·· 19
　　2.3.1　使用赋值语句为对象命名 ·· 19
　　2.3.2　使用 del 语句删除对象名 ·· 19
2.4　对象和对象名间的关系总结 ··· 19
　　上机实践 1　认识保留字（也叫关键字）···························· 20
　　上机实践 2　理解 Python 的内存优化机制 ························· 23
　　上机实践 3　对象名的管理 ··· 24

第 3 章 初识内置数据类型

- 3.1 常用的内置数据类型 ·········· 27
- 3.2 数字、布尔型数据和 None ·········· 27
  - 3.2.1 数字 ·········· 27
  - 3.2.2 布尔型数据 ·········· 28
  - 3.2.3 None ·········· 28
- 3.3 字符串 ·········· 28
  - 3.3.1 字符串的特点 ·········· 28
  - 3.3.2 转义字符 ·········· 28
  - 3.3.3 字符串的索引操作 ·········· 29
  - 3.3.4 字符串的切片操作 ·········· 29
  - 3.3.5 格式化字符串 ·········· 29
- 3.4 元组 ·········· 30
- 3.5 列表 ·········· 30
- 3.6 集合 ·········· 30
- 3.7 字典 ·········· 30
- 3.8 对象的拷贝 ·········· 31
- 上机实践 1 认识数字、布尔型数据和 None ·········· 31
- 上机实践 2 认识字符串 ·········· 32
- 上机实践 3 认识元组 ·········· 36
- 上机实践 4 认识列表 ·········· 37
- 上机实践 5 认识集合 ·········· 38
- 上机实践 6 认识字典 ·········· 39
- 上机实践 7 对象的拷贝 ·········· 40
- 上机实践 8 理解"Python 中一切皆对象" ·········· 44

第 4 章 运算符和数据类型转换

- 4.1 运算符 ·········· 45
  - 4.1.1 算术运算符 ·········· 45
  - 4.1.2 比较运算符 ·········· 46
  - 4.1.3 赋值运算符 ·········· 46
  - 4.1.4 逻辑运算符 ·········· 46
  - 4.1.5 成员运算符 ·········· 46
  - 4.1.6 对象比较运算符 ·········· 47
  - 4.1.7 条件运算符 ·········· 47
- 4.2 类型转换的必要性 ·········· 47
- 4.3 理解 True 和"真"、False 和"假" ·········· 48
- 4.4 精简代码的技巧 ·········· 48

上机实践 1	运算符	48
上机实践 2	显式类型转换的必要性	51
上机实践 3	常用的类型转换函数	52
上机实践 4	逻辑运算符	54

第 5 章 自定义函数

5.1 代码块 ……………………………………………………………… 55
5.2 自定义函数的语法格式 …………………………………………… 56
5.3 函数的生命周期 …………………………………………………… 56
5.4 命名空间 …………………………………………………………… 57
    5.4.1 命名空间概述 ………………………………………………… 57
    5.4.2 内部函数 ……………………………………………………… 57
    5.4.3 命名空间的 LEGB 规则 ……………………………………… 57
5.5 形式参数和实际参数 ……………………………………………… 58
5.6 return 语句 ………………………………………………………… 58
5.7 lambda 表达式 ……………………………………………………… 59
5.8 组包和解包 ………………………………………………………… 59
5.9 参数是可变更对象时的注意事项 ………………………………… 59
    上机实践 1 理解函数的生命周期 …………………………………… 59
    上机实践 2 理解命名空间 …………………………………………… 62
    上机实践 3 理解形式参数和实际参数 ……………………………… 67
    上机实践 4 理解 return 语句 ………………………………………… 69
    上机实践 5 使用 lambda 表达式创建匿名函数对象 ……………… 70
    上机实践 6 理解组包和解包 ………………………………………… 71
    上机实践 7 参数是可变更对象时的注意事项 ……………………… 74

第 6 章 控制语句

6.1 if 语句 ……………………………………………………………… 76
    6.1.1 不包含 else 子句的 if 语句 ………………………………… 76
    6.1.2 包含 else 子句的 if 语句 …………………………………… 76
    6.1.3 包含 elif 子句的 if 语句 …………………………………… 77
6.2 循环语句 …………………………………………………………… 77
    6.2.1 while 循环语句 ……………………………………………… 77
    6.2.2 for 循环语句 ………………………………………………… 78
    6.2.3 使用循环语句的建议 ………………………………………… 78
6.3 其他控制语句 ……………………………………………………… 78
6.4 强行终止程序的执行 ……………………………………………… 79

6.5 异常的处理 79
   6.5.1 常见的内置异常类型 79
   6.5.2 异常处理程序的完整语法格式 80
6.6 控制语句中定义的对象名具有向外穿透性 80
上机实践 1 if 语句 81
上机实践 2 不包含 else 子句的 while 循环语句 83
上机实践 3 不包含 else 子句的 for 循环语句 84
上机实践 4 其他控制语句的使用 87
上机实践 5 强行终止程序的执行 89
上机实践 6 异常的处理 91

第 7 章 自定义模块和导入语句

7.1 模块概述 95
   7.1.1 自定义模块 95
   7.1.2 Python 包的必要性 95
7.2 sys.path 的第 1 个元素的两种取值 96
7.3 import 语句的 5 种常见用法 96
7.4 模块的主次之分 97
   7.4.1 模块的 __name__ 属性 97
   7.4.2 主模块 97
   7.4.3 非主模块 97
   7.4.4 模块名和模块的 __name__ 属性值间的关系 98
   7.4.5 模块的 __name__ 属性在测试中的作用 98
7.5 主程序存放位置的建议 98
7.6 总结 99
   7.6.1 import 语句总结 99
   7.6.2 Python 程序与 Python 模块间的关系总结 99
上机实践 1 认识自定义模块 100
上机实践 2 __init__.py 程序的作用 101
上机实践 3 import 语句的第 3 种用法 104
上机实践 4 import 语句的第 4 种和第 5 种用法 106
上机实践 5 Python 程序存在主模块和非主模块两种身份 107
上机实践 6 模块的 __name__ 属性在测试中的作用 109
上机实践 7 主程序建议存放在项目根目录下 112

基础实战篇

第 8 章 项目实战：学生管理系统的实现（列表和字典篇）

8.1 元组对象 ······ 115
8.2 集合对象 ······ 115
8.3 列表对象 ······ 116
8.4 字典对象 ······ 116
上机实践 1 元组的应用 ······ 117
上机实践 2 集合的应用 ······ 117
上机实践 3 列表的应用 ······ 119
上机实践 4 字典的应用 ······ 123

第 9 章 项目实战：字符串的处理与格式化

9.1 字符串的处理 ······ 127
9.2 字符串的格式化 ······ 128
上机实践 1 准备工作 ······ 129
上机实践 2 字符串的处理 ······ 129
上机实践 3 字符串的格式化 ······ 131
上机实践 4 认识常用的格式化指令 ······ 132
上机实践 5 字符串的处理（综合）······ 135

中级篇

第 10 章 为什么面向对象编程

10.1 从认知现实世界的角度理解面向对象编程 ······ 139
    10.1.1 人类认知现实世界的过程 ······ 139
    10.1.2 计算机管理现实世界的过程 ······ 140
10.2 从避免代码冗余的角度理解面向对象编程 ······ 140
    10.2.1 结构化编程 ······ 140
    10.2.2 面向对象编程 ······ 141
    10.2.3 理解类和对象之间的关系 ······ 142
10.3 理解需求的重要性 ······ 142
10.4 知识汇总 ······ 143
    10.4.1 现实世界 vs 计算机世界知识汇总 ······ 143
    10.4.2 结构化编程 vs 面向对象编程知识汇总 ······ 143

第 11 章 面向对象编程基础知识

11.1 定义类的语法格式 ··········· 145
11.2 类的定义、模板对象和实例化对象 ··········· 145
 11.2.1 类的定义、模板对象和实例化对象间的关系 ··········· 145
 11.2.2 函数和方法的关系 ··········· 146
 11.2.3 查看模板对象和实例化对象的内部结构 ··········· 146
 11.2.4 访问模板对象和实例化对象的内部结构 ··········· 146
11.3 构造方法的构成 ··········· 147
 11.3.1 __new__方法的语法格式 ··········· 147
 11.3.2 __init__方法的语法格式 ··········· 147
11.4 对象的属性和方法 ··········· 147
 11.4.1 实例属性和实例方法 ··········· 147
 11.4.2 类方法和静态方法 ··········· 147
 11.4.3 类属性 ··········· 148
11.5 方法的链式调用 ··········· 148
11.6 小结 ··········· 148
上机实践 1 类的定义、模板对象和实例化对象间的关系 ··········· 151
上机实践 2 构造方法、实例属性和实例方法 ··········· 156
上机实践 3 类方法和静态方法 ··········· 160
上机实践 4 类属性的应用 ··········· 163
上机实践 5 方法的链式调用 ··········· 164

第 12 章 文件管理和路径管理

12.1 文件、目录和路径 ··········· 165
 12.1.1 文件管理概述 ··········· 165
 12.1.2 文件的分类 ··········· 165
 12.1.3 文本文件的分类 ··········· 165
 12.1.4 目录和路径 ··········· 166
 12.1.5 绝对路径和相对路径 ··········· 166
 12.1.6 路径管理概述 ··········· 167
12.2 文件管理 ··········· 167
 12.2.1 理解打开文件 ··········· 167
 12.2.2 理解读文件和写文件 ··········· 168
 12.2.3 理解刷新文件 ··········· 169
 12.2.4 理解关闭文件 ··········· 169
12.3 文件管理知识汇总 ··········· 170
12.4 使用 pathlib 管理文件路径 ··········· 170
上机实践 1 文件管理和路径管理基础知识 ··········· 171

	上机实践 2	以"写"模式打开文本文件	172
	上机实践 3	以"读"模式打开文本文件	176
	上机实践 4	追加模式和排他写模式	178
	上机实践 5	关闭文件的正确方法	179
	上机实践 6	pathlib 模块的 Path 类的使用	181

中级实战篇

第 13 章 项目实战：学生管理系统的实现——JSON、CSV 和 pickle

13.1	序列化和持久化	189
13.2	json 模块的使用	190
13.2.1	JSON 内置的数据类型	190
13.2.2	json 模块的序列化和持久化方法	190
13.2.3	内存中的对象和 JSON 字符串相互转换	191
13.3	csv 模块的使用	192
13.3.1	列表对象到 CSV 文本文件	192
13.3.2	字典对象到 CSV 文本文件	193
13.4	pickle 模块的使用	194
13.5	总结	194
上机实践 1	json 模块的使用	195
上机实践 2	csv 模块的使用	203
上机实践 3	pickle 模块的使用	211

综合实战篇

第 14 章 项目实战：学生管理系统的实现——Web

14.1	Web 开发概述	215
14.2	Bottle 概述	216
14.3	初识 FORM 表单	216
14.3.1	表单标签	216
14.3.2	表单控件	216
14.3.3	表单按钮	218
上机实践 1	初识 Bottle 和认识 GET 请求	218
上机实践 2	认识 POST 请求	221
上机实践 3	Bottle 内置模板引擎的使用	224
上机实践 4	学生管理系统的实现——Web	226

第15章 项目实战：学生管理系统的实现——数据库

15.1 SQLite 概述 ... 231
15.2 数据库和数据库表 ... 231
15.3 SQLite 数据类型 ... 232
15.4 创建数据库表结构 ... 232
15.5 表记录的操作 ... 232
  上机实践1 使用 sqlite3 模块操作 SQLite 数据库 ... 233
  上机实践2 基于 Web 学生管理系统的实现——数据库 ... 238

知识拓展篇

第16章 拓展知识

16.1 认识字符和字符编码 ... 242
  16.1.1 十进制数和二进制数 ... 242
  16.1.2 ASCII 编码表和 ASCII 字符集 ... 242
  16.1.3 十六进制数 ... 243
  16.1.4 字符编码表 ... 243
  16.1.5 字符集 ... 244
  16.1.6 Unicode 编码表 ... 244
  16.1.7 实现 Unicode 编码表的字符集 ... 245
  16.1.8 UTF-8 流行的原因 ... 245
  16.1.9 Python 字符串弃用 UTF-8 的原因 ... 245
  16.1.10 理解字符编码和字符解码 ... 246
  上机实践1 通过文本文件认识字符和字符编码 ... 246
  上机实践2 通过 Python 代码认识字符和字符编码 ... 249
16.2 使用 IDLE 开发 Python 程序 ... 253
  上机实践3 使用 IDLE 开发 Python 程序 ... 253
16.3 可迭代对象和迭代器对象 ... 255
  上机实践4 可迭代对象和迭代器对象 ... 255
16.4 生成器函数和生成器对象 ... 259
  上机实践5 生成器函数和生成器对象 ... 260
16.5 pip 包管理工具的使用 ... 261
  上机实践6 pip 包管理工具的使用 ... 261
16.6 Python 中的标点符号 ... 263
16.7 os 模块和 pathlib 模块的对比 ... 266

基础篇

第 1 章 Python 概述

本章讲解了 Python 特点、Python 解释器的构成、Python 代码的执行流程以及 Python 程序中文本的字符编码的重要性等理论知识,演示了安装 Python 解释器,配置 Path 环境变量,启动 Python Shell,交互模式下运行 Python 代码,采用直接方式运行 Python 程序,采用间接方式运行 Python 程序,以及利用自省功能自学 Python 等实践操作。通过本章的学习,读者将理解 Python 代码的执行流程,掌握 Python 程序的两种运行方式,并具备自学 Python 的能力。

1.1 Python 简介

Python 由荷兰计算机程序员 Guido van Rossum(吉多·范罗苏姆,以下简称为吉多)于 1989 年设计,之所以取名为 Python,是因为吉多非常喜欢观看英国六人喜剧团体 Monty Python 的喜剧节目,并将盘绕的蟒蛇(蟒蛇的英文单词是 python)作为了该编程语言的 LOGO。2000 年 Python2.0 发布,2008 年 Python3.0 发布。考虑到 Python3 与 Python2 并不兼容,并且从 2020 年 1 月 1 日起,Python 的核心开发人员不再提供 Python2 的安全更新,本书主要讲解 Python3。

简单来讲,Python 是一门解释型、交互式、支持面向对象的编程语言。所谓解释型,是指 Python 代码会被 Python 解释器逐行"翻译"成"字节码"。所谓交互式(也称为交互模式),是指编程人员在 Python Shell 上输入 Python 代码,Python 解释器解释、执行接到的 Python 代码,并将执行结果显示在 Python Shell 上。

说明 1:关于交互式的说明。Shell(译作壳)区别于 Core(译作核),为用户提供了访问"核"的命令窗口,如图 1-1 所示。图中坚果的"核"是 Python 解释器,坚果的"壳"是 Python Shell,用户可以在"壳"上输入 Python 代码与"核"进行交互,并且一个"核"可以同时和多个"壳"进行交互。Python Shell 是一个可以和 Python 解释器交互的命令窗口,需要注意,一个 Python 解释器可以和多个 Python Shell 同时进行交互。Python Shell 种类繁多,常见的有 cmd 命令窗口、IDLE、Jupyter Notebook 等。本书主要使用 cmd 命令窗口和 IDLE 作为 Python Shell。

图 1-1 Python Shell 和 Python 解释器间的交互

说明 2:关于面向对象编程的说明。面向对象编程(Object-Oriented Programming,OOP)是一种将一组属性和一组行为绑定到单个对象的编程方法。对象封装了属性和方法,对象的数据类型称作"类"。以汽车为例,如图 1-2 所示,左边是汽车类 Car,右边是汽车类的具体对象 car。汽车对象 car 将一组属性(如燃料、品牌、座位数等)和一组行为(如加速、刹车、换挡等)封装在一起。有关面向对象编程的知识可参看第 10 章、第 11 章的内容。

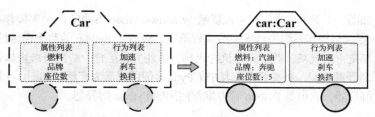

图 1-2 汽车类 Car 和汽车对象 car

1.2 Python 的特点

Python 的特点

起初，Python 是一门较为小众的编程语言，直到最近几年，随着数据科学、人工智能的兴起，Python 逐渐变成热门语言。Python 的广泛流行与其特点密不可分，如图 1-3 所示。

优雅、明确、简单：吉多的良师益友、Python 的核心开发成员 Tim Peters（蒂姆·彼得斯）曾经提出 The Zen of Python（Python 编程之禅），提出了 Python 的编程哲学——优雅、明确、简单，读者可在交互模式下输入代码 "import this" 查看 Python 编程之禅的全部内容。《Java 编程思想》(Thinking in Java)的作者 Bruce Eckel（布鲁斯·埃克尔）评价 Python："life is short, you need python"（吾生有涯，Python 无涯）。

丰富的第三方库：Python 拥有庞大的开发者社区，致力于开发各种功能的 Python 第三方库，例如用于 Web 开发的 Flask、Django 和 Bottle，用于数据科学计算的 SciPy、NumPy、Pandas 和 Matplotlib，用于机器学习的 TensorFlow、Keras 和 PyTorch。

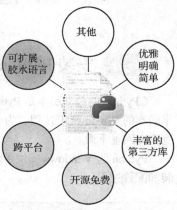

图 1-3 Python 的特点

说明：本章提到的"库"本意是指"模块"，例如本章提到的第三方库、标准库本意是指"第三方模块""标准模块"。

开源免费：任何人都可以免费使用 Python 和 Python 第三方库，甚至可以查看它们的源代码。任何人都可以为 Python 开发者社区做出贡献。

跨平台：不夸张地说，同一个 Python 程序，在不进行任何修改的情况下，可以运行在 Windows、macOS 和 Linux 等不同操作系统平台上。

可扩展、胶水语言：使用 C、C++语言为 Python 编写扩展模块，Python 能把这些扩展模块"粘"在一起，Python 有时也被称为"胶水语言"。

1.3 Python 解释器

Python 解释器

Python 代码是 Python 解释器（Python Interpreter）可以解释执行的指令，运行 Python 代码前需提前安装 Python 解释器。Python 解释器是一个特殊程序，由编译器和虚拟机两部分构成。Python 代码的执行分为两个步骤：Python 代码被 Python 解释器的编译器"逐行""翻译"成"字节码"；虚拟机运行字节码，

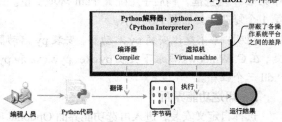

图 1-4 Python 代码的执行步骤

产生运行结果，如图1-4所示。虚拟机可以屏蔽Windows、macOS和Linux等操作系统平台之间的差异，使Python变成与操作系统平台无关的编程语言，成就了Python的跨平台特性。

说明：字节码是中间代码，并不是可执行代码，不能直接运行，必须借助虚拟机才能运行。

Python解释器开源免费、种类繁多，其中CPython使用得最为广泛，如图1-5所示。本书使用的就是CPython解释器，它也是Python官方推荐使用的Python解释器。

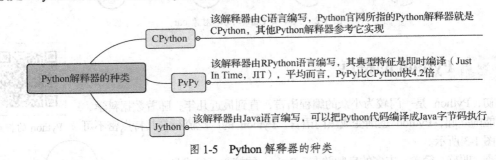

图1-5 Python解释器的种类

1.4 安装Python解释器

CPython的最新版本是Python 3.9，需要注意Python 3.9不能在Windows7或更早版本的Windows上使用。为了便于学习，本书选择使用Python 3.8.5，此版本可到官方网址下载。

安装Python解释器

Python为Windows提供了图形化安装界面。本书以Windows为例详细讲解Python解释器的安装和配置过程。

上机实践1　安装Python解释器和配置Path环境变量

场景1　安装Python解释器

1．安装选项界面

Python安装选项界面提供了"Install Now"（立即安装）和"Customize installation"（自定义安装）两个选项，这里选择自定义安装。

安装选项界面底部提供了两个复选框。第1个复选框负责为所有用户安装py启动器(py launcher)，如果已经安装，此处是灰色，为不可选状态。第2个复选框负责将Python解释器python.exe添加到Path环境变量中，此时我们暂不选中第2个复选框，稍后手工配置Path环境变量。此处勾选第1个复选框，如图1-6所示。

图1-6 安装选项界面

说明：本书建议安装py启动器。安装py启动器的本质是，在C:\Windows\目录下安装py.exe、pyw.exe和pyshellext.*.dll三个程序。

2．可选功能界面

选择自定义安装，进入可选功能界面Optional Features，如图1-7所示。该界面列出的所有功能都是可选的，建议选中所有复选框。各个功能选项说明如下。

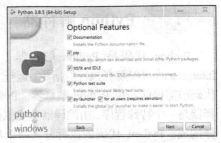

图1-7 可选功能界面

- Documentation：安装 Python 的 chm 帮助文档文件（建议安装）。
- pip：pip 是 Python 的第三方包管理工具（建议安装）。
- td/tk and IDLE：安装 tkinter 和 IDLE（建议安装）。tkinter 是一个开发图形用户界面的标准库；IDLE 是一个编写 Python 程序的集成开发环境（Integrated Development Environment，IDE）。
- Python test suite：安装内置模块和标准模块的测试程序。如果选择该选项，安装程序会在 C:\python3\Lib\目录创建 test 目录，保存所有内置模块和标准模块的测试程序。
- py launcher 和 for all users：为所有用户安装 py 启动器（建议安装）。

3．高级选项界面

单击"Next"下一步按钮进入高级选项界面 Advanced Options，该界面提供了 7 个高级选项，保持图 1-8 所示的两个默认选项。

7 个高级选项的说明如下。

- Install for all users：所有操作系统用户可用。
- Associate files with Python (requires the py launcher)：只有安装了 py 启动器，才能将扩展名是.py、.pyd、.pyc 或.pyo 的文件关联到 py 启动器或 IDLE 集成开发环境。

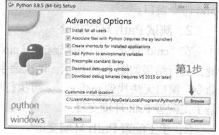

图 1-8　高级选项界面

- Create shortcuts for installed applications：为已安装的应用程序创建快捷方式。
- Add Python to environment variables：添加系统变量。
- Precompile standard library：安装预编译标准库。
- Download debugging symbols：为 Visual Studio 下载调试符号文件。例如 python38.dll 对应的调试符号文件为 python38.pdb。
- Download debug binaries (requires VS 2015 or later)：为 Visual Studio 下载二进制的调试符号文件。

在高级选项界面中，还可以选择 Python 的安装路径，为便于管理，本书将 Python 的安装路径设置为 C:\python3。方法是单击"Browse"浏览按钮，其他步骤按照图 1-9～图 1-11 所示的提示操作即可。

图 1-9　修改安装路径界面　　图 1-10　新建文件夹界面

图 1-11　确认安装路径界面

4．安装成功界面

单击"Install"安装按钮开始安装，耐心等待就可以进入安装成功界面 Setup was successful，如图 1-12 所示。安装完成后，单击"Close"关闭按钮，关闭安装向导。

图 1-12　安装成功界面

场景 2　手工配置 Path 环境变量

知识提示 1：采用上述步骤成功安装 Python 解释器后，可在"C:\python3"目录中找到 python.exe 可执行程序，可在"C:\python3\Scripts"目录中找到pip.exe可执行程序。

知识提示2：python.exe可执行程序是Python解释器；pip.exe可执行程序是Python第三方包管理工具。

知识提示3：Path环境变量设置了可执行程序所在的路径，配置Path环境变量的目的是在"cmd命令"窗口中执行可执行程序时，不必携带可执行程序所在的路径。

知识提示4：本场景的目的是能够在cmd命令窗口中直接执行"python"和"pip"命令。

1．打开cmd命令窗口

通过"Windows+R"快捷键打开"运行"对话框，输入"cmd"，然后按"Enter"键，打开cmd命令窗口。

2．测试Path环境变量

在"cmd命令"窗口中先输入"pip"命令，按"Enter"键；再输入"python"命令，按"Enter"键，运行结果如图1-13所示，两次命令都出现了"不是内部或外部命令"的错误，这是因为"cmd命令"窗口无法找到python.exe可执行程序和pip.exe可执行程序。避免出现此类问题的最简单方法是手工配置Path环境变量。

3．手工配置Path环境变量

将python.exe所在的路径"C:\python3"以及pip.exe所在的路径"C:\python3\Scripts"配置到Path环境变量中，操作步骤如下。

右键单击"我的电脑"→单击"属性"→单击"高级系统设置"→选择"高级"选项卡→单击"环境变量"按钮。在"系统变量"区域，找到名称为Path的变量，双击（或者单击"编辑"按钮），在"变量值"末尾处输入"；C:\python3;C:\python3\Scripts;"（注意路径之间以英文分号分隔），如图1-14所示，单击所有的"确定"按钮，从所有窗口中退出，即可配置Path环境变量。

图1-13 测试Path环境变量

图1-14 手工配置Path环境变量

4．重新测试

打开新的cmd命令窗口，先输入"pip"命令，再输入"python"命令，重新测试。如果解除了上述错误，说明Path环境变量已经手工配置成功。

▶注意：新的Path环境变量只在新的cmd命令窗口中生效。

上机实践2 交互模式下运行Python代码

知识提示1：交互模式下运行Python代码是指在Python Shell上输入Python代码、执行Python代码、显示执行结果的一系列行为。本书有时将交互模式称作会话模式。

知识提示2：可以通过cmd命令窗口启动Python Shell，也可以通过IDLE启动Python Shell，熟练使用这两种Python Shell后，读者可尝试使用Jupyter Notebook作为Python Shell。借助pip包管理工具可下载安装Jupyter Notebook，相关知识可参看第16.5节的内容。

场景 1　通过 cmd 命令窗口启动 Python Shell

（1）打开 cmd 命令窗口，如图 1-15 所示。

说明：打开 cmd 命令窗口后，此处 cmd 命令窗口的当前工作目录是“C:\Users\Administrator”。

（2）键入“python”或者“py”，然后按“Enter”键，即可启动 Python Shell，如图 1-16 所示。

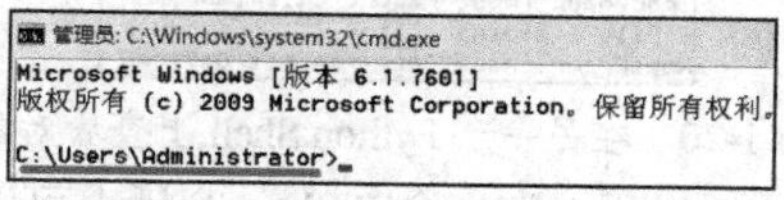

图 1-15　cmd 命令窗口的当前工作目录

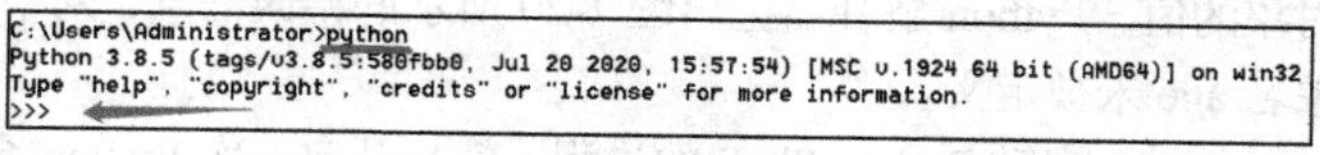

图 1-16　启动 Python Shell

说明 1：成功启动 Python Shell 后，cmd 命令窗口中将出现 Python 命令提示符“>>>”。

说明 2：启动 Python Shell 的过程也是启动 Python 会话的过程。

说明 3：只有安装了 py 启动器，才能通过“py”命令启动 Python Shell。

说明 4：由于本场景通过 cmd 命令窗口启动了 Python Shell，Python Shell 的当前工作目录被设置为 cmd 命令窗口的当前工作目录，此处是“C:\Users\Administrator”。上机实验时务必留意 Python Shell 的当前工作目录。

场景 2　Python Shell 与 Python 解释器的交互

启动 Python Shell，在 Python 命令提示符“>>>”后输入代码“print('你好 Python')”，然后按“Enter”键，即可看到运行结果“你好 Python”，如图 1-17 所示。

```
>>> print('你好Python')
你好Python
```

图 1-17　Python Shell 与 Python 解释器的交互

说明 1：'你好 Python'是一个字符串。

说明 2：print(str)是 Python 的内置函数，功能是将 str 作为字符串输出到输出设备（此处是 Python Shell），str 是 print()函数的参数，此处 str 的值是字符串'你好 Python'。

> ▶注意 1：和 C、Java 语言不同，Python 代码前的缩进（例如空格、Tab 制表符）被赋予特殊含义，不可随意添加或删除。代码 print('你好 Python')的前面，不能有任何缩进（例如空格、Tab 制表符）。
>
> ▶注意 2：和大部分编程语言采用英文分号“;”作为代码的结束标记不同，Python 以“Enter”键作为代码的结束标记。

场景 3　理解交互模式的特点

（1）启动 Python Shell A，在 Python 命令提示符“>>>”后输入如下代码，然后按“Enter”键。

```
age = '2020-8-8'
```

说明：代码 age = '2020-8-8'的功能是将字符串对象'2020-8-8'命名为 age，age 是对象名。

（2）在 Python Shell A 上输入“age”查看 age 的值，步骤 1 和步骤 2 的执行结果如图 1-18 所示。

说明：交互模式下，直接输入对象名 obj 即可查看对象 obj 的值。此时显示的是对象 obj 的__repr__方法的返回值。读者也可以执行代码“print(age.__repr__())”获得本步骤相同的运行结果。

（3）在 Python Shell A 上输入代码“print(age)”查看 age 的值，然后按“Enter”键，执行结果如图 1-19 所示。

```
>>> age = '2020-8-8'
>>> age
'2020-8-8'
```

图 1-18　在 Python Shell 上查看对象的第 1 种方式

```
>>> print(age)
2020-8-8
```

图 1-19　在 Python Shell 上查看对象的第 2 种方式

说明 1：借助 print(obj)函数打印对象 obj 时，显示的是对象 obj 的__str__方法的返回值（如果没有__str__方法，则显示对象 obj 的__repr__方法的返回值）。读者也可以执行代码"print(age.__str__())"获得本步骤相同的运行结果。

说明 2：Python 是严格区分大小写的编程语言。age 和 Age、print 和 Print 的含义并不相同。

（4）启动另一个 Python Shell B，输入"age"查看 age 对象的值，Python 解释器抛出图 1-20 所示的错误信息，对象名 age 未被定义。

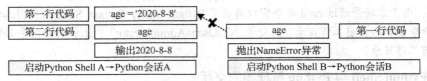

图 1-20　在另一个 Python Shell 上查看对象

总结：启动 Python Shell 的过程，就是开启一次 Python 会话的过程。在一个 Python 会话上可以与 Python 解释器进行多次交互。本场景中 Python 会话 A 和 Python 会话 B 是两个单独的 Python 会话，它们相互独立、相互隔离。Python 会话 B 无法"看到"Python 会话 A 中定义的对象名，如图 1-21 所示。一个 Python Shell 就是一个 Python 会话。

图 1-21　Python 会话的特点

场景 4　**退出 Python Shell（两种方法）**

方法 1：在 Python 命令提示符">>>"后输入代码"exit()"，然后按"Enter"键，即可退出 Python Shell。

说明：有关 exit 函数的知识可参看第 6 章的内容。

▶注意：一旦退出 Python Shell，在该 Python Shell 上定义的对象名即刻失效。

方法 2：使用"Ctrl+Z"组合键，然后按"Enter"键，可以快速退出 Python Shell。

上机实践 3　**运行 Python 程序（采用直接方式）**

知识提示 1：交互模式下的 Python 代码不易于编辑和保存，而文件易于编辑和保存。将 Python 代码写入文本文件中，并将扩展名修改为.py，那么该文本文件就是 Python 程序（也称为 Python 脚本程序）。Python 程序本质是一个包含 Python 代码的"文本文件"。

知识提示 2：Python 程序存在直接和间接两种运行方式。无论采用哪种运行方式，都必须确保 Python 解释器能够找到 Python 程序。

知识提示 3：本节主要介绍采用直接方式运行 Python 程序。采用直接方式运行 Python 程序是指将 Python 程序直接交给 Python 解释器执行，有两种方法：在"cmd 命令"窗口中通过"python"命令运行 Python 程序；在 IDE（例如 IDL）中直接运行 Python 程序。本章主要介绍第 1 种方法，第 2 种方法可参看第 16.2 节的内容。

知识提示 4：文本文件中的文本都以某种字符编码存储于外存中，字符编码是非常重要的知识点，为了认识字符编码的重要性，本章使用 Windows 自带的"记事本程序"编写 Python 程序。

知识提示 5：为了确保内容的连贯性，在不影响学习 Python 知识的前提下，本书将字符编码的相关知识后置在第 16.1 节中进行深入讲解，本节涉及的二进制、十六进制、UTF-8、ANSI、cp936、GBK、UTF-16BE 等知识，可参看第 16.1 节的内容。

场景 1 准备工作

（1）确保显示文件的扩展名

使用 Windows 自带的记事本程序编写 Python 程序前，要确保显示文件的扩展名。方法是：打开"控制面板"→文件夹选项→查看选项卡→取消图 1-22 所示的选择→单击"确定"按钮。

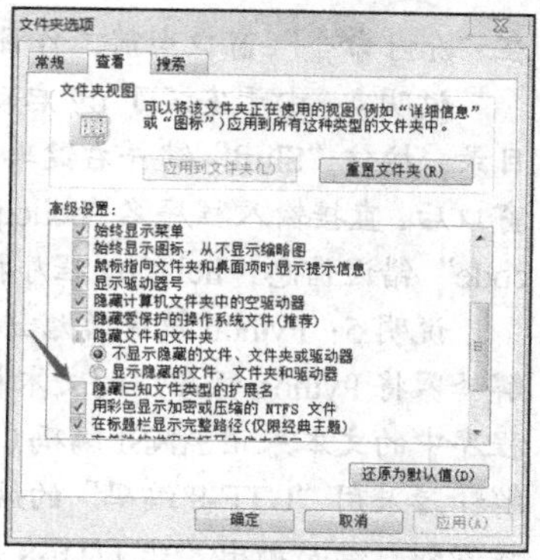

（2）在 C 盘根目录下创建 py3project 目录，并在该目录下创建 hello 目录。

说明：本章的所有 Python 程序保存在 C:\py3project\hello\目录下。

图 1-22 确保显示文件的扩展名

场景 2 使用记事本程序编写 Python 程序

打开 hello 目录，右击鼠标，依次选择"新建""文本文档"，将其重命名为"hello.py"。鼠标右击该文件，选择"用记事本打开该文件"，输入如下代码，然后保存文件并关闭记事本。

```
print('你好 Python')
```

场景 3 采用直接方式运行 Python 程序

知识提示：必须确保 Python 解释器能够找到 Python 程序，Python 解释器才能够执行 Python 程序。有两种方法可以确保 Python 解释器能够找到 Python 程序：将 Python 程序的绝对路径传递给 Python 解释器；将"cmd 命令"窗口的当前工作目录修改为 Python 程序所在的目录，然后将 Python 程序以相对路径的方式传递给 Python 解释器。

方法 1：打开新的"cmd 命令"窗口，输入命令"python C:\py3project\hello\hello.py"，Python 解释器抛出"SyntaxError: Non-UTF-8 code"错误信息，如图 1-23 所示。

```
C:\Users\Administrator>python C:\py3project\hello\hello.py
  File "C:\py3project\hello\hello.py", line 1
SyntaxError: Non-UTF-8 code starting with '\xc4' in file C:\py3project\hello\hello.py on line 1, but no encoding declared; see http://python.org/dev/peps/pep-0263/ for details
```

图 1-23 采用直接方式运行 Python 程序（方法 1）

说明 1：虽然抛出错误信息，Python 解释器确实找到了 Python 程序。

说明 2：本方法中"cmd 命令"窗口的当前工作目录是"C:\Users\Administrator"。

说明 3：命令"python C:\py3project\hello\hello.py"中的"C:\py3project\hello\hello.py"是绝对路径。绝对路径是以根目录开头的目录结构，这里的根目录是 C 盘。本方法将 Python 程序的绝对路径作为参数传递给 Python 解释器，以便 Python 解释器能够找到该程序。

方法 2：回到 hello 目录，按住"Shift"键并右键单击 hello 目录，选择"在此处打开命令窗口"，打开新的"cmd 命令"窗口后，输入命令"python hello.py"，然后按"Enter"键，Python 解释器抛出"SyntaxError: Non-UTF-8 code"错误信息，如图 1-24 所示。

```
C:\py3project\hello>python hello.py
  File "hello.py", line 1
SyntaxError: Non-UTF-8 code starting with '\xc4' in file hello.py on line 1, but no encoding declared;
see http://python.org/dev/peps/pep-0263/ for details
```

图 1-24 采用直接方式运行 Python 程序（方法 2）

说明 1：虽然抛出错误信息，Python 解释器确实找到了 Python 程序。

说明 2：本方法将"cmd 命令"窗口的当前工作目录修改为 Python 程序所在的目录，此处是"C:\py3project\hello\"。

说明 3：命令"python hello.py"中的"hello.py"是相对于 cmd 命令窗口当前工作目录的目录结构，这种目录结构叫作相对路径，相对路径的特点是不以根目录开头。方法 2 中，Python 解释器将在"cmd 命令"窗口当前工作目录"C:\py3project\hello\"中查找 hello.py 程序,并运行该程序。

说明 4:由于安装了 py 启动器,Python 程序也可以直接在"cmd 命令"窗口中运行。回到 hello 目录,按住"Shift"键并右键单击 hello 目录,选择"在此处打开命令窗口",打开新的"cmd 命令"窗口后,直接输入程序名"hello.py",然后按"Enter"键,Python 解释器抛出"SyntaxError: Non-UTF-8 code"错误信息,hello.py 程序被运行。

说明 5:Python 解释器抛出"SyntaxError: Non-UTF-8 code"错误的原因分析。默认情况下,Python 解释器将 Python 程序中的文本视为采用 UTF-8 编码。使用 Windows 记事本程序创建的 Python 程序,程序中的文本采用 ANSI 编码(中文简体 Windows 中的 ANSI 本质是 cp936,等效于 GBK)。Python 解释器采用"UTF-8 编码"的规则解析"GBK 编码"的数据,如同在英文词典中查找汉字,由于查找不到,继而抛出"非 UTF-8 字符"的异常信息。具体而言,"你"的 GBK 编码是"0xc4e3",而 0xc4 不在 UTF-8 字符集的编码区段,导致 Python 解释器抛出异常信息。所以务必确保 Python 程序中文本的字符编码与 Python 解释器解析时使用的字符编码一致。

场景 4 修改 Python 解释器解析 Python 程序的字符编码

(1)复制、粘贴 hello.py 程序,将新程序重命名为 hello_gbk.py,右键单击该文件,选择"用记事本打开该文件",修改为以下代码,然后保存文件并关闭记事本。

```
# coding:GBK
print('你好 Python')
```

(2)在 cmd 命令窗口中执行 hello_gbk.py 程序,执行结果如图 1-25 所示。

```
C:\py3project\hello>python hello_gbk.py
你好Python
```

图 1-25 hello_gbk.py 程序的执行结果

说明 1:代码"# coding:GBK"是字符编码注释,通常位于程序的第一行或第二行。此处的字符编码注释的一个功能是,使 Python 解释器使用 GBK 编码解析 hello_gbk.py 程序中的文本。

说明 2:在 Python 程序中使用字符编码注释的另一个功能是,将 Python 程序移植到其他 IDE(例如 IDLE、Pycharm 或 Spyder)时,确保 Python 程序在各个 IDE 的字符编码相同。

说明 3:字符编码注释有以下 3 种语法结构(示例代码以 UTF-8 为例)。

```
# -*- coding: <encoding name> -*-       示例代码: # -*- coding:UTF-8 -*-
# coding=<encoding name>                示例代码: # coding=UTF-8
# coding:<encoding name>                示例代码: # coding:UTF-8
```

说明 4:注意区分文本文件中文本的字符编码和 Python 字符串的字符编码。以本场景为例:hello_gbk.py 本质是一个存储于外存的文本文件,该文本文件中的文本以 GBK 编码存在;Python 解释器以 GBK 码读取 hello_gbk.py 程序中的文本;Python 解释器执行代码"print('你好 Python')"时,'你好 Python'被解释成内存中的字符串对象,'你好 Python'以 UTF-16BE 编码存在。Python 程序中的文本转换为 Python 字符串对象的过程如图 1-26 所示。有关字符编码的知识可参看第 16.1 节的内容。

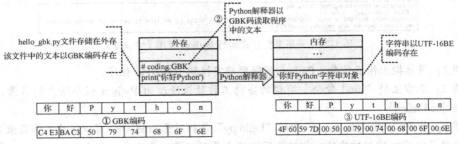

图 1-26 Python 程序中的文本转换为 Python 字符串的过程

场景 5 将文本文件中文本的字符编码修改为 UTF-8

（1）复制、粘贴 hello.py 程序，将新程序重命名为 hello_utf8.py，右键单击该文件，选择“用记事本打开该文件”，修改为以下代码，

```
# coding:UTF-8
print('你好 Python')
```

然后单击“文件”菜单，选择“另存为”菜单项，在弹出的“另存为”对话框中，选择 UTF-8 编码，单击“保存”按钮，在弹出的“确认另存为”对话框中单击“是”按钮，如图 1-27 所示，最后关闭记事本。

说明：如果读者使用的是 Windows10 操作系统，为了保证结果的一致性，请选择“带有 BOM 的 UTF-8”。

（2）在“cmd 命令”窗口中执行 hello_utf8.py 程序，执行结果如图 1-28 所示。

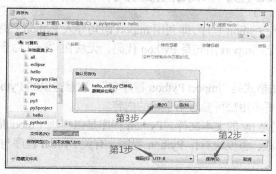

图 1-27　修改文本文件的字符编码为 UTF-8

```
C:\py3project\hello>python hello_utf8.py
你好Python
```

图 1-28　hello_utf8.py 程序的执行结果

说明 1：字符编码注释“# coding:UTF-8”的功能是，使 Python 解释器使用 UTF-8 编码解析 hello_utf8.py 程序中的文本。

说明 2：由于 Python 解释器默认使用 UTF-8 编码解析程序中的文本，因此 hello_utf8.py 程序中的字符编码注释“# coding:UTF-8”可以省略。如果是为了便于 Python 程序在各个 IDE（例如 IDLE、Pycharm 或 Spyder）之间移植，则不建议省略。

场景 6 Python 解释器使用 GBK 码解析 UTF-8 编码的程序

（1）复制、粘贴 hello_utf8.py 程序，将新程序重命名为 hello_utf8_error.py，右键单击该文件，选择“用记事本打开该文件”，并修改为以下代码，然后保存文件并关闭记事本。

```
# coding:GBK
print('你好 Python')
```

（2）在 cmd 命令窗口中执行 hello_utf8_error.py 程序，执行结果如图 1-29 所示。

```
C:\py3project\hello>python hello_utf8_error.py
  File "hello_utf8_error.py", line 1
SyntaxError: encoding problem: GBK with BOM
```

图 1-29　Python 解释器使用 GBK 码解析 UTF-8 编码的程序

说明 1：Windows7 记事本程序会自动在 UTF-8 编码的文本文件开头插入一个不可见的 BOM 字符 0xEFBBBF，该字符并没有在 GBK 编码中定义，故而抛出上述异常信息。

说明 2：避免出现 BOM 的最简单方法是使用专业的 Python 编辑器（例如 IDLE、Pycharm 或 Spyder）。

场景 7 Python 解释器使用 UTF-8 码解析 GBK 编码的程序

(1) 复制、粘贴 hello_gbk.py 程序,将新程序重命名为 hello_gbk_error.py,右键单击该文件,选择"用记事本打开该文件",并修改为以下代码,然后保存文件并关闭记事本。

```
# coding:UTF-8
print('你好 Python')
```

(2) 在"cmd 命令"窗口中执行 hello_gbk_error.py 程序,执行结果如图 1-30 所示。

```
C:\py3project\hello>python hello_gbk_error.py
  File "hello_gbk_error.py", line 2
SyntaxError: (unicode error) 'utf-8' codec can't decode byte 0xc4 in position 0: invalid continuation byte
```

图 1-30 Python 解释器使用 UTF-8 码解析 GBK 编码的程序

上机实践 4 运行 Python 程序(采用间接方式)

知识提示 1:本节主要介绍采用间接方式运行 Python 程序,即利用 import 语句导入 Python 程序,"间接地"将 Python 程序交给 Python 解释器执行。import 语句是 Python 代码,无法在"cmd 命令"窗口上执行,需在 Python Shell 上执行。

知识提示 2:import 译作导入或者加载,语法格式是"import Python 程序名"。注意这里的 Python 程序名不能携带扩展名.py。有关 import 语句的更多用法可参看第 7 章的内容。

知识提示 3:Python 程序本质是一个扩展名是.py 的文本文件,Python 程序是以模块(module)为单位运行的,初学者可将 Python 程序看作模块、将模块看作 Python 程序。有关 Python 程序与模块之间的关系可参看第 7 章的内容。

(1) 按住"Shift"键并右键单击 hello 目录,选择"在此处打开命令窗口",打开新的"cmd 命令"窗口后,输入命令"python"或者"py",然后按"Enter"键,启动 Python Shell A。

说明:本步骤将 Python Shell 的当前工作目录设置为"C:\py3project\hello\",这样 import 语句就能够在该目录下找到 hello_gbk.py 程序了。

(2) 在 Python 命令提示符">>>"后输入代码"import hello_gbk",然后按"Enter"键,执行结果如图 1-31 所示。

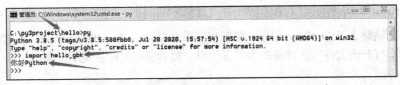

图 1-31 在 Python Shell A 上第 1 次导入 Python 程序

说明 1:Python 解释器自动在 hello 目录下创建__pycache__目录(pycache 左右两边各有两个下画线),并将 hello_gbk.py 程序翻译成 pyc 字节码文件(其中 c 是 compiled 的首字母),如图 1-32 所示。注意观察 pyc 字节码文件的创建日期和修改日期。

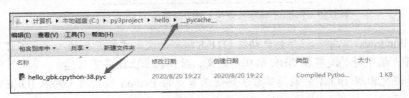

图 1-32 观察 pyc 字节码文件的创建日期和修改日期

说明 2：本步骤的执行流程如图 1-33 所示。①在 Python Shell A 上第 1 次使用 import 语句导入 Python 程序。②Python 解释器的编译器将 Python 程序"翻译"成字节码。③字节码被 Python Shell A 缓存起来，继而产生了模块，Python Shell A 今后可以继续使用该模块。④字节码被写入外存 pyc 字节码文件中，以便"其他 Python Shell"使用。⑤虚拟机运行模块，在 Python Shell A 中显示运行结果。

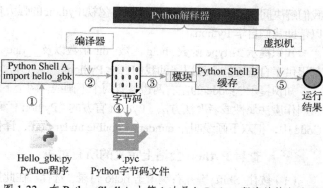

图 1-33　在 Python Shell A 上第 1 次导入 Python 程序的执行流程

（3）重新执行步骤（2），执行结果如图 1-34 所示。

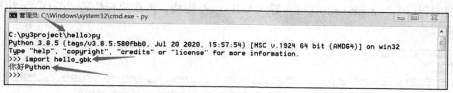

图 1-34　在 Python Shell A 上第 2 次导入 Python 程序

说明：在 Python Shell A 中再次使用 import 语句导入 Python 程序时，由于 Python Shell A 的缓存中已经存在该模块，可直接重用缓存中的模块，而不会重新"编译""运行"该 Python 程序。

（4）重新执行步骤（1）启动新的 Python Shell B。在 Python Shell B 上重新执行步骤（2），执行结果如图 1-35 所示。

图 1-35　在 Python Shell B 上第 1 次导入 Python 程序

说明 1：步骤（4）的执行流程如图 1-36 所示。①在 Python Shell B 上第 1 次使用 import 语句导入 Python 程序。②Python 解释器的编译器判断 pyc 字节码文件是可用的，将 pyc 字节码文件导入到 Python Shell B 的缓存中，继而产生了模块，Python Shell B 今后可以继续使用该模块。③虚拟机运行模块，在 Python Shell B 中显示运行结果。

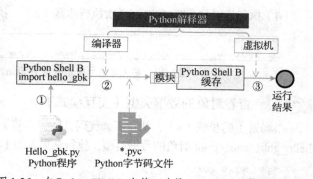

图 1-36　在 Python Shell B 上第 1 次导入 Python 程序的执行流程

说明 2：同一个 Python 会话、同一个 Python 程序，import 语句使 Python 程序只"执行"一次。import 语句实现了 Python 程序的复用，避免了 Python 程序的重复执行，提升了 Python 程序的执行效率。

说明 3：采用直接方式运行 Python 程序时，Python 程序作为主模块运行；采用间接方式运行 Python 程序时，Python 程序作为非主模块运行。有关主模块和非主模块的更多知识可参看第 7 章的内容。

上机实践 5　利用自省功能自学 Python

知识提示 1：我们在学习 Python 的道路上会遇到各种问题，虽然通过百度等搜索引擎可以帮助我们解决问题，但是不应该舍近求远，忽视 Python 的强大自省功能。充分利用 Python 自省功能，可以帮助我们自学 Python。

知识提示 2：type 函数、help 函数、dir 函数以及 __doc__ 文档字符串（document string, docstring）都提供了自省支持，可以帮助我们自学 Python。

知识提示 3：doc 的左右两边各有两个下画线。两个下画线作为前缀、两个下画线作为后缀的名字叫作魔法属性或者魔法方法。Python 官方的《Python 代码样式指南》PEP 8：Style Guide for Python Code 中，把双下画线叫作 dunders（double underscore，译作双下画线）。

场景 1　查看 Python 会话上定义的所有对象

（1）按住 Shift 键并右键单击 hello 目录，选择"在此处打开命令窗口"，打开新的"cmd 命令"窗口后，输入命令"python"或者"py"，然后按"Enter"键，启动 Python Shell。

（2）执行代码"dir()"，执行结果如图 1-37 所示。

```
>>> dir()
['__annotations__', '__builtins__', '__doc__', '__loader__', '__name__', '__package__', '__spec__']
```

图 1-37　查看 Python Shell 上定义的所有对象

说明 1：dir 函数是 Python 的内置函数，没有参数时，该函数返回当前 Python 会话上定义的所有对象。

说明 2：请留意 __builtins__ 对象，场景 5 将会介绍该对象。

（3）执行代码"import hello_gbk"导入 hello_gbk 模块，再次执行代码"dir()"，执行结果如图 1-38 所示。

```
>>> import hello_gbk
你好Python
>>> dir()
['__annotations__', '__builtins__', '__doc__', '__loader__', '__name__', '__package__', '__spec__', 'hello_gbk']
```

图 1-38　导入模块后重新查看 Python Shell 上定义的所有对象

（4）执行代码"age = 18"。再次执行步骤（2），执行结果如图 1-39 所示。

图 1-39　定义对象后重新查看 Python Shell 上定义的所有对象

场景 2　查看对象的数据类型（交互模式下）

接场景 1 的步骤（4），执行下列代码，获得当前 Python 会话上 hello_gbk、age、print 对象的数据类型，执行结果如图 1-40 所示。

```
type(hello_gbk)
type(age)
type(print)
```

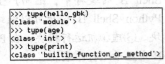

图 1-40　查看对象的数据类型

说明 1：type(obj) 函数是 Python 的内置函数，该函数返回对象 obj 的数据类型。Python 中一切皆对象，对象必须有数据类型。

说明 2：hello_gbk 对象的数据类型是 <class 'module'>，即模块。Python 中一切皆对象，模块 hello_gbk 也是对象。

说明 3：age 对象的数据类型是 <class 'int'>，即整数。Python 中一切皆对象，整数 18 也是对象。

说明 4：print 对象的数据类型是 <class 'builtin_function_or_method'>，即内置函数或方法。Python 中一切皆对象，内置函数或方法 print 也是对象。

场景 3　查看对象的属性和方法

（1）接场景 1 的步骤（4），执行代码"dir(hello_gbk)"，查看 hello_gbk 对象的属性和方法，执行结果如图 1-41 所示。

```
>>> dir(hello_gbk)
['__builtins__', '__cached__', '__doc__', '__file__', '__loader__', '__name__', '__package__', '__spec__']
```

图 1-41　查看对象的属性和方法

说明 1：dir(obj)函数带有 obj 参数时，返回对象 obj 的属性和方法。

说明 2：OOP 是一种将一组属性和一组行为绑定到单个对象的编程方法，即对象由属性和行为构成。属性对应英文单词 attribute；行为对应英文单词 method，也称作方法。

说明 3：一个 Python 对象通常会自带若干个魔法属性（或魔法方法）。魔法属性（或魔法方法）具有以下特点：属性名左右两边各有两个下画线；可以提供基础服务（例如自省功能）。例如 hello_gbk 是一个模块，包含__cached__、__file__、__package__、__doc__、__name__等魔法属性。

（2）执行代码"type(hello_gbk.__file__)"，查看 hello_gbk 对象__file__魔法属性的数据类型，执行结果如图 1-42 所示。

说明 1："."操作符类似于中文的"的"字，英文的"'s"表示所有关系。对象紧跟"."操作符表示访问对象"的"某个属性（或方法）。注意，数字后的"."用于表示小数点，例如 1.2 中的"."表示的是小数 1.2，而不是表示整数 1 对象的 2 属性。

说明 2：hello_gbk 对象的__file__魔法属性的数据类型是<class 'str'>，即字符串。

（3）执行代码"hello_gbk.__file__"，执行结果如图 1-43 所示。

```
>>> type(hello_gbk.__file__)
<class 'str'>
```

图 1-42　访问对象的属性

```
>>> hello_gbk.__file__
'C:\\py3project\\hello\\hello_gbk.py'
```

图 1-43　查看模块所对应 Python 程序的绝对路径

说明：Python 程序是以模块为单位运行的，Python 会为模块创建一个__file__魔法属性。从 Python3.4 开始，模块的__file__魔法属性记录模块所对应 Python 程序的绝对路径。

```
>>> hello_gbk.__name__
'hello_gbk'
```

（4）执行代码"hello_gbk.__name__"，执行结果如图 1-44 所示。

图 1-44　再次访问对象的属性

说明：Python 程序是以模块为单位运行的，Python 会为模块创建一个__name__魔法属性，有关模块__name__魔法属性的更多知识可参看第 7 章的内容。

场景 4　查看对象的帮助信息

（1）接场景 1 的步骤（4），执行代码"help(hello_gbk)"，获得对象 hello_gbk 的帮助信息，执行结果如图 1-45 所示。

```
>>> help(hello_gbk)
Help on module hello_gbk:

NAME
    hello_gbk - # coding:GBK

FILE
    c:\py3project\hello\hello_gbk.py
```

图 1-45　查看对象的帮助信息

说明 1：help(obj)函数是 Python 的内置函数，该函数返回对象 obj 的帮助信息。

说明 2：执行代码"help ()"时，可以进入 Python 内置的交互式帮助系统，使用"Ctrl＋C"组合键，然后按"Enter"键，可以退出 Python 内置的交互式帮助系统。

（2）执行代码"hello_gbk.__doc__"，获得 hello_gbk 对象的文档字符串信息。

说明：hello_gbk 模块是我们自己创建的，并不包含文档字符串信息，因此帮助信息并不详细。Python 的内置对象（包括内置函数、内置模块、内置数据类型）提供了详细的文档字符串信息，可以帮助我们自学 Python。

场景5　查看 __builtins__ 的相关信息

（1）执行代码"type(__builtins__)"，获得对象 __builtins__ 的数据类型，执行结果如图1-46所示。

```
>>> type(__builtins__)
<class 'module'>
```

图1-46　查看 __builtins__ 的数据类型

说明1：从执行结果可以看出，__builtins__ 是一个模块。由于builtins译作内置，__builtins__ 模块称作内置模块。

说明2：内置模块中定义了很多对象，通常将内置模块中定义的对象称为内置对象。内置对象的特点是可以直接使用（无须手动import导入）。常用的内置对象有int、list、set、str、tuple等，在步骤（2）中可以看到更多的内置对象。

说明3：Python解释器启动后会自动创建内置对象，可以为其他对象提供基础服务，内置对象会被放入"全局intern池"，以便所有Python会话共享使用，节省内存空间的同时，还可以提高"服务"效率。有关"全局intern池"的更多知识可参看第2章的内容。

（2）执行代码"dir(__builtins__)"，查看 __builtins__ 模块的所有内置对象，执行结果如图1-47所示。

```
>>> dir(__builtins__)
['ArithmeticError', 'AssertionError', 'AttributeError', 'BaseException', 'BlockingIOError', 'BrokenPipeError', 'BufferError', 'BytesWarning', 'ChildProcessError', 'ConnectionAbortedError', 'ConnectionError', 'ConnectionRefusedError', 'ConnectionResetError', 'DeprecationWarning', 'EOFError', 'Ellipsis', 'EnvironmentError', 'Exception', 'False', 'FileExistsError', 'FileNotFoundError', 'FloatingPointError', 'FutureWarning', 'GeneratorExit', 'IOError', 'ImportError', 'ImportWarning', 'IndentationError', 'IndexError', 'InterruptedError', 'IsADirectoryError', 'KeyError', 'KeyboardInterrupt', 'LookupError', 'MemoryError', 'ModuleNotFoundError', 'NameError', 'None', 'NotADirectoryError', 'NotImplementedError', 'OSError', 'OverflowError', 'PendingDeprecationWarning', 'PermissionError', 'ProcessLookupError', 'RecursionError', 'ReferenceError', 'ResourceWarning', 'RuntimeError', 'RuntimeWarning', 'StopAsyncIteration', 'StopIteration', 'SyntaxError', 'SyntaxWarning', 'SystemError', 'SystemExit', 'TabError', 'TimeoutError', 'True', 'TypeError', 'UnboundLocalError', 'UnicodeDecodeError', 'UnicodeEncodeError', 'UnicodeError', 'UnicodeTranslateError', 'UnicodeWarning', 'UserWarning', 'ValueError', 'Warning', 'WindowsError', 'ZeroDivisionError', '__build_class__', '__debug__', '__doc__', '__import__', '__loader__', '__name__', '__package__', '__spec__', 'abs', 'all', 'any', 'ascii', 'bin', 'bool', 'breakpoint', 'bytearray', 'bytes', 'callable', 'chr', 'classmethod', 'compile', 'complex', 'copyright', 'credits', 'delattr', 'dict', 'dir', 'divmod', 'enumerate', 'eval', 'exec', 'exit', 'filter', 'float', 'format', 'frozenset', 'getattr', 'globals', 'hasattr', 'hash', 'help', 'hex', 'id', 'input', 'int', 'isinstance', 'issubclass', 'iter', 'len', 'license', 'list', 'locals', 'map', 'max', 'memoryview', 'min', 'next', 'object', 'oct', 'open', 'ord', 'pow', 'print', 'property', 'quit', 'range', 'repr', 'reversed', 'round', 'set', 'setattr', 'slice', 'sorted', 'staticmethod', 'str', 'sum', 'super', 'tuple', 'type', 'vars', 'zip']
```

图1-47　查看 __builtins__ 模块的所有内置对象

说明：__builtins__ 模块中定义了很多内置对象，例如object对象（是所有Python对象的基类）、内置数据类型（如int、str、dict、list等）、内置异常类（如ZeroDivisionError等）、内置函数（如dir、print、open等）等。这些对象都是Python的内置对象。

（3）执行下列代码可以查看print内置对象的属性和方法，执行结果如图1-48所示。

```
dir(__builtins__.print)
dir(print)
import builtins
dir(builtins.print)
```

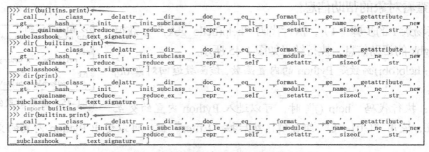

图1-48　参看print内置对象的属性和方法

说明1：使用内置对象时，模块名 __builtins__ 可以省略。

说明2：用户定义的对象名与内置对象的对象名同名时，可以使用 __builtins__ 或者builtins显式地指定内置模块，可参看第5章有关命名空间的内容。

说明 3：使用 builtins 前，需要执行代码 "import builtins" 手动导入方可使用 builtins，builtins 是模块对象，builtins.print 表示访问模块对象 builtins 中定义的 print 对象。

说明 4：请注意 print 对象的 __call__ 属性，该属性导致了 print 对象是一个可调用对象。

（4）执行代码 "type(__builtins__.print)" 或者 "type(print)" 都可以获得 print 对象的数据类型，执行结果如图 1-49 所示。

```
>>> type(__builtins__.print)
<class 'builtin_function_or_method'>
>>> type(print)
<class 'builtin_function_or_method'>
```

图 1-49　查看 print 对象的数据类型

（5）执行代码 "print.__doc__" 获得 print 内置对象的文档字符串信息，执行结果如图 1-50 所示。

```
>>> print.__doc__
"print(value, ..., sep=' ', end='\\n', file=sys.stdout, flush=False)\n\nPrints the values to a stream, or to sys.stdout by default.\nOptional keyword arguments:\nfile:  a file-like object (stream); defaults to the current sys.stdout.\nsep:   string inserted between values, default a space.\nend:   string appended after the last value, default a newline.\nflush: whether to forcibly flush the stream."
```

图 1-50　查看 print 内置对象的文档字符串信息

（6）执行代码 "print(print.__doc__)" 打印 print 内置对象的文档字符串信息，该信息被 "cmd 命令" 窗口格式化处理，执行结果如图 1-51 所示。

```
>>> print(print.__doc__)
print(value, ..., sep=' ', end='\n', file=sys.stdout, flush=False)

Prints the values to a stream, or to sys.stdout by default.
Optional keyword arguments:
file:  a file-like object (stream); defaults to the current sys.stdout.
sep:   string inserted between values, default a space.
end:   string appended after the last value, default a newline.
flush: whether to forcibly flush the stream.
```

图 1-51　打印 print 内置对象的文档字符串信息

说明：从步骤（5）和步骤（6）的执行结果可以发现 "\\" 被格式化成 "\"，"\n" 被格式化成 "换行符"。"\\" "\n" 中的第一个 "\" 是转义字符，有关转义字符的知识可参看第 3 章的内容。

（7）执行代码 "help(print)" 打印 print 内置对象的帮助信息，执行结果如图 1-52 所示。

```
>>> help(print)
Help on built-in function print in module builtins:

print(...)
    print(value, ..., sep=' ', end='\n', file=sys.stdout, flush=False)
    
    Prints the values to a stream, or to sys.stdout by default.
    Optional keyword arguments:
    file:  a file-like object (stream); defaults to the current sys.stdout.
    sep:   string inserted between values, default a space.
    end:   string appended after the last value, default a newline.
    flush: whether to forcibly flush the stream.
```

图 1-52　打印 print 内置对象的帮助信息

说明：print 是 builtins 模块的内置函数；print 函数可以同时打印多个字符串（使用逗号将多个字符串隔开即可）。当同时打印多个字符串时，打印结果中字符串与字符串的分隔符是空格字符（sep=' '）；所有字符串打印结束后，会自动打印换行符 "\n"（end='\n'）。

（8）测试自学情况。执行下列代码，执行结果如图 1-53 所示。

```
print('你好','P','y','thon',sep='*',end='###\n')
```

```
>>> print('你好','P','y','thon',sep='*',end='###\n')
你好*P*y*thon###
```

图 1-53　测试自学情况

第 2 章 标识符和对象名

本章主要讲解标识符的命名规则，Python 内存优化机制的必要性，对象名的管理，对象和对象名之间的关系等理论知识，演示了查看关键字的方法、认识 sys.path 的作用、理解 Python 的内存优化机制、创建对象名和删除对象名的方法等实践操作。通过本章的学习，读者将理解 Python 是动态数据类型的语言，理解赋值语句的执行流程。

2.1 标识符

标识符是一个名字，只能以字母（A-Z / a-z）或下画线（_）开头，其余部分可以包含字母（A-Z / a-z）、下画线（_）或者数字。Python 的标识符对大小写是敏感的，这就意味着 "studentName" 和 "studentname" 是两个不同的标识符。

2.1.1 标识符的命名规则

命名标识符时，建议使用语义化英语的方式。例如命名颜色时，"color" 比 "c" 更"见名知意"。有时需要将多个英文单词拼接起来组成一个标识符，有以下两种拼接方式。

（1）驼峰标记（CamelCase），从第二个单词开始，每个单词的首字母大写，例如 "studentName" "teacherName" 等。

▶注意：类名的首字母通常大写，例如 UnitTest。

（2）下画线用作单词分隔符，例如 "student_name" "teacher_name" 等。

说明 1：不能将保留字用作标识符（上机实践将详细介绍保留字）。

说明 2：避免使用单个字母 "l"（L 的小写字母）"o" "O" 作为标识符，这些字符与数字 1 和 0 不好区分。

说明 3：标识符本质是一个字符串，Python 字符串是基于 Unicode 的，这就意味着标识符中可以包含中文字符，但本书不建议这样做。

说明 4：不建议使用内置函数和内置数据类型的名字作为标识符。例如不建议使用 float、id、int、input、list、str、sum、max、min 等作为标识符。

说明 5：不建议使用两个下画线作为前缀、两个下画线作为后缀的名字作为标识符。这种特殊的名字叫作魔法属性或者魔法方法，Python 为这种特殊的名字赋予特殊的含义。

2.1.2 单下画线标识符 "_" 的妙用

单下画线可以用作标识符，通常用于"占位"或者"临时对象名"。

例如打印 10 次"你好 Python"时可以使用单下画线"_"作为临时对象命名。

```
for _ in range(10):
    print("你好Python")
```

例如下列用于提取 1 和 3 的代码中，单下画线"_"用于占位。

```
a, _, b, _ = (1, 2, 3, 4)
print(a)
print(b)
```

2.2 Python 内存优化机制

Python 中一切皆对象，对象存储于内存中。创建对象时，Python 解释器会在内存中开辟一个存储空间（类似于宾馆的房间）存储对象。开辟新的存储空间的过程是一个耗时的过程，如果每创建一个对象都需要在内存中开辟一个新的存储空间，势必会造成时间和空间的浪费。Python 内置了一套内存优化机制，会最大限度地重用现有存储空间或者现有存储空间中的对象。

Python 内存优化机制

2.3 对象名的管理

对象名的管理

如果经常拨打某个手机号，我们会将该手机号命名，并存储到电话簿中，便于今后再次使用。同样的道理，如果频繁使用某个对象，最好的办法也是为它命名。赋值语句"="的主要功能就是为对象命名，并将对象名存储在命名空间中。

如果电话簿中的某个手机号不再使用，我们会将其从电话簿中手动删除。同样的道理，如果不再使用某个对象名，可以使用 del 语句将对象名从命名空间中手动删除。

总之，对象名的管理包括：为对象命名，删除对象名。

说明：对象名存储在命名空间中，有关命名空间的知识可参看第 5 章的内容。

2.3.1 使用赋值语句为对象命名

使用赋值语句可以为对象命名，语法格式是"对象名 = 对象"，执行过程是先执行"="右边的代码，再执行"="左边的代码，最后执行"="。具体而言，"="右边的代码负责创建新对象或重用已有对象；"="左边的代码的执行流程是先在当前命名空间中查找对象名，如果不能找到则创建对象名，如果能够找到则重用已有对象名；"="负责为对象贴上"对象名"标签，需要注意，同一个对象名在某个时刻只能贴在一个对象上。

使用赋值语句为对象命名

2.3.2 使用 del 语句删除对象名

如果不再使用某个对象名，可以使用 del 语句将对象名手动删除。需要注意，对象名存储在命名空间中，对象存储在堆内存空间中。删除对象名和删除对象并不是同一个概念，对象名可以通过 del 语句手动删除，对象无法手动删除。

使用 del 语句删除对象名

2.4 对象和对象名间的关系总结

对象和对象名之间的关系如下。

（1）对象名是一个贴在对象上的"标签"。对象和对象名的存在顺序永远是先有对象，再有对象名。

对象和对象名间的关系总结

（2）对象名必须依赖于对象存在，离开对象，对象名没有丝毫意义。

（3）Python 是动态数据类型的语言。在不同时刻，对象名可以"贴在"任意对象上，Python 解释器根据分配的对象确定对象名的数据类型。

以下面的代码片段为例，执行到第 1 条代码时，age 对象名贴在整数 18 对象上；执行到第 2 条代码时，age 对象名又贴在字符串'2020-8-8'对象上，如图 2-1 所示。

```
age = 18
age = '2020-8-8'
```

（4）一个对象可以被多个对象名同时引用。

以下面的代码片段为例，字符串'2020-8-8'对象同时贴了两个对象名，分别是 age 和 birthday，如图 2-2 所示。

```
age = '2020-8-8'
birthday = age
```

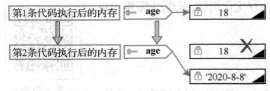

图 2-1　Python 是动态数据类型的语言　　　　图 2-2　一个对象可以被多个对象名同时引用

（5）在某个时刻，对象名只能贴在一个对象上。也就是说，对象名能够唯一标记一个对象，数学公式表示为"对象名→对象"。

（6）可以手动删除对象名，无法手动删除对象。

（7）对象名存储在命名空间中，且占用的空间极小；对象存储在堆内存空间中，占用的空间通常很大。

说明 1：很多资料使用变量或变量名来描述对象或对象名，这是沿用了 C、Java 等编程语言的术语。Python 中一切皆对象，严格地说，Python 中没有变量和变量名的概念。本书使用对象和对象名描述 Python 中的所有知识。

说明 2：Python 使用命名空间（字典数据结构）保存对象名。其他编程语言例如 C、Java 使用栈（先进后出的数据结构）保存变量名。

说明 3：为便于描述，本书谈及对象名时，本质是指对象名所指向的对象。例如谈及 age 对象（或者对象 age）时，本质是指对象名 age 所指向的对象；谈及 birthday 对象（或者对象 birthday）时，本质是指对象名 birthday 所指向的对象。

上机实践 1　认识保留字（也叫关键字）

知识提示 1：reserved words（保留字），也叫 Keywords（关键字），是 Python 语言中已经被赋予特定意义的标识符，例如 True、False、if、else、for、while 等都是保留字。

知识提示 2：不能将保留字用作标识符。

知识提示 3：保留字是大小写敏感的，except、None 是保留字，Except、none 不是保留字。

场景 1　查看 Python 的保留字

（1）通过"cmd 命令"窗口启动 Python Shell。

（2）在 Python Shell 上依次执行下列代码，执行结果如图 2-3 所示。

```
import keyword
dir(keyword)
keyword.__file__
keyword.kwlist
type(keyword.kwlist)
```

```
>>> import keyword
>>> dir(keyword)
['__all__', '__builtins__', '__cached__', '__doc__', '__file__', '__loader__', '__name__', '__package__', '__spec__',
'iskeyword', 'kwlist']
>>> keyword.__file__
'C:\\python3\\lib\\keyword.py'
>>> keyword.kwlist
['False', 'None', 'True', 'and', 'as', 'assert', 'async', 'await', 'break', 'class', 'continue', 'def', 'del', 'elif',
'else', 'except', 'finally', 'for', 'from', 'global', 'if', 'import', 'in', 'is', 'lambda', 'nonlocal', 'not', 'or',
'pass', 'raise', 'return', 'try', 'while', 'with', 'yield']
>>> type(keyword.kwlist)
<class 'list'>
```

图 2-3 查看 Python 的保留字

说明 1：第 1 行代码将 keyword.py 程序作为模块导入到 Python Shell 上，并执行。第 2 行代码罗列了 keyword 模块中定义的对象。第 3 行代码查看了 keyword.py 程序的绝对路径是 C:\\python3\\lib\\keyword.py，路径中 "\\" 的第 1 个 "\" 是转义字符（有关转义字符的更多知识可参看第 3 章的内容），第 2 个 "\" 是路径分隔符（有关路径分隔符的更多知识可参看第 12 章的内容）。第 4 行代码访问了 keyword 模块中定义的 kwlist 对象，该对象保存了 Python 的所有保留字，除 None、False、True 保留字外，其他保留字均以小写字母开头。第 5 行代码查看了 keyword 模块中 kwlist 对象的数据类型，kwlist 对象是列表 list。

说明 2：读者可以尝试使用 IDLE 打开 keyword.py 程序，查看该程序的全部代码。有关 IDLE 的使用可参看第 16.2 节的内容。

说明 3：本书将模块分为内置模块（builtins）、标准模块（standard）和第三方模块（third-party）。内置模块，指的是 __builtins__ 模块。内置模块中定义的对象可以直接使用（无须手动 import 导入），例如 int、str、dir 等对象定义在内置模块中，这些对象可以直接使用。标准模块，指的是 Python 中内置、但必须 import 导入后才能使用的模块。例如 keyword 模块就是标准模块，必须先导入 keyword 模块，才能访问 keyword 模块中定义的 kwlist 对象。本书可能用到的标准模块包括 sys、copy、random、json、csv、sqlite3、datetime、time、maths、collections、functools 等。标准模块也称为标准库。第三方模块，不是内置模块和标准模块的模块。第三方模块可以是自定义模块，有关自定义模块的知识可参看第 7 章的内容。第三方模块也可以是第三方包存储仓库中的模块，例如第 14 章中使用的 bottle。第三方模块也称为第三方包（package）、第三方库（library）或者扩展模块（extension）。第三方模块需要 import 导入后，才可以使用。

场景 2　理解 sys.path 和 import 语句的关系

知识提示 1：利用 import 语句导入 Python 程序时，本质是间接运行 Python 程序，场景 1 利用 import 语句间接运行 keyword.py 程序。

知识提示 2：keyword.py 程序所在的绝对路径是 C:\python3\lib\keyword.py。场景 1 中执行 Python 代码 "import keyword" 时，import 语句为什么知道在 C:\python3\lib\ 目录中查找该 Python 程序呢？关键在于 sys.path。

（1）通过 "cmd 命令" 窗口启动 Python Shell，如图 2-4 所示。

```
C:\Users\Administrator>python
Python 3.8.5 (tags/v3.8.5:580fbb0, Jul 20 2020, 15:57:54) [MSC v.1924 64 bit (AMD64)] on win32
Type "help", "copyright", "credits" or "license" for more information.
>>>
```

图 2-4 注意观察 cmd 命令窗口的当前工作目录

说明：步骤（1）中"cmd 命令"窗口的当前工作目录是"C:\Users\Administrator"，通过"cmd 命令"窗口启动 Python Shell 后，Python Shell 的工作目录被设置为"C:\Users\Administrator"。

（2）在 Python Shell 上依次执行下列代码，执行结果如图 2-5 所示。

```
import sys
type(sys.path)
sys.path
```

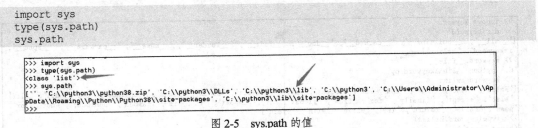

图 2-5 sys.path 的值

说明 1：sys 模块是 Python 的标准模块，需要导入后才能访问该模块中定义的对象。需要注意 sys 模块是由 C 语言编写的，不是由 Python 语言编写的，不存在 sys.py 程序。

说明 2：sys.path 表示访问 sys 模块中定义的 path 对象，sys.path 是一个列表 list。

说明 3：利用 import 语句导入 Python 程序时，sys.path 定义了 import 语句搜索模块时的路径查找顺序。本场景中，sys.path 列表中的第 1 个元素是空字符串""，表示 Python Shell 的当前工作目录，此处是 C:\Users\Administrator。

说明 4：以"import keyword"导入 keyword 模块为例，首先在 Python Shell 的当前工作目录下查找 keyword.py 程序；由于没有找到，则在 C:\python3\python38.zip 目录下查找；由于没有找到，则在 C:\python3\DLLs 目录下查找；由于没有找到，则在 C:\python3\lib 目录下查找。由于 C:\python3\lib 目录下存在 keyword.py 程序，则找到该模块，加载并运行该程序。

说明 5：sys.path 的第 1 个元素存在两种取值，本章只是演示了其中一种取值，另一种取值可参看第 7 章的内容。

场景 3 修改 sys.path 的值（第 1 种方法）

知识提示：有两种方法修改 sys.path 的值。第 1 种方法是配置系统环境变量 PYTHONPATH，该方法的特点是可以永久配置 sys.path。以添加查找路径为例，操作步骤如下。

（1）右键单击"我的电脑"，在弹出的快捷菜单中单击"属性"按钮。单击"高级系统设置"按钮，在弹出的"系统属性"对话框中，选择"高级"选项卡，单击"环境变量"按钮。在"系统变量"区域，单击"新建（W）..."按钮，弹出"新建系统变量"对话框，在"变量名"处输入"PYTHONPATH"，在"变量值"处输入"C:\test1;C:\test2;"（注意路径之间以英文分号分隔），如图 2-6 所示，单击"确定"按钮，从窗口中退出，即可配置环境变量。

图 2-6 配置 PYTHONPATH 环境变量

（2）重新执行场景 2 的步骤（1）和步骤（2），测试新的 sys.path 是否生效。

▶注意：使用本方法时，新的 sys.path 只在新的 Python 会话中生效。

场景 4 修改 sys.path 的值（第 2 种方法）

知识提示：sys.path 是一个列表 list，可以直接调用列表的方法修改 sys.path 的值。该方法的特点是在当前 Python Shell 中临时配置 sys.path，启动新的 Python Shell 时，配置将失效。以添加查找路径为例，操作步骤如下。

（1）在 Python Shell 上执行下列代码。

```
import sys
type(sys.path)
sys.path.append('C:/test3')
sys.path.append('C:/test4')
sys.path
```

说明：列表对象的 append 方法用于向列表末尾追加元素。
（2）执行场景 2 的步骤（2），测试新的 sys.path 是否生效。

▶注意：使用本方法时，新的 sys.path 只在当前的 Python 会话中有效。

上机实践 2　理解 Python 的内存优化机制

场景 1　通过对象的内存地址理解 Python 的内存优化机制 1

（1）启动 Python Shell A，执行代码 "id(1)"。
（2）启动 Python Shell B，执行代码 "id(1)"。
（3）为了便于对比，将步骤（1）和步骤（2）的执行结果汇总在一张图中，如图 2-7 所示，左边是 Python Shell A 的执行结果，右边是 Python Shell B 的执行结果。

图 2-7　查看"小"数据的内存地址

说明 1：内置函数 id(obj) 返回对象 obj 的内存地址（类似于房间的房间号）。id(1) 返回整数对象 1 的内存地址。

说明 2：Python Shell A 和 B 上整数 1 对象的内存地址相同，证明 Python Shell A 和 B 共用了同一个房间的整数 1 对象，如图 2-8 所示。

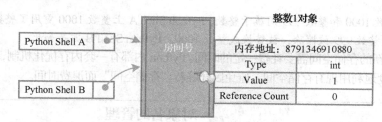

图 2-8　"小"数据的内存使用情况

说明 3：内存由若干个存储单元（类似于房间）构成，每个存储单元都有一个内存地址（类似于房间的房间号），对象存储于内存的存储单元内，通过内存地址可以找到存储单元里的对象（类似于通过房间号可以找到房间里的人）。对象不仅包括对象的值 Value，还包括对象的数据类型 Type、引用计数（Reference Count）等辅助信息。整数 1 对象的引用计数是 0，是因为没有为它分配对象名。

说明 4：Python 使用引用计数管理对象，Python 会自动跟踪每个对象的引用计数。当一个对象的引用计数下降到 0，就意味着该对象不再被使用，垃圾收集器（Garbage Collection，GC）的垃圾回收机制会"适时"释放该对象占用的内存，以便其他对象使用该内存。

说明 5：Python 会将数值较小的整数对象（大于等于 -5 且小于等于 256）置入"全局 intern 池"中（intern 译作驻留）。"全局 intern 池"中的对象被所有 Python 会话共享使用。读者也可将"全局 intern 池"理解为"全局常量池"或"小数据池"。

总结：创建新的对象不仅浪费时间，而且浪费空间。Python 内部有一套内存优化机制，不同的 Python 会话能够重用"全局 intern 池"中的对象，节省内存空间的同时还可以提升程序运行效率。

场景 2 通过对象的内存地址理解 Python 的内存优化机制 2

（1）启动 Python Shell A，执行下列代码。

```
id(999)
id(1000)
```

（2）启动 Python Shell B，执行上述代码。

（3）为了便于对比，将步骤（1）和（2）的执行结果汇总在一张图中，如图 2-9 所示，左边是 Python Shell A 的执行结果，右边是 Python Shell B 的执行结果。

```
>>> id(999)              >>> id(999)
38038672                 37841936
>>> id(1000)             >>> id(1000)
38038672                 37841936
```

图 2-9 查看"大"数据的内存地址

说明 1：Python Shell A 上整数 999 对象的内存地址和 Python Shell B 上整数 999 对象的内存地址不同，这是因为整数 999 对象被存储了两次，且占用了内存中不同的"房间"，如图 2-10 所示。

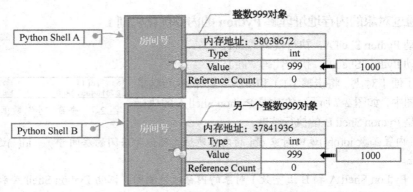

图 2-10 "大"数据的内存使用情况

说明 2：整数 1000 和整数 999 同属于整数，Python Shell A 上整数 1000 重用了整数 999 的房间，即房间里原来的整数 999 被擦除，被替换成整数 1000。Python Shell B 亦是如此。

总结：开辟新的存储空间需要耗费一定的时间。Python 内部有一套内存优化机制，同一个 Python Shell 会最大限度地利用现有存储空间，避免因开辟新"存储空间"而浪费时间。

上机实践 3 对象名的管理

场景 1 理解赋值语句的执行流程

（1）在 Python Shell 上执行代码"dir()"查看当前 Python 会话定义的所有对象，执行结果如图 2-11 所示。当前 Python 会话中不存在 age 对象名。

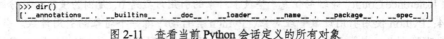

图 2-11 查看当前 Python 会话定义的所有对象

（2）在 Python Shell 上执行下列代码。

```
age = 18
```

说明：执行代码后内存变化如图 2-12 所示。"="右边的代码负责创建整数 18 对象（引用计数初始化为 0），注意 18 是"小"数据池里的对象。"="左边的代码负责在当前命名空间中查找 age 对象名，由于不能找到，在当前命名空间中创建 age 对象名。"="负责为整数 18 对象贴上 age 标签，整数 18 对象引用计数加 1 变为 1。

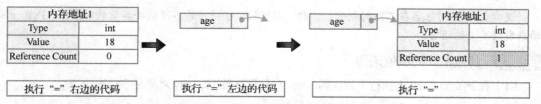

图 2-12 赋值语句的执行流程（1）

（3）再次执行步骤（1），执行结果如图 2-13 所示。

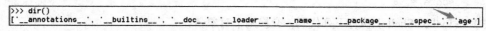

图 2-13 当前 Python 会话中定义了 age 对象名

（4）在 Python Shell 上执行下列代码。

```
age = age + 1
```

说明：执行代码后内存变化如图 2-14 所示。"="右边的代码重用已有对象 age，值是整数 18；整数对象 18 和整数对象 1 的求和结果是整数 19 对象（整数 19 对象引用计数为 0）。"="左边的代码负责在当前命名空间中查找 age 对象名，由于能够找到，重用 age 对象名。"="负责为整数 19 对象贴上 age 标签（整数 19 对象引用计数加 1 变为 1），由于同一个对象名在某个时刻只能贴在一个对象上，整数 18 对象少了 age 标签（引用计数减 1 变为 0）。

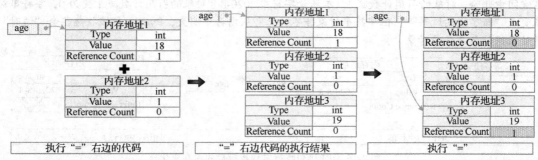

图 2-14 赋值语句的执行流程（2）

（5）在 Python Shell 上执行下列代码。

```
age = '2020-8-8'
```

说明 1：执行代码后内存变化如图 2-15 所示。"="右边的代码负责创建字符串'2020-8-8'对象（引用计数初始化为 0）。"="左边的代码负责在当前命名空间中查找 age 对象名，由于能够找到，重用 age 对象名。"="负责为字符串对象贴上 age 标签（字符串对象引用计数加 1 变为 1），由于同一个对象名在某个时刻只能贴在一个对象上，整数 19 对象少了 age 标签（引用计数减 1 变为 0）。

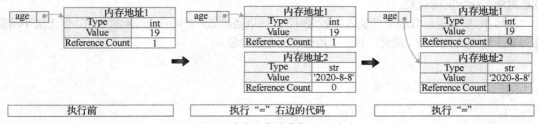

图 2-15 赋值语句的执行流程（3）

说明 2：age 对象名在不同时刻可以"贴"在整数、字符串等不同数据类型的对象上，Python 是动态数据类型的语言。

场景 2 其他格式的赋值语句

（1）在 Python Shell 上执行下列代码，age 对象是整数 18，city 对象是字符串'北京'。

```
age, city = 18, '北京'
```

（2）在 Python Shell 上执行下列代码，age 对象和 score 对象是整数 18。

```
age = score = 18
```

（3）在 Python Shell 上执行下列代码，交换两个对象名。

```
color1, color2 = '红色', '蓝色'
color1, color2 = color2, color1
```

场景 3 使用 del 语句删除对象名

知识提示：如果某个对象名不再使用，可以使用 del 语句将对象名手动删除。

（1）在 Python Shell 上执行下列代码。

```
age = '2020-8-8'
del age
```

说明：del 语句执行前和执行后的内存变化如图 2-16 所示。执行 del 语句后，对象名将从当前命名空间中删除，对象的引用计数减 1。本场景字符串'2020-8-8'对象的引用计数减 1 变为 0，字符串对象变成"断了线的风筝"，但字符串对象并不会立即从内存中消失，Python 垃圾收集器会"适时"释放引用计数是 0 的对象。

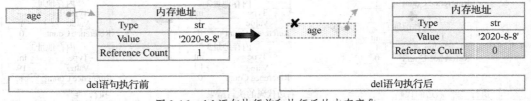

图 2-16　del 语句执行前和执行后的内存变化

（2）执行代码"age"查看对象 age 的值，执行结果如图 2-17 所示。

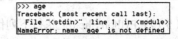

图 2-17　删除对象名 age 后查看对象 age 的值

说明：读取对象名时，如果不能在命名空间中找到，则抛出 NameError 异常，提示对象名未被定义的错误。

总结 1：赋值语句先执行"="右边的代码，再执行"="左边的代码，最后执行"="。

总结 2：通常情况下，对象名在"="左边时，先在当前命名空间中查找对象名，如果能够找到则重用已有对象名；如果不能找到则在当前命名空间中创建对象名。对象名不在"="左边通常表示读取对象名所指向的对象。

总结 3：要注意区分删除对象名和删除对象。可以通过 del 语句手动删除对象名，但无法手动删除对象。垃圾收集器会"适时"释放引用计数为 0 的对象。

第 3 章 初识内置数据类型

本章主要讲解常用的内置数据类型以及它们的特点、对象的拷贝等理论知识，演示了认识常用内置数据类型的特点、区别浅拷贝和深拷贝、理解"Python 中一切皆对象"的真实含义等实践操作。通过本章的学习，读者能够利用常用内置数据类型保存数据，并可以熟练地使用索引和切片。

3.1 常用的内置数据类型

Python 中一切皆对象，对象必须有数据类型，数据类型（type）就是类（class）。__builtins__模块中定义的数据类型是内置数据类型，内置数据类型可以直接使用，例如整数、浮点数、布尔型、NoneType、字符串、元组、列表、集合、字典等都是内置数据类型。除了内置数据类型，用户还可以自定义数据类型，相关知识可参看第 11 章的内容。本章主要讲解常用的内置数据类型。

（1）理解数据类型与对象之间的关系。

数据类型与对象之间的关系是先有数据类型再有对象，对象是数据类型的实例。

例如，有了 int 整数类型，才有了 13 和 14 整数对象，13 和 14 整数对象是 int 整数类型的实例；有了 str 字符串类型，才有了'13'和'14'字符串对象，'13'和'14'字符串对象是 str 字符串类型的实例。

（2）每一种数据类型都提供了一系列的属性和方法。

以整数类型为例，通过执行代码"dir(int)"可以查看整数类型提供的所有属性和方法。

（3）不同的数据类型提供的方法名可能相同，但方法的具体定义可能不相同。

例如，整数类型和字符串类型都提供了"__add__"方法（"__add__"方法对应于加法运算"+"），但两种数据类型"__add__"方法的具体定义并不相同。"(13).__add__(14)"的结果是 27，"('13').__add__('14')"的结果是'1314'。前者执行的代码是"13+14"，后者执行的代码是"'13' + '14'"。同样的"__add__"方法名，执行的都是加法运算"+"，但整数类型和字符串类型的"__add__"方法的具体定义并不相同。

有关对象的更多知识，可参看第 10 章、第 11 章的内容。

3.2 数字、布尔型数据和 None

3.2.1 数字

在 Python 中，数字（numbers）分为整数（int）、浮点数（float）以及复数（complex）。

说明：本书不讲解复数。

整数是不带小数点的数字，例如-1，0，1。

浮点数是带小数点的数字，例如-1.0，0.0，1.0，3.3e5（表示 3.3 乘以 10 的 5 次方），3.3e-5（表示 3.3 乘以 10 的-5 次方），3e5（表示 3.0 乘以 10 的 5 次方）都是浮点数。

3.2.2 布尔型数据

布尔型数据（bool）只有 True 和 False，True 和 False 都会被放入"全局 intern 池"中，被所有 Python 会话共享使用，True 和 False 在内存中只留存一份。

说明 1：参与比较运算或算术运算时，True 可以被看作整数 1，False 可以被看作整数 0。

说明 2：True 是"真"，"真"包含 True；False 是"假"，"假"包含 False。

3.2.3 None

None 不是空元组()，不是空列表[]，不是空集合 set()，不是空字典{}，不是空字符串"，不是整数 0，不是 False，也不是未定义，None 就是 None。

举例来说，课程没有结束时，如果问一个学生这门课程的成绩，学生会说成绩未知，使用 Python 代码可以描述为"grade = None"。该生的成绩不是零分或者不及格，不是缺考、作弊、缓考，也不是没有定义，学生的成绩就是 None。

None 的使用场景如下。

（1）当函数没有使用 return 语句返回结果时，函数返回 None。

（2）当使用 d.get(key)方法从字典 d 中获取键 key 对应的值时，键 key 如果没有出现在字典 d 中，d.get(key)方法返回 None。

（3）当函数的形参的数据类型未知时，可以将形参的默认值设置为 None。

说明：Python 会自动将 None 对象置入"全局 intern 池"中，被所有 Python 会话共享使用，None 在内存中只留存一份。

3.3 字符串

字符串（str）是由 0 个或多个 Unicode 字符组成的序列。使用成对的单引号、双引号、三个单引号或者三个双引号即可创建字符串。有关 Unicode 字符的更多知识可参看第 16.1 节的相关内容。

3.3.1 字符串的特点

字符串具有以下特点。

特点 1：字符串内的字符有先后顺序，并且区分大小写。

特点 2：空字符串表示 0 个字符组成的字符序列，例如""或者''都是空字符串；空格字符串表示一个空格字符组成的字符序列，例如" "或者' '都是空格字符串。

特点 3：字符串不可变更（字符串的长度不能变更，字符串内的字符也不能变更）。

特点 4：成对的单引号引起来的字符串，不必转义双引号；成对的双引号引起来的字符串，不必转义单引号；成对的三个引号引起来的字符串，不仅不用转义单引号、多引号，还可以跨越多行。

3.3.2 转义字符

如何在字符串中包含不可见字符，如退格符、制表符、换行符？成对的单引号引起来的字符串如何包含单引号？成对的双引号引起来的字符串如何包含双引号？转义字符用于解决以上这些在字符串中的特殊字符问题。

转义字符可以使用数学公式"转义功能+特殊字符=转义字符"表示，其中转义功能由反斜杠"\"提

转义字符

供。需要注意"\"后面必须紧跟特殊字符，转义功能才能生效，否则反斜杠"\"就是一个普通的字符。

外观上，反斜杠"\"后跟特殊字符由两个字符构成，但实际上这两个字符共同组成了单个字符，该单个字符就是转义字符，如表3-1所示。

表3-1 反斜杠"\"后跟特殊字符构成单个字符

转义字符后跟特殊字符构成一个字符	描述	举例	输出
\\	一个反斜杠字符	print("\\")	\
\'	一个单引号字符	print("\'")	'
\"	一个双引号字符	print("\"")	"
\t	一个制表符（Horizontal Tab）	print("你好\tPython")	你好　　Python
\n	一个换行符（Line Feed）	print("你好\nPython")	你好 Python
\r	把光标移到行首（Carriage Return）在"cmd 命令"窗口中运行时可以看到效果	print("你好\rPython")	Python
\b	一个退格符（BackSpace 删除前面的一个字符）	print("你好\bPython")	你Python

说明：以字母"r"或"R"为前缀的字符串称为原始字符串，"r"是单词 raw（原始）的首字母。原始字符串中的"\"是一个普通字符，不具备转义功能。例如字符串 r'C:\tmp\network'等效于字符串'C:\\tmp\\network'。

3.3.3 字符串的索引操作

可以使用索引（index）获取字符串的某个字符。字符串的索引是从 0 开始递增的整数。Python 允许负数索引，倒数第 1 个字符的索引是-1，倒数第 2 个字符的索引是-2，以此类推。以字符串"你好 Python"为例，字符串索引的排列方式如图3-1所示。

0	1	2	3	4	5	6	7
"你"	"好"	"P"	"y"	"t"	"h"	"o"	"n"
-8	-7	-6	-5	-4	-3	-2	-1

图3-1 字符串索引的排列方式

▶注意1：使用索引可以获取字符串中的单个字符。需要注意，Python 只有字符串的概念，没有字符的概念。所谓单个字符是指长度是 1 的字符串。
▶注意2：如果索引超出范围，则抛出 IndexError 异常。

3.3.4 字符串的切片操作

可以使用索引的区间范围获取字符串的子字符串，这种技术称为字符串的切片（slice）。对字符串 str 切片的语法格式是"str[start:stop:step]"。start、stop 和 step 都是整数，分别表示开始索引、结束索引和步长（获取的子字符串中不包含结束索引所指向的字符），它们都是可选参数（非必填项）。

字符串的切片操作

▶注意：对字符串切片时，不会抛出 IndexError 异常。

3.3.5 格式化字符串

以字母"f"或"F"为前缀的字符串称为格式化字符串，"f"是单词 format 的首字母。格式化字符串中的大括号{}包含一个 Python 表达式，用于向字符串填入 Python 表达式的执行结果。

格式化字符串

说明：前缀"f"或"F"可以和前缀"r"或"R"组合使用。

3.4 元组

元组

以"("开始,")"结束,由英文","分隔的一组值就是元组(tuple)。本书将元组内的值统称为"元素"(element)。元组对象具有以下特点。

特点1:空元组必须使用"()"括起来,其他元组通常没有必要使用"()"括起来。
特点2:对于单元素的元组而言,单元素后必须有英文","。
特点3:元组的元素可以是任意数据类型的对象。
特点4:元组内的元素有先后顺序。
特点5:元组不可变更(元组的长度不能变更,元组内的元素也不能变更)。
特点6:元组支持索引和切片操作,用法和字符串相同。

▶注意1:使用索引可以获取元组中的单个元素。索引超出范围时抛出IndexError异常。
▶注意2:对元组切片时,不会抛出IndexError异常,并且切片的结果肯定是元组(甚至是空元组)。

3.5 列表

列表

以"["开始,"]"结束,由英文","分隔的一组值就是列表(list)。本书将列表内的值称为"元素"(element)。列表对象具有以下特点。

特点1:列表的元素可以是任意数据类型的对象(和元组相同)。
特点2:列表内的元素有先后顺序(和元组相同)。
特点3:和元组不同,列表可变更(列表的长度可变更,列表内的元素也可变更)。
特点4:列表支持索引和切片操作,用法和字符串相同。

▶注意1:使用索引可以获取列表中的单个元素。索引超出范围时抛出IndexError异常。
▶注意2:对列表切片时,不会抛出IndexError异常,切片的结果肯定是列表(甚至是空元组)。

3.6 集合

以"{"开始,"}"结束,由英文","分隔的一组值就是集合(set)。本书将集合内的值称为"元素"(element)。集合对象具有以下特点。

特点1:集合内的元素不可重复(集合通常用于删除重复项)。
特点2:集合内的元素无先后顺序(不支持索引操作和切片操作)。
特点3:集合的长度可变更。
特点4:集合内的元素不可变更。集合内的元素不能是列表、集合或者字典等可变更对象。

集合

3.7 字典

字典

以"{"开始,"}"结束,由英文","分隔的一组"key:value"(键值对)就是字典(dict)。本书将字典内的"键值对"称为"元素"(element),字典中的每个元素记录了"键→值"的映射关系。字典对象具有以下特点。

特点 1：字典内元素的"键"不可重复（因此字典支持索引操作）。

特点 2：字典内元素的"键"不可变更。数字、字符串可以作为字典的"键"；如果元组仅包含字符串、数字或元组，元组也可以作为字典的"键"。

特点 3：字典是可变更的。用户可以通过字典元素的"键"，修改元素的"值"，删除和添加元素。

特点 4：字典内元素的"值"可以是任意数据类型的对象。

特点 5：字典内的元素无先后顺序。但从 Python3.6 开始，字典可以记住元素与元素之间的先后顺序。

3.8 对象的拷贝

对象的拷贝（copy）也称为对象的复制。对象的拷贝分为 3 种情形，分别是使用赋值语句"="拷贝对象、浅拷贝（shallow copy）、深拷贝（deep copy）。

（1）使用赋值语句"="拷贝对象。本质拷贝的是对象名（也叫对象的引用）。因此，使用赋值语句"="拷贝对象时，不会创建新对象。

▶注意：如果被拷贝的对象是可变更对象，使用赋值语句"="拷贝对象会带来"牵一发而动全身"的副作用。

（2）浅拷贝。如果被拷贝的对象是可变更对象，浅拷贝只拷贝第 1 层级的"索引下标"。浅拷贝通常借助切片或者 copy 标准模块的 copy 函数实现。

▶注意：如果被拷贝的可变更对象嵌套了其他可变更对象，浅拷贝会带来"牵一发而动全身"的副作用。

（3）深拷贝。深拷贝本质是递归拷贝所有层级的"索引下标"。深拷贝通常借助 copy 标准模块的 deepcopy 函数实现。即便被拷贝的对象是可变更对象，并且嵌套了其他可变更对象，深拷贝也不会带来"牵一发而动全身"的副作用。

上机实践 1　认识数字、布尔型数据和 None

场景 1　认识整数和浮点数

在 Python Shell 上执行下列代码，观察运行结果。

```
type(-1)        #输出<class 'int'>
type(0)         #输出<class 'int'>
type(1)         #输出<class 'int'>
type(-1.0)      #输出<class 'float'>
type(0.0)       #输出<class 'float'>
type(1.0)       #输出<class 'float'>
type(3e5)       #输出<class 'float'>
type(3.3e-5)    #输出<class 'float'>
9999999999999999999999999999    #输出 9999999999999999999999999999
```

```
5.5555555555555555555555555555          #输出 5.555555555555555
int()                                    #输出 0
float()                                  #输出 0.0
```

说明1：Python 的整数可以是任意长度，唯一的限制是计算机的可用内存。

说明2：浮点数的精度只能精确到小数点后 15 位。

说明3：int(numbers or str)是一个构造方法，根据数字 numbers 或者字符串 str 构造一个整数对象。不带参数时，构造整数对象 0。有关构造方法的更多知识可参看第 11 章的内容。

说明4：float(numbers or str)是一个构造方法，根据数字 numbers 或者字符串 str 构造一个浮点数对象。不带参数时，构造浮点数对象 0.0。

场景2 认识布尔型数据

在 Python Shell 上执行下列代码，观察运行结果。

```
bool()                    #输出 False
True                      #输出 True
False                     #输出 False
isinstance(100, int)      #输出 True
isinstance(100.0, float)  #输出 True
isinstance(100.0, int)    #输出 False
isinstance(100, float)    #输出 False
```

说明1：bool(obj)是一个构造方法，根据对象 obj 构造一个布尔型数据。不带参数时，构造布尔型数据 False。

说明2：isinstance(obj,type)函数是 Python 的内置函数，接收两个参数，第一个参数是 obj 对象，第二个参数是数据类型 type，函数的功能是检测对象 obj 是否属于数据类型 type，若属于，则返回 True；否则返回 False。

场景3 None 对象的数据类型是 NoneType

在 Python Shell 上执行下列代码，观察运行结果。

```
grade = None
type(grade)               #输出<class 'NoneType'>
```

上机实践2 认识字符串

场景1 认识字符串

（1）在 Python Shell 上执行下列代码，观察运行结果。最后两行代码执行结果如图 3-2 所示。

```
print('I\'m a student!')              #输出字符串 I'm a student!
print("I\'m a student!")              #输出字符串 I'm a student!
print("I'm a student!")               #输出字符串 I'm a student!
print("He said \"Yes\" to me!")       #输出字符串 He said "Yes" to me!
print('He said \"Yes\" to me!')       #输出字符串 He said "Yes" to me!
print('He said "Yes" to me!')         #输出字符串 He said "Yes" to me!
print("""I'm a student!
He said "Yes" to me!""")
```

```
>>> print("""I'm a student!
... He said "Yes" to me!""")
I'm a student!
He said "Yes" to me!
```

图 3-2 认识字符串

（2）在 Python Shell 上执行下列代码，观察运行结果，了解空字符串和空格字符串的区别。

```
print('',len(''))                  #输出空字符串和 0
print(str(),len(str()))            #输出空字符串和 0
print(' ',len(' '))                #输出空格字符串和 1
```

说明 1：空字符串''的长度为 0；空格字符串的长度为 1。

说明 2：len(obj)函数是 Python 的内置函数，返回对象 obj 的元素个数，这里所指的对象包括字符串、元组、列表、range 对象、集合、字典等对象。

说明 3：str(obj)是一个构造方法，根据对象 obj 构造一个字符串对象（本质是调用 obj 对象的 __str__()方法）。不带参数时，构造空字符串对象。

场景 2　了解单行注释和多行注释的区别

（1）在 Python Shell 上执行下列代码，观察运行结果。

```
#这是一个单行注释              #没有任何输出
```

说明 1：注释可以帮助程序员更好地理解程序的意图，注释分为单行注释和多行注释，但 Python 只提供了单行注释的语法，没有提供多行注释的语法。

说明 2：以“#”开头的单行字符串是单行注释。单行注释会被 Python 解释器忽略，不会被解释执行。单行注释（以“#”开头）不能用作文档字符串。

（2）在 Python Shell 上执行下列代码，执行结果如图 3-3 所示。

```
"""
这是一个
多行注释!
"""
```

```
>>> """
... 这是一个
... 多行注释!
... """
'\n这是一个\n多行注释! \n'
```

图 3-3　多行注释不会被 Python 解释器忽略

说明 1：如果一个字符串没有分配对象名，该字符串会被 Python 垃圾收集器“适时”清除。没有分配对象名的字符串可以用作注释。

说明 2：为了便于描述，本书将没有分配对象名且使用三个引号引起来的字符串叫作多行注释。与单行注释不同，多行注释会被 Python 解释器解释执行，不会被忽略。

说明 3：多行注释可以用作文档字符串，文档字符串是特殊的多行注释。文档字符串与多行注释的区别于在于，多行注释不与任何对象关联；文档字符串与对象（例如模块对象、函数对象、类对象）关联，并可以通过对象的__doc__属性（doc 左右两边各有两个下画线）获取该对象的文档字符串。由于单行注释（以“#”开头）会被 Python 解释器忽略，因此单行注释（以“#”开头）不能被用作文档字符串。

说明 4：有关文档字符串的更多知识可参看第 5 章、第 7 章、第 11 章的内容。

场景 3　认识转义字符

在 Python Shell 上执行下列代码，认识转义字符，执行结果如图 3-4 所示。

```
print("\\")
print("\'")
print("\"")
print("你好\tPython")
print("你好\nPython")
print("你好\rPython")
print("你好\bPython")
print('C:\tmp\network')
print('C:\\tmp\\network')
print(r'C:\\tmp\\network')
```

```
>>> print("\\")
\
>>> print("\'")
'
>>> print("\"")
"
>>> print("你好\tPython")
你好      Python
>>> print("你好\nPython")
你好
Python
>>> print("你好\rPython")
Python
>>> print("你好\bPython")
你Python
>>> print('C:\tmp\network')
C:      mp
etwork
>>> print('C:\\tmp\\network')
C:\tmp\network
>>> print(r'C:\\tmp\\network')
C:\\tmp\\network
```

图 3-4　认识转义字符

场景 4 字符串的索引操作

（1）在 Python Shell 上执行下列代码，取出字符串"你好 Python"的单个字符"好"。

```
hello = '你好Python'
hello[1]      #输出'好'
hello[-7]     #输出'好'
hello[1:2]    #输出'好'
hello[-7:-6]  #输出'好'
```

（2）在 Python Shell 上执行下列代码，取出字符串"你好\tPython"的单个字符"\t"，执行结果如图 3-5 所示。

```
hello = '你好\tPython'
hello[2]
hello[-7]
print(hello[2])
print(hello[-7])
```

```
>>> hello = '你好\tPython'
>>> hello[2]
'\t'
>>> hello[-7]
'\t'
>>> print(hello[2])

>>> print(hello[-7])

```

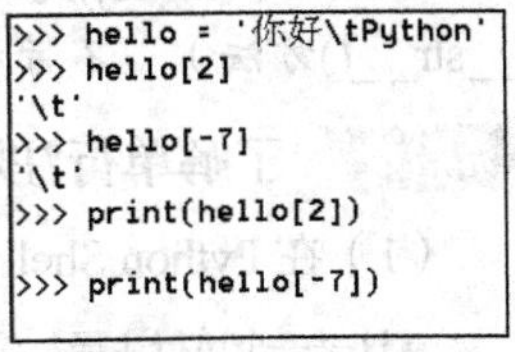

图 3-5 反斜杠"\"后跟特殊字符构成单个字符

（3）在 Python Shell 上执行下列代码，观察运行结果。

```
hello = '你好Python'
hello[10]#输出 IndexError: string index out of range
```

场景 5 字符串的切片操作

（1）从中间的字符开始截取子串。

在 Python Shell 上执行下列代码，取出字符串"你好 Python"的"好 Py"子字符串。

```
hello = '你好Python'
print(hello[1:4])
print(hello[1:4:1])
print(hello[1:4:])
print(hello[-7:-4])
print(hello[-7:-4:1])
print(hello[-7:-4:])
```

说明：如图 3-6 所示，由于步长 step 的默认值是 1，当步长是 1 时，步长 1 或者步长":1"可以省略。

（2）从第 1 个字符开始截取子串。

在 Python Shell 上执行下列代码，取出字符串"你好 Python"的"你好 Py"子字符串。

```
hello = '你好Python'
print(hello[0:4])
print(hello[0:4:])
print(hello[0:4:1])
print(hello[:4])
print(hello[:4:])
print(hello[:4:1])
print(hello[-8:-4])
print(hello[-8:-4:1])
print(hello[-8:-4:])
print(hello[:-4])
print(hello[:-4:])
print(hello[:-4:1])
```

说明：如图 3-7 所示，当从第 1 个字符截取子字符串时，开始索引 start 可以省略。

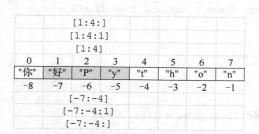

图 3-6 从中间的字符开始截取子串

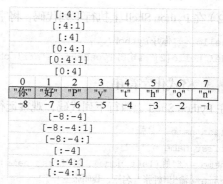

图 3-7 从第 1 个字符开始截取子串

（3）截取子字符串直至最后一个字符。

在 Python Shell 上执行下列代码，取出字符串"你好 Python"的"Python"子字符串。

```
hello = '你好Python'
print(hello[2:8])
print(hello[2:8:1])
print(hello[2:8:])
print(hello[2:])
print(hello[2::1])
print(hello[2::])
print(hello[-6:])
print(hello[-6::1])
print(hello[-6::])
print(hello[-6:-1])      #该代码的结果是Pytho,不是Python
```

说明：如图 3-8 所示，当截取子字符串直至最后一个字符时，推荐的做法是省略结束索引 stop。

（4）在 Python Shell 上执行下列代码，截取整个字符串，实现字符串的拷贝，观察运行结果。

```
hello = '你好Python'
print(hello[:])#输出你好Python
print(hello[::])#输出你好Python
```

（5）在 Python Shell 上执行下列代码，将字符串反转，观察运行结果。

```
hello = '你好Python'
print(hello[::-1])#输出nohtyP好你
```

说明：字符串的拷贝和反转如图 3-9 所示。

（6）在 Python Shell 上执行下列代码，观察运行结果。切片时，不会抛出 IndexError 异常。

```
hello[10:15]#输出''
```

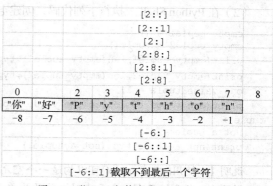

图 3-8 截取子字符串直至最后一个字符

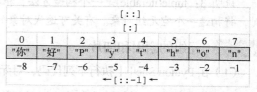

图 3-9 字符串的拷贝和反转

场景 6 字符串不可变更

（1）在 Python Shell 上执行下列代码，将字符串中"你好 Python"的"P"替换成"T"，观察运行结果。

```
hello = '你好Python'
hello[2] = 'T'       #输出TypeError: 'str' object does not support item assignment
```

初识内置数据类型 第 3 章

（2）在 Python Shell 上执行下列代码，将字符串中"你好 Python"的"P"删除，观察运行结果。

```
hello = '你好Python'
del hello[2]   #输出TypeError: 'str' object doesn't support item deletion
```

场景 7　格式化字符串

在 Python Shell 上执行下列代码，观察运行结果。

```
last_name = '张'
first_name = '三'
name = f'姓{last_name}，名{first_name}，我叫{last_name + first_name}'
name #输出'姓张，名三，我叫张三'
```

说明：字符串支持"+"运算，实现字符串的拼接功能。本场景也可以使用"+"运算实现相同的功能。

上机实践 3　认识元组

场景 1　普通元组、空元组和单元素元组

问题描述：A 和 B 经常电话通话，可以使用两个元组分别记录 A→B 及 B→A 的电话次数。

（1）在 Python Shell 上执行下列代码，创建两个元组。

```
ab = 'A', 'B', 102
ba = ('B', 'A', 21)
print(ab,len(ab),type(ab))#输出('A', 'B', 102) 3 <class 'tuple'>
print(ba,len(ba),type(ba))#输出('B', 'A', 21) 3 <class 'tuple'>
```

（2）在 Python Shell 上执行下列代码，创建空元组和单元素元组。

```
empty_tuple1 = ()
empty_tuple2 = tuple()
print(empty_tuple1,len(empty_tuple1),type(empty_tuple1))    #输出() 0 <class 'tuple'>
print(empty_tuple2,len(empty_tuple2),type(empty_tuple2))    #输出() 0 <class 'tuple'>
one_value_tuple = 1,
print(one_value_tuple,len(one_value_tuple),type(one_value_tuple))#输出(1,) 1 <class 'tuple'>
not_a_tuple = (1)
print(not_a_tuple,type(not_a_tuple))          #输出1 <class 'int'>
```

说明 1：使用()或者 tuple()可以构造一个空元组对象。
说明 2：当元组只有一个元素时，被称为单元素元组。单元素元组的元素后务必带上逗号。
说明 3：tuple(iterable)是一个构造方法，根据可迭代对象 iterable 构造一个元组对象。不带参数时，将构造一个空元组对象。有关可迭代对象的知识可参看第 16.3 节的内容。

场景 2　元组的索引和切片

（1）在 Python Shell 上执行下列代码，对元组进行索引和切片操作。

```
student_info = ('001','张三','男','2003-12-9','19088888888')
print(student_info[1],type(student_info[1]))   #输出张三 <class 'str'>
print(student_info[1:2],type(student_info[1:2]))#输出('张三',) <class 'tuple'>
print(student_info[1:1],type(student_info[1:1]))#输出() <class 'tuple'>
```

（2）在 Python Shell 上执行下列代码，对元组和字符串进行索引和切片操作。

```
birth_day = student_info[3]
birth_year = birth_day[:4]
```

```
print(birth_day)         #输出 2003-12-9
print(birth_year)        #输出 2003
print(student_info[3][:4])   #输出 2003
reverse_student_info = student_info[::-1]
print(reverse_student_info) #输出('19088888888', '2003-12-9', '男', '张三', '001')
print(student_info)           #输出('001','张三','男','2003-12-9','19088888888')
```

(3)在 Python Shell 上执行下列代码,对元组和字符串进行索引和切片操作。

```
student_info[10]#输出 IndexError: tuple index out of range
student_info[10:15]#输出()
```

(4)在 Python Shell 上执行下列代码,对多维元组进行索引操作。

```
student_course = (
("001", ("数学", "Python")),
("002", ("Java", "MySQL", "统计学")),
("003", ("MySQL", "Python", "经济学", "管理学")),
("004", ("经济学", "统计学", "Python", "数学")),
("005", ("Python", "经济学", "Java", "Java Web", "数学"))
)
print(student_course[4][1][3])        #输出 Java Web
```

说明:Python 支持在"()"中续行,有关续行的知识可参看第 16.6 节的内容。

场景 3 元组不可变更

(1)在 Python Shell 上执行下列代码,将元组中的通话次数加一,观察运行结果。

```
ab = 'A', 'B', 102
ab[2] = ab[2] + 1#输出 TypeError: 'tuple' object does not support item assignment
```

(2)在 Python Shell 上执行下列代码,删除元组中的通话次数元素,观察运行结果。

```
ab = 'A', 'B', 102
del ab[2]#输出 TypeError: 'tuple' object doesn't support item deletion
```

上机实践 4 认识列表

场景 1 普通列表、空列表

问题描述:A 和 B 经常电话通话,可以使用两个列表分别记录 A→B 以及 B→A 的电话次数。

(1)在 Python Shell 上执行下列代码,创建两个列表。

```
ab = ['A', 'B', 102]
ba = ['B', 'A', 21]
print(ab,len(ab),type(ab))#输出['A', 'B', 102] 3 <class 'list'>
print(ba,len(ba),type(ba))#输出['B', 'A', 21] 3 <class 'list'>
```

(2)在 Python Shell 上执行下列代码,创建空列表对象。

```
empty_list1 = []
empty_list2 = list()
print(empty_list1,type(empty_list1)) #输出[] 0 <class 'list'>
print(empty_list2,type(empty_list2)) #输出[] 0 <class 'list'>
```

说明 1:使用[]或者 list()可以构造一个空列表对象。
说明 2:list(iterable)是一个构造方法,根据可迭代对象 iterable 构造一个列表对象。不带参数时,将构造一个空列表对象。

场景2 列表的索引和切片

（1）在 Python Shell 上执行下列代码，对元组进行索引和切片操作。

```
student_info = ['001','张三','男','2003-12-9','19088888888']
print(student_info[1],type(student_info[1]))#输出张三 <class 'str'>
print(student_info[1:2],type(student_info[1:2]))#输出['张三'] <class 'list'>
print(student_info[1:1],type(student_info[1:1]))#输出[] <class 'list'>
```

（2）在 Python Shell 上执行下列代码，对列表和字符串进行索引和切片操作。

```
birth_day = student_info[3]
birth_year = birth_day[:4]
print(birth_day)              #输出2003-12-9
print(birth_year)             #输出2003
print(student_info[3][:4])    #输出2003
reverse_student_info = student_info[::-1]
print(reverse_student_info)#输出['19088888888', '2003-12-9', '男', '张三', '001']
print(student_info)           #输出['001', '张三', '男', '2003-12-9', '19088888888']
```

（3）在 Python Shell 上执行下列代码，对元组和字符串进行索引和切片操作。

```
student_info[10]#输出 IndexError: list index out of range
student_info[10:15]#输出[]
```

（4）在 Python Shell 上执行下列代码，对多维列表进行索引操作。

```
student_course = [
    ["001", ["数学", "Python"]],
    ["002", ["Java", "MySQL", "统计学"]],
    ["003", ["MySQL", "Python", "经济学", "管理学"]],
    ["004", ["经济学", "统计学", "Python", "数学"]],
    ["005", ["Python", "经济学", "Java", "Java Web", "数学"]]
]
print(student_course[4][1][3])     #输出Java Web
```

说明：Python 支持在"[]"中续行，有关续行的知识可参看第 16.6 节的内容。

场景3 列表可变更

（1）在 Python Shell 上执行下列代码，将列表中的通话次数加一，观察运行结果。

```
ab = ['A', 'B', 102]
ab[2] = ab[2] + 1
print(ab)        #输出['A', 'B', 103]
```

（2）在 Python Shell 上执行下列代码，删除列表中的通话次数元素，观察运行结果。

```
ab = ['A', 'B', 102]
del ab[2]
print(ab)        #输出['A', 'B']
```

上机实践5 认识集合

场景1 集合内的元素不可重复、无先后顺序

在 Python Shell 上执行下列代码，创建 1 个集合。

```
unique_and_unordered = {'B', 'A', 'B', 21}
print(unique_and_unordered,len(unique_and_unordered),type(unique_and_unordered))
#输出{21, 'B', 'A'} 3 <class 'set'>
```

场景 2 空集合对象的创建

在 Python Shell 上执行下列代码，创建 1 个空集合。

```
empty_set = set()
not_set_is_dictionary = {}
print(empty_set,len(empty_set),type(empty_set))              #输出 set() 0 <class 'set'>
print(not_set_is_dictionary,type(not_set_is_dictionary))     #输出{} <class 'dict'>
```

说明 1：创建空集合时，务必使用 set()。不能使用"{}"创建空集合，因为"{}"用于创建空字典。

说明 2：set(iterable)是一个构造方法，根据可迭代对象 iterable 构造一个集合对象。不带参数时，将构造一个"空"的集合对象。

场景 3 集合内的元素不可变更

在 Python Shell 上执行下列代码，观察运行结果。

```
{1,[2,3]}#输出 TypeError: unhashable type: 'list'
```

场景 4 集合的长度可变更

知识提示：集合的元素是无序的，并且是没有"索引"的，不能通过"索引"实现集合元素的增、删操作。向集合增加元素必须借助集合的 add 方法，从集合中删除元素必须借助 discard 方法、remove 方法、pop 方法或者 clear 方法，这些方法的使用可参看第 8 章的内容。

上机实践 6 认识字典

场景 1 字典内元素的"键"不可重复

在 Python Shell 上执行下列代码，创建 1 个字典。

```
ab = {
"from": "A",
"to": "B",
"record": -1,
"record": 102,
}
print(ab,len(ab),type(ab))#输出{'from': 'A', 'to': 'B', 'record': 102} 3 <class 'dict'>
```

说明 1：从 Python3.6 开始，字典可以记住元素与元素之间的先后顺序。但大多数程序人员认为字典中元素的顺序并不重要，若想保持字典内元素的有序性，可以使用 collections 标准模块的 OrderedDict。

说明 2：字典内元素的"键"不可重复。如果重复，后者将覆盖前者。

说明 3：Python 支持在"{}"中续行，有关续行的知识可参看第 16.6 节的内容。

场景 2 字典内元素的"键"不可变更

在 Python Shell 上执行下列代码，观察运行结果。

```
{'one':1,['two','three']:[2,3]}#输出 TypeError: unhashable type: 'list'
```

场景 3 空字典对象的创建

在 Python Shell 上执行下列代码，创建 2 个空字典。

```
empty_dict1 = {}
empty_dict2 = dict()
print(empty_dict1,len(empty_dict1),type(empty_dict1))  #输出{} 0 <class 'dict'>
print(empty_dict2,len(empty_dict2),type(empty_dict2))  #输出{} 0 <class 'dict'>
```

说明1：使用{}或者dict()都可以构造一个空字典对象。

说明2：dict()是Python的构造方法，不带参数时，将构造一个空字典对象。dict()构造方法的更多用法可参看第8章的内容。

场景4 字典是可变更的

在Python Shell上执行下列代码，通过"键"实现字典元素的增、删、改、查。

```
province_capital = {}
province_capital['陕西'] = '西安市'#添加元素
province_capital['四川'] = '成都市'#添加元素
province_capital['河北'] = '石家庄'#添加元素
print(province_capital)
province_capital['河北'] = '石家庄市'#修改元素
print(province_capital)
print(province_capital['河北'])#获取元素
del (province_capital['河北'])  #删除元素
print(province_capital)#输出{'陕西': '西安市', '四川': '成都市'}
```

上机实践7 对象的拷贝

场景1 使用赋值语句"="拷贝对象

知识提示：使用赋值语句"="拷贝对象，分两种情况，一是被拷贝的对象是不可变更对象，二是被拷贝的对象是可变更对象。

（1）被拷贝的对象是不可变更对象。在Python Shell上执行下列代码，观察运行结果。

```
str1 = 'Python'
str2 = str1   #复制对象名
str2 = 'Tython'
print(str2)   #输出Tython
print(str1)   #输出Python
```

说明：前3条代码执行过程中的内存使用情况如图3-10所示。第1条代码负责新建字符串对象"Python"，并为其命名为str1。第2条代码复制的是对象名（有些资料称为复制对象的引用），字符串对象'Python'又多了一个str2对象名（见图3-10中阴影部分），此时str1和str2指向同一个字符串对象。第3条代码负责新建字符串对象"Tython"，内存中新增了一个字符串对象（见图3-10中阴影部分），str2标签"转而""贴在"新增的字符串对象上。

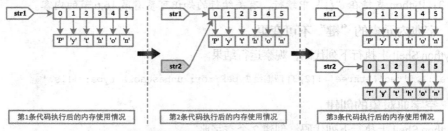

图3-10 使用赋值语句"="拷贝不可变更对象

▶注意：Python 内部有一套内存优化机制能够最大限度地重用现有数据，节省内存空间的同时还可以提升程序运行效率。第 3 条代码执行后，新增的字符串对象会重用第 1 条代码中的'ython'字符串，因此，第 3 条代码执行后，真正的内存使用情况如图 3-11 所示。

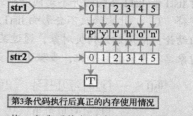

图 3-11　第 3 条代码执行后真正的内存使用情况

（2）被拷贝的对象是可变更对象。在 Python Shell 上执行下列代码，观察运行结果。

```
list1 = ['P','y','t','h','o','n']
list2 = list1 #复制对象名
list2[0] = 'T'
print(list2) #输出['T', 'y', 't', 'h', 'o', 'n']
print(list1) #输出['T', 'y', 't', 'h', 'o', 'n']
```

说明：前 3 条代码执行过程中的内存使用情况如图 3-12 所示。第 2 条代码复制的是对象名（有些资料称为复制对象的引用），列表对象又多了一个对象名 list2，此时 list1 和 list2 指向同一个列表对象。第 3 条代码通过对象名 list1 将列表对象的第 0 个"隔间"修改为字符"T"（见图 3-12 中阴影部分），此次修改也影响了 list2，因为 list1 和 list2 指向同一个列表对象。

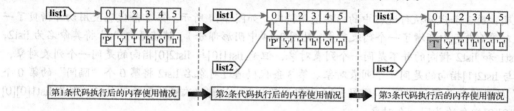

图 3-12　使用赋值语句"="拷贝可变更对象

总结：使用赋值语句"="拷贝对象，本质上拷贝的是对象名（也叫对象的引用），拷贝的过程中不会创建新对象。由于两个对象名指向同一个对象，如果被拷贝的对象是可变更对象（如 list 列表、dict 字典、set 集合），通过某个对象名修改对象某个"隔间"的值，将影响其他对象名，会造成"牵一发而动全身"的副作用。

场景 2　浅拷贝（借助切片实现）

知识提示 1：浅拷贝有两种实现方法，本场景演示通过切片实现浅拷贝。

知识提示 2：浅拷贝分两种情况，一种是被拷贝的对象是可变更对象，但没有嵌套其他可变更对象，另一种是被拷贝的对象是可变更对象，但嵌套了其他可变更对象。

（1）被拷贝的对象是可变更对象，并且没有嵌套其他可变更对象。在 Python Shell 上执行下列代码，观察运行结果。

```
list1 = ['P','y','t','h','o','n']
list2 = list1[:] #复制对象
list2[0] = 'T'
print(list2) #输出['T', 'y', 't', 'h', 'o', 'n']
print(list1) #输出['P', 'y', 't', 'h', 'o', 'n']
```

说明：前 3 条代码执行过程中的内存使用情况如图 3-13 所示。第 2 条代码使用切片拷贝了一个列表对象（内存中新增了一个列表对象，见图 3-13 中阴影部分），赋值语句"="将其命名为 list2，此时list1和list2指向的并不是同一个列表对象。第3条代码通过对象名list2将第0个"隔间"修改为字符"T",此次修改不会影响list1,因为list1和list2指向的不是同一个列表对象。是不是可以得出结论:使用切片拷贝对象,通过某个对象名修改原有对象某个"隔间"的值,不会影响另外一个对象名?事实并非如此,步骤(2)是个反例。

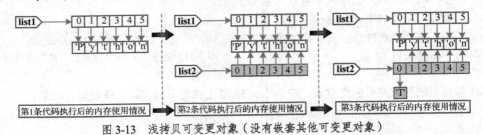

图 3-13　浅拷贝可变更对象（没有嵌套其他可变更对象）

（2）被拷贝的对象是可变更对象,但嵌套了其他可变更对象。在Python Shell上执行下列代码,观察运行结果。

```
list1 = [['P','y','t','h','o','n'],['J','a','v','a']]
list2 = list1[:] #复制对象
list2[0][0] = 'T'
print(list2)   #输出[['T', 'y', 't', 'h', 'o', 'n'], ['J', 'a', 'v', 'a']]
print(list1)   #输出[['T', 'y', 't', 'h', 'o', 'n'], ['J', 'a', 'v', 'a']]
```

说明:前3条代码执行过程中的内存使用情况,如图3-14所示。第2条代码使用切片拷贝了一个列表对象(内存中新增了一个列表对象,见图3-14中阴影部分),赋值语句"="将其命名为list2,此时list1和list2指向的并不是同一个列表对象,但是list1[0]与list2[0]指向的是同一个列表对象,list1[1]与list2[1]指向的是同一个列表对象。第3条代码通过对象名list2将第0个"隔间"的第0个"隔间"的值修改为字符"T"（见图3-14中阴影部分）,注意此次修改影响了list1,因为list1[0][0]与list2[0][0]指向的是同一个对象。

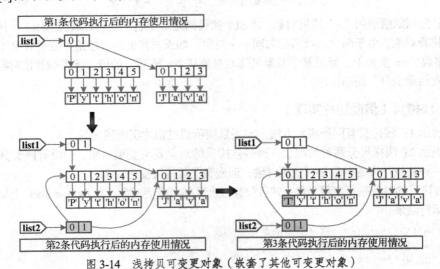

图 3-14　浅拷贝可变更对象（嵌套了其他可变更对象）

总结:浅拷贝只拷贝第1层级的"索引下标",并没有拷贝嵌套在第1层下的第2层、第3层的"索引下标"。浅拷贝可能带来的副作用:通过某个对象名修改某个"隔间"的"隔间"的值,会影响其他对象名。只有拷贝任意嵌套的"索引下标",才能彻底消除该副作用。

场景3 浅拷贝（借助 copy 模块的 copy 函数实现）

知识提示 1：浅拷贝有两种实现方法，本场景演示通过 copy 模块的 copy 函数实现浅拷贝。

知识提示 2：copy 是 Python 的标准模块，将其导入后才可以使用该模块中定义的对象。

（1）被拷贝的对象是可变更对象，但没有嵌套其他可变更对象。在 Python Shell 上执行下列代码，观察运行结果。

```
import copy
list1 = ['P','y','t','h','o','n']
list2 = copy.copy(list1)   #复制对象
list2[0] = 'T'
print(list2)   #输出['T', 'y', 't', 'h', 'o', 'n']
print(list1)   #输出['P', 'y', 't', 'h', 'o', 'n']
```

（2）被拷贝的对象是可变更对象，但嵌套了其他可变更对象。在 Python Shell 上执行下列代码，观察运行结果。

```
import copy
list1 = [['P','y','t','h','o','n'],['J','a','v','a']]
list2 = copy.copy(list1)   #复制对象
list2[0][0] = 'T'
print(list2)   #输出[['T', 'y', 't', 'h', 'o', 'n'], ['J', 'a', 'v', 'a']]
print(list1)   #输出[['T', 'y', 't', 'h', 'o', 'n'], ['J', 'a', 'v', 'a']]
```

场景4 深拷贝

知识提示：深拷贝通常借助 copy 模块的 deepcopy 函数实现。copy 是 Python 的标准模块，将其导入后才可以使用该模块中定义的对象。

在 Python Shell 上执行下列代码，观察运行结果。

```
import copy
list1 = [['P','y','t','h','o','n'],['J','a','v','a']]
list2 = copy.deepcopy(list1)
list2[0][0] = 'T'
print(list2)   #输出[['T', 'y', 't', 'h', 'o', 'n'], ['J', 'a', 'v', 'a']]
print(list1)   #输出[['P', 'y', 't', 'h', 'o', 'n'], ['J', 'a', 'v', 'a']]
```

说明：第 3 条代码拷贝了一个列表对象，内存中新增了三个列表对象，如图 3-15 所示（见图 3-15 中阴影部分）。需要强调 list1 和 list2 指向的不是同一个列表对象，并且 list1[0] 与 list2[0] 指向的不是同一个列表对象，list1[1] 与 list2[1] 指向的不是同一个列表对象。第 4 条代码通过对象名 list2 将第 0 个"隔间"的第 0 个"隔间"的值修改为字符"T"（见图 3-15 中阴影部分），注意此次修改不会影响 list1，因为 list1[0][0] 和 list2[0][0] 指向的不是同一个对象。

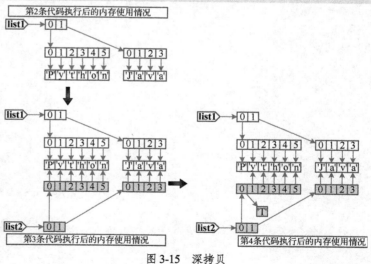

图 3-15 深拷贝

上机实践 8　理解"Python 中一切皆对象"

知识提示：Python 中一切皆对象，对象必须有数据类型，数据类型也是对象。

（1）在 Python Shell 上执行下列代码，打印对象的数据类型。

```
print(type(print))        #输出<class 'builtin_function_or_method'>
print(type((1)))          #输出<class 'int'>
print(type(type(1)))      #输出<class 'type'>
print(type(int))          #输出<class 'type'>
print(type(object))       #输出<class 'type'>
```

说明 1：如果一个对象的数据类型是 type，则该对象是数据类型（数据类型也是对象，有些资料将数据类型称作类对象或者模板对象）。

说明 2：object（对象）是 Python 的内置数据类型，是所有数据类型的父类。

（2）在 Python Shell 上执行下列代码。

```
print(isinstance(1,object))         #输出 True
print(isinstance('1314',object))    #输出 True
print(isinstance(print,object))     #输出 True
print(isinstance(str,object))       #输出 True
print(isinstance(type,object))      #输出 True
```

说明 1："Python 中一切皆对象"中的对象指的就是 object，数据类型对象也是对象。

说明 2：type 函数用于获取对象的数据类型。isinstance 函数用于判断某个对象是否是某个类（或者父类）的实例。判断对象的类型时，建议使用 isinstance 函数，因为 isinstance 函数还会检查给定的对象是否属于"父"数据类型。

第 4 章 运算符和数据类型转换

本章主要讲解常用的运算符、类型转换的必要性、True 和 "真" 之间的关系、False 和 "假" 之间的关系、精简代码的技巧等理论知识，演示了常用运算符的用法、显式类型转换、True 和 "真" 及 False 和 "假" 之间的关系、常用的数据类型转换函数、eval 函数的用法、Python 表达式和 Python 语句的区别等实践操作。通过本章的学习，读者将具备运用运算符和数据类型转换函数开发小型计算器的能力。

4.1 运算符

运算符是操作数据的符号，用于执行某种运算；表达式通常由操作数和运算符构成。例如 "3＋4" 就是一个表达式，该表达式中 "＋" 是一个运算符，"3" 和 "4" 是操作数，表达式的运算结果是 7。

按照功能可将运算符分为算术运算符、比较运算符（也叫关系运算符）、赋值运算符、逻辑运算符、成员运算符、对象比较运算符和条件运算符。

说明 1：Python 表达式和 Python 语句都是 Python 代码。它们的区别在于，Python 表达式通常会返回值，Python 语句通常不会返回值。例如 "3＋4" 是一个 Python 表达式，返回计算结果 7；"a = 3＋4" 是一条 Python 语句，没有返回结果。Python 表达式可以位于赋值语句 "=" 的右边，此时就构成了一条 Python 语句。Python 表达式可以作为函数的参数，但 Python 语句不可以作为函数的参数。列表推导式、lambda 匿名函数等都是 Python 表达式。

说明 2：单独的一个 Python 对象，也是一个 Python 表达式。

算术运算符

4.1.1 算术运算符

算术运算符用于执行算术计算，常用的算术运算符如表 4-1 所示。

表 4-1 算术运算符

算术运算符	语法	描述	对应的翻译	x=5，y=3 时的运算结果	注意事项
＋	x＋y	加法运算符	Addition	8	
－	x－y	减法运算符	Subtraction	2	
＊	x＊y	乘法运算符	Multiplication	15	
/	x/y	除法运算符	Division	1.6666666666666667	（1）y 不能为 0； （2）运算结果是浮点数
＊＊	x＊＊y	幂运算符	Exponentiation	125	
//	x//y	整除运算符	Integer Division	1	y 不能为 0
％	x％y	取余运算符	Modulo	2	y 不能为 0

4.1.2 比较运算符

比较运算符也叫关系运算符，用于比较两个对象的大小关系，比较的结果要么是 True，要么是 False。常用的比较运算符如表 4-2 所示。

比较运算符

表 4-2 比较运算符

比较运算符	对应的翻译	语法	表达式的结果	x=5, y=3 时运算结果
>	Greater than	x > y	如果 x 的值大于 y 的值，则表达式的结果为 True；否则为 False	True
<	Less than	x < y	如果 x 的值小于 y 的值，则表达式的为 True；否则为 False	False
==	Equal to	x == y	如果 x 的值等于 y 的值，则表达式的结果为 True；否则为 False	False
!=	Not equal to	x != y	如果 x 的值不等于 y 的值，则表达式的结果为 True；否则为 False	True
>=	Greater than or equal to	x >= y	如果 x 的值大于或等于 y 的值，则表达式的结果为 True；否则为 False	True
<=	Less than or equal to	x <= y	如果 x 的值小于或等于 y 的值，则表达式的结果为 True；否则为 False	False

4.1.3 赋值运算符

最简单的赋值运算符是"="，"x = y"表示在 y 对象上贴上 x 标签，赋值语句的运行流程可参看第 2 章的内容，本节不再赘述。

赋值运算符和算术运算符可以结合起来使用，如表 4-3 所示。

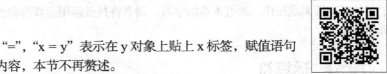

赋值运算符

表 4-3 赋值运算符

赋值运算符	语法	等价于
+=	x += y	x = x + y
-=	x -= y	x = x - y
*=	x *= y	x = x * y
/=	x /= y	x = x / y
%=	x %= y	x = x % y
**=	x **= y	x = x ** y
//=	x //= y	x = x // y

4.1.4 逻辑运算符

逻辑运算符用于将若干个对象连接起来形成更复杂的条件，常用的逻辑运算符有 and、or 和 not，其中 and、or 存在短路现象，如表 4-4 所示。

逻辑运算符

表 4-4 逻辑运算符

逻辑运算符	语法	表达式的结果	短路描述
and	x and y	如果 x 是真，则表达式的结果是 y； 如果 x 是假，则表达式的结果是 x	x 是真时，y 才会被执行； x 是假时，y 不会被执行
or	x or y	如果 x 是假，则表达式的结果是 y； 如果 x 是真，则表达式的结果是 x	x 是假时，y 才会被执行； x 是真时，y 不会被执行
not	not x	如果 x 为真，则表达式的结果是 False； 如果 x 为假，则表达式的结果是 True	

说明：只有理解 True 和"真"、False 和"假"之间的关系，才能真正掌握逻辑运算符的使用。

4.1.5 成员运算符

成员运算符用于判断对象是否是序列的成员，这里的序列通常是指字符串、元组、列表、集合、字典。成员运算符有两种用法，如表 4-5 所示。

成员运算符

表 4-5 成员运算符

成员运算符	语法	表达式的结果
in	x in y	如果 x 是 y 的成员,则表达式的结果为 True;否则为 False
not in	x not in y	如果 x 不是 y 的成员,则表达式的结果为 True;否则为 False

4.1.6 对象比较运算符

对象比较运算符(is)用于比较两个对象的内存地址是否相等。对象比较运算符有两种用法,如表 4-6 所示。

对象比较运算符

表 4-6 对象比较运算符

对象比较运算符	语法	表达式的结果
is	x is y	如果 x 和 y 两个对象的内存地址相同,则表达式的结果为 True;否则为 False
not is	x not is y	如果 x 和 y 两个对象的内存地址不相同,则表达式的结果为 True;否则为 False

4.1.7 条件运算符

条件运算符的语法格式是"x if y else z",执行流程是:计算 y 的值,如果为 True,则整个表达式的结果为 x;否则整个表达式的结果为 z。由于条件运算符包含 3 个操作数,因此条件运算符是一个三目运算符。

条件运算符

4.2 类型转换的必要性

Python 中一切皆对象,对象必须有数据类型。参与运算的两个对象,数据类型必须相同,否则就会上演"鸡同鸭讲"的闹剧。例如,对于加法运算符"+"而言,13+14 的结果是 27,'13' + '14'的结果却是'1314',13 + '14'的结果是抛出"TypeError"异常,原因在于 13 和'14'不是同一种数据类型。两个不同数据类型的对象是不能参与运算的,除非将它们转换为同一种数据类型,这就是类型转换的必要性。

类型转换的必要性

实现类型转换的方法有两种,分别是隐式类型转换和显式类型转换。

1. 隐式类型转换

隐式类型转换是指两个对象参与某种运算时,Python 解释器"自动"将两个对象的数据类型转换为同一种数据类型,转换过程无须人工参与。

例如,在计算 1 + 2.0 时,由于精度不能缺失,Python 会先将整数 1 转换为浮点数 1.0,再和浮点数 2.0 相加,结果是浮点数 3.0。

2. 显式类型转换

显式类型转换需要人工参与。例如,避免 13 + '14'抛出"TypeError"异常的有效办法是显式类型转换,有两种方法。将整数 13 类型转换为字符串'13',此时计算的结果是字符串'1314';将字符串'14'转换为整数 14,此时计算的结果是整数 27。

显式类型转换的语法格式是"datatype(obj)",其中 datatype 是数据类型(本质是类)。

Python 提供了大量的类型转换函数,如表 4-7 所示。

表 4-7 类型转换函数

函数语法格式	表达式的结果(注意:参数 x 不变)	说明
int(x [,base])	返回浮点数 x 或者字符串 x 的整数值	如果字符串 x 不符合整数格式,将引发 ValueError 错误。base 参数可选,默认值是 10
float(x)	返回整数 x 或者字符串 x 的浮点数值	如果字符串 x 不符合浮点数格式,将引发 ValueError 错误

续表

函数语法格式	表达式的结果（注意：参数 x 不变）	说明
str(x)	返回对象 x 的字符串值	参数 x 可以是任意对象
tuple(x)	返回 x 的元组值	参数 x 可以是字符串、列表、集合、字典
list(x)	返回 x 的列表值	参数 x 可以是字符串、元组、集合、字典
set(x)	返回 x 的集合值	参数 x 可以是字符串、元组、列表、字典
dict(x)	返回 x 的字典值	参数 x 可以是元组、列表，x 中每个元素的格式必须是 [key,value]或(key,value)
bool(x)	返回 x 的布尔值	参数 x 可以是任意对象
chr(x)	返回 Unicode 代码点 x 对应的字符	
ord(x)	返回字符 x 的 Unicode 代码点	
hex(x)	返回整数 x 的十六进制字符串	
oct(x)	返回整数 x 的八进制字符串	
bin(x)	返回整数 x 的二进制字符串	

▶注意：显式类型转换返回的是新对象，原对象 obj 的值以及数据类型不会发生变化。

4.3 理解 True 和"真"、False 和"假"

"假"对应于英文单词 Falsy，"真"对应于英文单词 Truthy，True 和"真"、False 和"假"之间存在怎样的关系？

True 和 False 在内存中只留存一份，所有 Python 会话"共用"True 和 False。但 Python 对象何止万千，一个对象要么是"真"，要么是"假"，二者必选其一。可以使用 bool(obj)函数判断对象 obj 是"真"还是"假"，当 bool(obj)返回 True 时，obj 对象是"真"；返回 False 时，obj 对象是"假"。简言之，True 是"真"，"真"包括 True；False 是"假"，"假"包括 False。这就是 True 和"真"、False 和"假"之间的关系。

说明：根据 Python 官方文档，当一个对象的__bool__()方法返回 False 或者__len__()方法返回 0 时，该对象是"假"；否则该对象就是"真"。None、False、0、0.0 对象的__bool__()方法返回 False，因此这些对象是"假"；空字符串""、空字节串 b""、()、[]、set()、{}、range(0)对象的__len__()方法返回 0，因此这些对象也是"假"。

理解 True 和"真"、False 和"假"

4.4 精简代码的技巧

精简代码的技巧可参考如下。
（1）代码片段"if len(data) > 0:"等效于代码片段"if data:"。
说明：len(data)等效于 data.__len__()。
（2）代码片段"if bool(data):"等效于代码片段"if data:"。
说明：bool(data)等效于 data.__bool__()。

精简代码的技巧

上机实践 1　运算符

场景 1　算术运算符

（1）算术运算符的注意事项。在 Python Shell 上执行下列代码，观察运行结果。

```
4 / 0      #输出 ZeroDivisionError: division by zero
4 / 2      #输出 2.0
4 // 0     #输出 ZeroDivisionError: integer division or modulo by zero
4 % 0      #输出 ZeroDivisionError: integer division or modulo by zero
```

（2）浮点数参与算术运算时，精度不减。在 Python Shell 上执行下列代码，观察运行结果。

```
4 + 0.0    #输出 4.0
4 - 0.0    #输出 4.0
4 * 0.0    #输出 0.0
```

（3）整除运算符"//"的用法。在 Python Shell 上执行下列代码，观察运行结果。

```
10 // 4    #输出 2
10 // -4   #输出 -3
-10 // 4   #输出 -3
-10 // -4  #输出 2
```

说明：整除运算符"//"的执行结果是正数时，执行结果只保留整数部分（小数点后被截断）；当执行结果是负数时，执行结果将四舍五入到更小的整数。

场景2　比较运算符

（1）认识比较运算符。在 Python Shell 上执行下列代码，观察运行结果。

```
1>2        #输出 False
1<2        #输出 True
1==2       #输出 False
1!=2       #输出 True
1>=2       #输出 False
1<=2       #输出 True
0<=1<=2    #输出 True
```

说明1：赋值语句是1个"="；比较两个对象是否相等使用的是2个"="。
说明2：Python 允许将多个比较运算符连接起来，形成一个"链"。

（2）在 Python Shell 上执行下列代码，观察运行结果。

```
x = 1.1 + 2.2
x == 3.3   #输出 False
```

说明：不能比较两个浮点数是否精确相等。这是因为，在计算机内部，浮点数也是使用二进制表示的，大多数时候，二进制不能完全表示浮点数的精度，计算机里的浮点数和实际值之间存在一定的偏差。

（3）在 Python Shell 上执行下列代码，观察运行结果。

```
deviation = 0.00001
x = 1.1 + 2.2
abs(x - 3.3) < deviation   #输出 True
```

说明1：不能比较两个浮点数是否精确相等，但可以比较两个浮点数是否接近，例如可以比较它们之间的偏差（deviation）是否在某个取值范围之内。两个浮点数相减后的绝对值如果小于某个偏差，可以判定这两个浮点数相等。
说明2：abs(num)函数是 Python 的内置函数，该函数返回 num 的绝对值。

（4）比较字符串或者集合。在 Python Shell 上执行下列代码，观察运行结果。

```
'hello' == 'hel' + 'lo'    #输出 True
{1,2,3} == {2,3,1}         #输出 True
```

场景 3 成员运算符

在 Python Shell 上执行下列代码，运行结果全部是 True。

```
x = 'Python'
x in '你好Python'
x in ('Java','Python','PHP')
x in ['Java','Python','PHP']
x in {'Java','Python','PHP'}
x in {'Java':'Java程序设计','Python':'Python程序设计','MySQL':'PHP程序设计'}
```

说明 1：成员运算符 in 作用于字典时，用于判断对象是否是字典元素的"键"。

说明 2：成员运算符 in 和 for 结合起来一起使用时，用于遍历序列中的元素。

说明 3：成员运算符 in 作用于元组或者列表时，采用线性方式逐个搜索，搜索速度通常较为缓慢。成员运算符 in 作用于字典或者集合时，搜索速度较快。

场景 4 对象比较运算符

在 Python Shell 上执行下列代码，观察运行结果。

```
[1,2,3] == [1,2,3]   #输出True
[1,2,3] is [1,2,3]   #输出False
None is None         #输出True
None == None         #输出True
```

说明 1："=="是值比较运算符，比较的是两个对象的值是否相等（本质是调用对象的 __eq__() 方法），比较速度通常较慢。"is"是对象比较运算符，比较的是两个对象的内存地址是否相等，比较速度较快。

说明 2：None 对象会被放入"全局 intern 池"中，被所有 Python 会话共享使用。None 在内存中只留存一份。比较 None 是否相等时，推荐使用 is。

场景 5 条件运算符

在 Python Shell 上执行下列代码，观察运行结果。

```
score = 59
result = '及格' if score>=60 else '不及格'
result         #输出'不及格'
```

场景 6 算术运算符的其他用途

（1）字符串、元组、列表支持"+"操作。在 Python Shell 上执行下列代码，观察运行结果。

```
'1' + '2'       #输出'12'
(1,2) + (2,3)   #输出(1, 2, 2, 3)
[1,2] + [2,3]   #输出[1, 2, 2, 3]
```

（2）字符串、元组、列表支持"*"操作。在 Python Shell 上执行下列代码，观察运行结果。

```
'1' * 2         #输出'11'
(1,2) * 2       #输出(1, 2, 1, 2)
[1,2] * 2       #输出[1, 2, 1, 2]
```

（3）集合支持"-""&""|""^"运算。在 Python Shell 上执行下列代码，观察运行结果。

```
zhangsan_interest = {'pingpang','singing','shopping'}
lisi_interest = {'football','singing','shopping'}
print(zhangsan_interest - lisi_interest)  #输出{'pingpang'}
```

```
print(zhangsan_interest & lisi_interest) #输出{'shopping', 'singing'}
print(zhangsan_interest | lisi_interest) #输出{'shopping', 'singing', 'football', 'pingpang'}
print(zhangsan_interest ^ lisi_interest) #输出{'football', 'pingpang'}
```

说明1：zhangsan_interest 和 lisi_interest 两个集合的运算如图4-1所示。

说明2：集合支持"–""&""|""^"运算，各个运算的功能如下。

- a&b：a集合和b集合的交集运算。
- a|b：a集合和b集合的并集运算。
- a–b：a集合和b集合的差集运算。
- a^b：a集合和b集合的异或集运算，获取只在一个集合中出现的元素。数学语言可描述为，属于a或属于b，但不同时属于a和b的元素的集合。

图4-1 两个集合的运算

上机实践2 显式类型转换的必要性

场景1 避免"TypeError"异常

（1）在 Python Shell 上执行下列代码，观察运行结果。

```
1 + '2'   #输出 TypeError: unsupported operand type(s) for +: 'int' and 'str'
```

（2）在 Python Shell 上执行下列代码，观察运行结果。

```
str(1) + '2'   #输出'12'
1 + int('2')   #输出 3
```

说明1：int(numbers or string)是一个构造方法，根据数字 numbers 或者字符串 string 构造一个整数对象。不带参数时，构造整数对象0。字符串 string 可以包含前导或后导空格，例如 int(" 1314 ")，返回整数1314。

说明2：str(obj)是一个构造方法，根据对象 obj 构造一个字符串对象（本质是调用对象 obj 的 __str__()方法）。不带参数时，将构造空字符串对象。str(obj)中的 obj 可以是任意数据类型的对象。

说明3：print(obj1,obj2)等效于 print(str(obj1)+''+str(obj2))，但不等效于 print(obj1+obj2)。例如下面的两行代码是等效的。

```
print(1,'2')                      #输出 1 2
print(str(1) + ' ' + str('2'))    #输出 1 2
```

场景2 input 内置函数的使用

（1）首先在 Python Shell 上执行下列代码，接着通过键盘输入"你好Python"，最后按"Enter"键，执行结果如图4-2所示。

```
input('请使用键盘输入一串字符：')
```

说明：input(prompt)内置函数接收键盘的任意性输入，按"Enter"键后，结束任意性输入，该函数以字符串类型返回该任意性输入。其中 prompt 是提示信息。

```
>>> input('请使用键盘输入一串字符：')
请使用键盘输入一串字符：你好Python
'你好Python'
```

图4-2 input 内置函数的使用（1）

（2）在 Python Shell 上执行下列代码，然后通过键盘输入"123"，执行结果如图4-3所示。

```
>>> num = input('请使用键盘输入123：')
请使用键盘输入123：123
```

图4-3 input 内置函数的使用（2）

```
num = input('请使用键盘输入123：')
```

（3）在 Python Shell 上执行下列代码，查看 num 的数据类型，观察运行结果。

```
type(num)          #输出<class 'str'>
```

▶ 注意：input(prompt)内置函数将任意性输入作为字符串返回。

场景 3　实现一个简易版的整数加法器

问题描述：通过键盘接收两个"整数"，计算两个"整数"的和。

（1）首先执行下列代码，接着通过键盘中输入"13"，最后按"Enter"键。

```
num1 = input('请输入第 1 个整数: ')
```

（2）首先执行下列代码，接着通过键盘中输入"14"，最后按"Enter"键。

```
num2 = input('请输入第 2 个整数: ')
```

（3）在 Python Shell 上执行下列代码，观察运行结果。

```
num1 + num2        #输出'1314'
```

说明：本步骤并不能计算两个"整数"的和。

（4）在 Python Shell 上执行下列代码，观察运行结果。

```
int(num1) + int(num2)    #输出 27
```

说明：本步骤计算了两个"整数"的和。

上机实践 3　常用的类型转换函数

场景 1　将字符串'10.0'转换为整数 10

（1）在 Python Shell 上执行下列代码，观察运行结果。

```
int('10.0')        #输出 ValueError: invalid literal for int() with base 10: '10.0'
```

说明：只有浮点数或者符合整数格式的字符串才能转换为整数。

（2）在 Python Shell 上执行下列代码，观察运行结果。

```
int(float('10.0'))    #输出 10
```

场景 2　将字符串、列表、集合、字典转换为元组

在 Python Shell 上执行下列代码，观察运行结果。

```
tuple('你好 Python')               #输出('你', '好', 'P', 'y', 't', 'h', 'o', 'n')
tuple([1, 2, 3])                   #输出(1, 2, 3)
tuple({1, 2, 3, 3, 2, 1})          #输出(1, 2, 3)
tuple({'name': '张三', 'age': 18}) #输出('name', 'age')
```

说明：字典转换为元组时，保留了字典元素的键，丢失了字典元素的值。

场景 3　将字符串、元组、集合、字典转换为列表

在 Python Shell 上执行下列代码，观察运行结果。

```
list('你好 Python')     #输出['你', '好', 'P', 'y', 't', 'h', 'o', 'n']
list((1, 2, 3))         #输出[1, 2, 3]
```

```
list({1, 2, 3, 3, 2, 1})              #输出[1, 2, 3]
list({'name': '张三', 'age': 18})      #输出['name', 'age']
```

说明：字典转换为列表时，保留了字典元素的键，丢失了字典元素的值。

场景 4 将字符串、元组、列表、字典转换为集合

在 Python Shell 上执行下列代码，观察运行结果。

```
set('你好Python')                       #输出{'n', 'P', 'h', '你', 'o', 't', 'y', '好'}
set((1, 2, 2, 3))                       #输出{1, 2, 3}
set([1,2,2,3])                          #输出{1, 2, 3}
set({'name': '张三', 'age': 18})        #输出{'name', 'age'}
```

说明：字典转换为集合时，保留了字典元素的键，丢失了字典元素的值。

场景 5 将元组、列表转换为字典

在 Python Shell 上执行下列代码，观察运行结果。

```
dict( (('one',1),('two',2)) )           #输出{'one': 1, 'two': 2}
dict( [['one',1],['two',2]] )           #输出{'one': 1, 'two': 2}
```

场景 6 任意对象都可以转换为布尔型数据

（1）在 Python Shell 上执行下列代码，运行结果全部是 False。

```
bool(None)
bool(0)
bool(0.0)
bool([])
bool({})
bool(())
bool('')
bool(b'')
bool(set())
bool(range(0))
bool(print('你好Python'))
```

说明 1：bool(obj)的返回值要么是 True，要么是 False。当 obj 是"真"时，bool(obj)返回 True；当 obj 是"假"时，bool(obj)返回 False。

说明 2：print(str)函数的返回值是 None。

说明 3：为了便于记忆，可将 None、False、0、0.0、空字符串''、空字节串 b''、()、[]、set()、{}、range(0)等对象看作"假"；其他对象都看作"真"。

说明 4：b''是一个空字节串。有关字节串的知识可参看第 16.1 节的内容。

（2）在 Python Shell 上执行下列代码，运行结果全部是 True。

```
bool(-1)
bool(1)
bool([1])
bool({1})
bool((2))
bool('1')
bool(b'1')
bool(set('1'))
bool(range(1))
```

场景 7 eval 函数的用法

知识提示：eval(str)是 Python 的内置函数，该函数执行一个字符串表达式 str，并返回字符串表达式的值。需要注意，参数 str 必须是一条符合表达式格式的字符串。eval 是单词 evaluate 的简写，

evaluate 译作评估、求值。

（1）在 Python Shell 上执行下列代码，将形如元组的字符串'(1,2,3)'转换为元组，观察运行结果。

```
tuple('(1,2,3)')        #输出('(', '1', ',', '2', ',', '3', ')')
eval('(1,2,3)')         #输出(1, 2, 3)
```

（2）在 Python Shell 上执行下列代码，将形如字典的字符串"{'one':1,'two':2,'three':3}"转换为字典，观察运行结果。

```
eval("{'one':1,'two':2,'three':3}")   #输出{'one': 1, 'two': 2, 'three': 3}
```

场景 8　Python 表达式和 Python 语句的区别

（1）在 Python Shell 上执行下列代码，执行结果如图 4-4 所示。

```
3 + 4
a = 3 + 4
```

（2）在 Python Shell 上执行下列代码，执行结果如图 4-5 所示。

```
print(3 + 4)
print(a = 3 + 4)
```

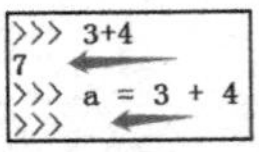

图 4-4　Python 表达式和 Python 语句的区别（1）

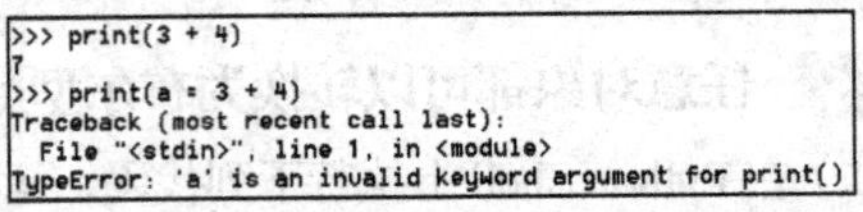

图 4-5　Python 表达式和 Python 语句的区别（2）

说明：Python 表达式可以作为函数的参数，Python 语句不能作为函数的参数。

（3）在 Python Shell 上执行下列代码，执行结果如图 4-6 所示。

```
eval("3 + 4")
eval("a = 3 + 4")
```

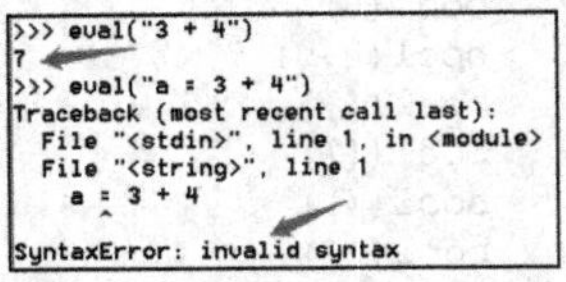

图 4-6　Python 表达式和 Python 语句的区别（3）

说明：eval(str)函数的参数 str 必须是一条符合表达式格式的字符串。

上机实践 4　逻辑运算符

场景 1　逻辑运算符作用于 True 和 False

在 Python Shell 上执行下列代码，观察运行结果。

```
True and False  #输出 False
True or False   #输出 True
not True        #输出 False
```

场景 2　逻辑运算符作用于普通对象

在 Python Shell 上执行下列代码，观察运行结果（and、or 存在短路现象）。

```
1 or 2      #输出 1
2 or 1      #输出 2
0 or 2      #输出 2
1 and 2     #输出 2
2 and 1     #输出 1
0 and 2     #输出 0
not -1      #输出 False
not 0       #输出 True
```

第 5 章 自定义函数

本章主要讲解代码块的代码组织结构、自定义函数的语法格式、函数的生命周期、命名空间、形参和实参、return 语句、lambda 表达式、组包和解包等理论知识，演示了函数的生命周期、命名空间的 LEGB 规则、global 关键字和 nonlocal 关键字、实参和形参之间参数传递的方法、return 语句、lambda 表达式、组包和解包的方法、参数是可变更对象时的注意事项等实践操作。通过本章的学习，读者能够将常用的代码块封装为函数，并能够正确地调用函数。

5.1 代码块

代码块（code block）是一段密不可分、不可分割，并且连续的 Python 代码。代码块由代码块"头"（简称"头"）、冒号":"、缩进、代码块"体"（简称"体"）、取消缩进五部分构成，代码块的代码组织结构如图 5-1 所示。

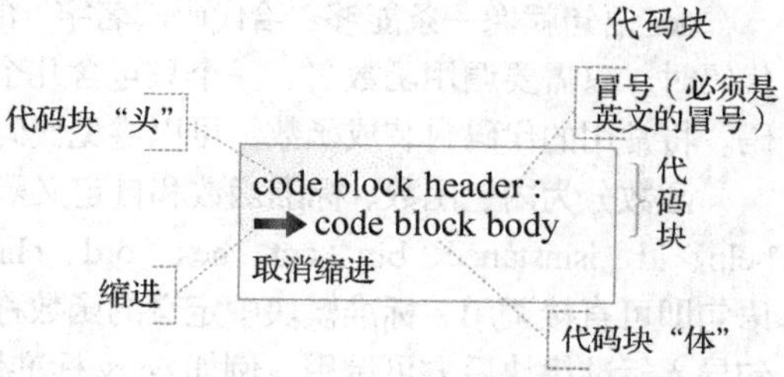

冒号":"的左边：定义了"头"。常用的"头"有 def、if、while、for、try、class、with 等。

图 5-1 代码块的代码组织结构

冒号":"：用于分隔"头"和"体"。注意是英文冒号。

缩进（indent）：定义了"体"的开始。

取消缩进（dedent）：当前代码块"体"的结束以及当前代码块的结束。

注意事项如下。

（1）大部分编程语言中的缩进用于排版代码，使代码整齐划一。Python 中的缩进意味着"体"的开始，取消缩进意味着"体"的结束，以及当前代码块的结束。

（2）缩进时，不建议混合使用"空格"键和"Tab"键。一个缩进通常是指 4 个"空格"或 1 个"Tab"。

（3）如果"体"中只有一行代码，"体"可以写在冒号":"的右边，和代码块"头"位于同一行。

（4）"体"中可以嵌套"子"代码块。

（5）同一级代码必须"居左垂直对齐"，即同一级代码缩进相同的量。如果缩进不规范，将抛出 IndentationError 异常。

例如，打印 1+2+3+…+100 的结果需要使用 4 条 Python 代码，4 条 Python 代码存在图 5-2 所示的 3 种代码组织结构。

第 1 种代码组织结构是正确的。代码②和代码③组成一个代码块；代码④取消了缩进，意味着代码块的结束，也意味着代码块"体"中只包含一条代码③。代码①、代码②和代码④属于同一级代码。

```
第1种代码组织结构 ✓          第2种代码组织结构 ✗          第3种代码组织结构 ✗
① sum = 0                    ① sum = 0                    ① sum = 0
② for i in range(101):       ② for i in range(101):       ② for i in range(101):
③     sum = sum + i          ③ sum = sum + i              ③ sum = sum + i
④ print("The sum100 is", sum)④ print("The sum100 is", sum)④ print("The sum100 is", sum)
```

图 5-2　4 条 Python 代码存在 3 种代码组织结构

第 2 种代码组织结构没有语法错误但存在逻辑错误。代码②、代码③和代码④组成一个代码块，代码块"体"中包含代码③和代码④两条代码。代码①和代码②属于同一级代码；代码③和代码④属于同一级代码。

第 3 种代码组织结构存在语法错误，原因在于代码块有"头"没有"体"。

说明：Python 官方文档将模块、函数的定义和类的定义称为"块"（block）。本书从标点符号的角度对代码块进行了重新定义。

5.2　自定义函数的语法格式

如果频繁使用某个对象，最好的办法是为它命名，通过赋值语句"="可以为对象命名。同样的道理，如果频繁使用某一段代码，最好的办法也是为它命名，通过 def 语句可以为一段代码命名。

def 语句就像一条能够"给代码起名字"的赋值语句，这里的名字叫作函数名。当需要执行这段代码时，只需要调用函数名。一个只包含几个简单字符的函数名背后隐藏的可能是成百上千行的代码。将常用的代码封装成函数，可以避免代码冗余，增强代码的复用性。

函数分为内置函数、标准函数和自定义函数。内置模块中定义的函数称为内置函数，print、dir、help、id、isinstance、bin、oct、hex、ord、chr 等是内置函数，内置函数无须定义，无须使用 import 语句即可直接调用。标准模块中定义的函数称为标准函数，标准函数无须定义，但须使用 import 语句导入标准模块后方可调用，例如 copy 标准模块的 deepcopy 和 copy 就是标准函数。

用户也可以自己编写函数的定义，这就是自定义函数。关键字 def 用于定义一个函数，紧跟 def 关键字的是函数的名字，自定义函数的语法格式如图 5-3 所示。

- def：定义函数或者方法时的关键字（def 是单词 define 的简写）。
- fn_name：函数名（函数名必须符合标识符的命名规则）。
- parameters：参数列表（是可选的），参数之间以逗号分隔。参数列表是函数接收外部数据的"窗口"，这样函数"体"就可以处理"外部数据"了。
- 冒号："头"和"体"的分隔符号。
- 缩进：函数"体"的开始。
- 函数"体"：由 docstring（是可选的）和一段 Python 代码 codes 构成。
- docstring：函数的文档字符串（是可选的），本质是紧跟函数头的多行注释，用于描述自定义函数的参数、返回值、功能等信息，通过函数对象的 __doc__ 属性可以获取文档字符串的内容。需要注意，文档字符串是"体"的一部分，因此文档字符串也需要缩进。

图 5-3　自定义函数的语法格式

5.3　函数的生命周期

函数的生命周期分为 4 个阶段，分别是函数的定义、创建函数对象、调用函数对象、垃圾收集器"适时"回收函数对象。

5.4 命名空间

C、Java 等编程语言使用"栈"保存变量名,然而 Python 使用命名空间(namespace)保存对象名。The Zen of Python(Python 编程之禅)曾经提到"Namespaces are one honking great idea – let's do more of those!"(命名空间是神来之笔,画龙点睛之绝妙)。本章从函数的角度深入讲解命名空间。

5.4.1 命名空间概述

一个对象仅在有效的范围内可以使用,这个有效范围称作对象的作用域(scope)。对象名可以唯一标记一个对象,管理了对象名的作用域就可以管理对象的作用域。Python 引入 namespace 管理对象名的作用域,继而间接地管理了对象的作用域。namespace 译作命名空间(或名称空间),其中 name 指的就是对象名。

命名空间概述

Python 将对象名的作用域分为全局对象名(global)、局部对象名(local)及内置对象名(builtins),确保了相同的对象名在不同的作用域,对象名不会互相冲突。按照对象名的作用域,可将命名空间分为内置命名空间、全局命名空间及局部命名空间。

1. 内置命名空间

内置命名空间(builtins namespace)由 Python 自动创建。Python 解释器启动后,自动将 __builtins__ 内置模块中定义的 print、id、dir 等对象名注册到内置命名空间中。

2. 全局命名空间

全局命名空间(global namespace)在 Python 程序运行时被创建。Python 程序都是以模块为单位运行的,每个模块都存在一个独属于自己的"全局命名空间",模块内、函数外定义的对象名被注册到当前模块的全局命名空间中。使用 globals() 内置函数可以获取当前模块的全局命名空间,globals() 是可写的"字典"。

3. 局部命名空间

局部命名空间(local namespace)在调用函数对象时被创建。函数对象被调用时,每个函数对象都存在一个独属于自己的"局部命名空间",函数内定义的对象名被注册到该函数的局部命名空间中。使用 locals() 内置函数可以获取当前函数的局部命名空间,locals() 是只读的"字典"。

说明 1:命名空间记录了"对象名→对象"的映射关系,Python 中的命名空间是字典数据类型。

说明 2:任何模块都存在一个独属于自己的"全局命名空间"。任何函数对象都存在一个独属于自己的"局部命名空间"。

5.4.2 内部函数

在函数 outer 内可以定义函数 inner,函数 outer 称作函数 inner 的外部函数(outer function);函数 inner 称作函数 outer 的内部函数(inner function),也叫作嵌套函数(nested function)或者局部函数(local function)。定义内部函数的语法格式如下。

内部函数

```
def outer():
    def inner():
        pass
```

5.4.3 命名空间的 LEGB 规则

下面的示例程序涉及内置命名空间、全局命名空间、封闭命名空间及局部命名空间。

命名空间的 LEGB 规则

```
print("id: ", id)#代码1(builtins namespace)
```

```
id = 'global value'#代码2（global namespace）
def outer():
    id = 'enclosed value'#代码3（enclosed namespace）
    def inner():
        id = 'local value'#代码4（local namespace）
        print("inner: ", id)
    inner()
    print("outer: ", id)
outer()
print("global: ", id)
```

说明1：代码1处的id对象名属于内置命名空间，内置命名空间中的对象名由Python解释器自动创建。id是内置函数，Python解释器启动后自动将id对象名注册到内置命名空间中。

说明2：代码2处定义的id对象名属于全局命名空间。id对象名在Python程序中定义，在该Python程序（本质是模块）内有效。

说明3：代码3处定义的id对象名属于封闭命名空间（enclosed namespace），也就是说，外部函数内、内部函数外定义的对象名属于封闭命名空间。第5.4.1节提到，函数内定义的对象名被注册到该函数的局部命名空间中，因此，本质上封闭命名空间是局部命名空间的一种特例。

说明4：代码4处定义的id对象名属于局部命名空间，也就是说，内部函数内定义的对象名属于局部命名空间。

说明5：调用内部函数inner的方法有两种，一种是在外部函数outer"内"调用inner内部函数，另一种是外部函数outer返回inner函数(而不是调用inner()函数)，在外部函数outer"外"调用inner内部函数。本章只使用第1种方法，第2种方法可以实现闭包和装饰器。

Python是按照locals（L）> enclosed（E）> globals（G）> builtins（B）的优先级别访问对象名的，这就是命名空间的LEGB规则，如图5-4所示。所谓命名空间的LEGB规则是指：图5-4中外层的代码不能"访问"内层定义的对象名；如果对象名不重名，图中内层的代码可以"访问"外层定义的对象名，如果对象名重名，则图中内层的代码将无法"访问"外层定义的对象名（除非使用global关键字、nonlocal关键字或者__builtins__模块名）。

图5-4 命名空间的LEGB规则

5.5 形式参数和实际参数

parameter（参数）主要指形式参数（简称为形参），是定义函数时接收外部数据的参数名。argument（参数）主要指实际参数（简称为实参），是调用函数时传递给函数形参的参数值。parameter与argument之间的关系可以使用赋值语句"parameter = argument"表示。

形式参数和实际参数

为形参赋值的方法有3种，分别是：通过位置参数为形参赋值；通过关键字参数为形参赋值；通过默认值参数为形参赋值。

说明：在描述形参和实参时，有时本书都将它们称作参数，读者可以通过上下文进行区分。

5.6 return语句

return语句只能在函数内使用。return语句有两个功能：结束函数的执行，并将控制权转交给调用者；将函数的执行结果返回给调用者。

return语句

说明 1：Python 中的函数一定有返回值。函数如果没有使用 return 语句返回结果，那么函数的返回值是 None。

说明 2：当 return 将控制权从带有 finally 子句的 try 语句中移出时，将在真正离开函数之前执行 finally 子句。

5.7 lambda 表达式

lambda 是一个创建匿名函数对象的表达式，语法格式如下。

```
lambda parameter1, parameter2,... parameterN : 返回值表达式
```

lambda 表达式

说明 1：lambda 表达式的语法格式中，返回值表达式必须是一行 Python 代码。

说明 2：def 是一条 Python 语句，不是一个 Python 表达式；lambda 是一个表达式，不是一条 Python 语句。因此 lambda 表达式可以出现在 def 语句无法出现的地方。例如可以出现在赋值语句"="的右边，可以直接作为 sort 函数、map 函数或者 filter 函数的参数。

说明 3：调用匿名函数对象时，需要在匿名函数对象后加上"()"。

5.8 组包和解包

将若干个对象打包成一个可迭代对象，称为组包（packing）。将一个可迭代对象拆分成若干个对象称为解包（unpacking）。

组包和解包

对象名前的"*"或者"**"可以用作组包，也可以用作解包。通常情况下，"*"或者"**"位于赋值语句"="左边时用作组包；否则用作解包。

5.9 参数是可变更对象时的注意事项

当实参是可变更对象时，或者当默认值参数是可变更对象时，一定要小心。

上机实践 1　理解函数的生命周期

场景 1　准备工作

（1）在 C 盘根目录下创建 py3project 目录，并在该目录下创建 fun 目录。

说明：本章的所有 Python 程序全部保存在 C:\py3project\fun 目录下。

（2）确保显示文件的扩展名。

（3）本章使用 IDLE 编写 Python 程序，有关 IDLE 的使用可参看第 16.2 节的内容。

场景 2　函数的定义

使用 IDLE 创建 Python 程序，输入以下代码定义一个 hello 函数，将 Python 程序命名为 hello_fun.py，保存在 C:\py3project\fun 目录下。

```
def hello():
    """
    打印字符串：你好 Python
    :parameter:None
    :return:None
    """
    print('你好 Python')
```

说明 1：本场景中函数名是 hello，该函数无参，返回值是 None。

说明 2：hello 函数体中包含一个文档字符串和一行打印语句，注意文档字符串需要缩进。

场景 3 创建函数对象

（1）单击"Run 菜单"，选择"Run Module 菜单项"（或者直接按"F5"键），即可运行 Python 程序，在弹出的 Python Shell 中显示运行结果，如图 5-5 所示。

（2）在 Python Shell 上执行代码"dir()"查看当前 Python 会话的所有对象，如图 5-6 所示。

图 5-5 创建函数对象　　　　　　　　图 5-6 查看当前 Python 会话的所有对象

说明 1：hello_fun.py 程序存储于外存，是一段静态代码。该程序定义了 hello 函数，函数的定义是一段静态代码。

说明 2：运行 hello_fun.py 程序后，函数的定义被运行，创建了函数对象，并且对象名就是函数名（此处是 hello）。

说明 3：创建函数对象 hello 时，没有打印"你好 Python"信息，这是因为函数体中的代码并没有被执行。函数对象是一种可调用对象（callable），只有调用函数对象，函数体中的代码才能被运行。总之，创建函数对象不等于调用函数对象，若想调用函数对象，必须先创建函数对象。

说明 4：为了便于描述，本书将函数的定义和函数对象看作不同的概念。函数的定义是静态的，函数对象是动态的（或者运行态的）。

说明 5：在函数对象名后加括号"()"就可以调用函数对象。在一个 Python 会话中，一个函数的定义只能创建一份函数对象；函数对象可以被调用多次。函数的定义、函数对象以及调用函数对象之间的关系如图 5-7 所示。

图 5-7 函数的定义、函数对象以及调用函数对象之间的关系

场景 4 查看函数对象的信息

（1）函数对象 hello 被创建后，即可查看函数对象的信息。在 Python Shell 上输入以下代码，查看 hello 的数据类型，观察运行结果。

```
type(hello)    #输出<class 'function'>
```

说明：hello 对象的数据类型是 function，表示 hello 是函数。

（2）在 Python Shell 上输入代码"dir(hello)"，查看函数对象 hello 的属性和方法，执行结果如图 5-8 所示。

图 5-8 查看函数对象 hello 的属性和方法

说明：Python 中一切皆对象，函数对象是一种可调用的对象（callable）。函数对象存在"__call__"

方法，调用函数对象的"__call__"方法可以调用函数对象。当然在函数对象名后加括号"()"也可以调用函数对象（推荐使用该方法调用函数对象）。

（3）在 Python Shell 上输入以下代码，查看函数对象 hello 的属性，观察运行结果。

```
hello.__class__      #输出<class 'function'>
hello.__code__       #输出<code object hello at 0x32F0,file "C:/py3project/fun/hello_fun.py",line 1>
type(hello.__code__)  #输出<class 'code'>
hello.__doc__        #输出'\n 打印字符串：你好 Python\n :parameter:None\n  :return:None\n '
hello.__name__       #输出 hello
hello.__module__     #输出'__main__'
```

说明1：对象后紧跟"."操作符表示访问对象"的"某个属性（或方法）。

说明2：函数对象的常用属性和方法如表 5-1 所示。

表 5-1　函数对象的常用属性和方法

属性或者方法	描述
__doc__	文档字符串
__name__	函数的函数名
__code__	函数代码被编译后的字节码
__defaults__	记录了函数对象的参数的默认值（元组类型）
__globals__	记录了函数对象所在的全局命名空间的所有对象名（字典类型）
__module__	函数对象所在的模块名称
__class__	函数对象的数据类型。type()函数本质是获取__class__属性的值
__qualname__	等同于__name__。例外情况是，如果函数对象嵌套在某个对象中，返回值将包含详细路径信息
__call__	对函数进行调用
__closure__	以元组方式记录了绑定在闭包函数对象上的对象

说明3：def 语句的执行流程与赋值语句"对象名 = 对象"的执行流程非常相似。函数对象的对象名是函数名（此处是 hello），数据类型是"function"，值是函数代码被编译后的字节码（这里使用"codes 的字节码"表示），函数对象的内存使用情况如图 5-9 所示。

说明4：采用直接方式运行 Python 程序时，Python 程序以"主模块"身份运行。hello 函数对象所在的模块是"__main__"，表示 hello 函数对象在主模块中定义。有关主模块的知识可参看第 7 章的内容。

（4）在 Python Shell 上输入以下代码，查看函数对象 hello 的帮助信息，执行结果如图 5-10 所示。

```
help(hello)
```

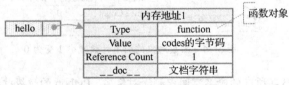

图 5-9　函数对象的内存使用情况

图 5-10　查看函数对象 hello 的帮助信息

（5）在 Python Shell 上输入以下代码，为函数对象添加新对象名。

```
print_hello = hello
```

说明：print_hello 和 hello 两个对象名指向同一个函数对象，如图 5-11 所示。

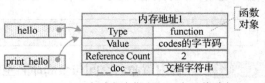

图 5-11　两个对象名指向同一个函数对象

场景 5 调用函数对象

知识提示：调用函数对象有以下两种方法。
① 在函数对象名后加"()"（推荐使用该方法）。
② 调用函数对象的"__call__"方法。

（1）在 Python Shell 上依次输入以下代码，观察运行结果。

```
hello()               #输出你好 Python
print_hello()         #输出你好 Python
```

（2）在 Python Shell 上依次输入以下代码，观察运行结果。

```
hello.__call__()         #输出你好 Python
print_hello.__call__()   #输出你好 Python
```

（3）在 Python Shell 上输入以下代码，打印函数对象执行的结果，如图 5-12 所示。

```
print(hello())
```

```
>>> print(hello())
你好Python
None
```

图 5-12 打印函数对象执行的结果

说明：本步骤先调用 hello 函数对象，再打印 hello 函数对象的返回值 None。

场景 6 删除函数对象

（1）在 Python Shell 上输入以下代码，首先删除对象名 hello，然后查看 hello 函数对象，最后调用函数对象 print_hello，观察运行结果。

```
del hello
hello                 #输出 NameError: name 'hello' is not defined
print_hello()         #输出你好 Python
```

说明：hello 对象名被删除后，函数对象的引用计数减少 1 变为 1，只剩下对象名 print_hello 持有函数对象的引用，如图 5-13 所示。

（2）在 Python Shell 上输入以下代码，删除对象名 print_hello。

```
del print_hello
```

说明 1：print_hello 对象名被删除后，函数对象的引用计数减少 1 变为 0，如图 5-14 所示。垃圾收集器会"适时"释放引用计数为 0 的函数对象。

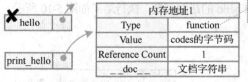

图 5-13 函数对象的引用计数减少 1 变为 1　　　图 5-14 函数对象的引用计数减少 1 变为 0

说明 2：使用 del 删除对象名时，本质是从其所在的命名空间中删除对象名。Python 的垃圾收集器"适时"释放引用计数为 0 的对象。再次强调，可以手动删除对象名，无法手动删除对象。

上机实践 2 理解命名空间

场景 1 理解内置命名空间与全局命名空间之间的关系

知识提示：标识符和内置命名空间的对象名不建议同名。为了演示内置命名空间与全局命名空间之间的关系,本场景违反了这条原则。

(1)使用 IDLE 创建 Python 程序,输入以下代码,将 Python 程序命名为 namespace1.py(保存在 C:\py3project\fun 目录下)。运行 Python 程序,观察 Python 程序的运行结果。

```
print(id)        #输出<built-in function id>
id = 0
print(id)        #输出 0
print(__builtins__.id)#输出<built-in function id>
```

说明 1:Python 解释器启动后,创建了内置命名空间。内置模块的对象名(如内置函数 id)被注册到内置命名空间中。

说明 2:Python 程序是以模块为单位运行的,每个模块都存在一个独属于自己的全局命名空间。

说明 3:第 1 行代码的执行流程是,先在当前模块全局命名空间中查找对象名 id,如果查找不到则在内置命名空间中查找。由于当前模块全局命名空间中不存在 id 对象名,内置命名空间中存在 id 对象名(id 是 Python 的内置函数),第 1 行代码将内置命名空间中的 id 函数转换为字符串后打印。

说明 4:第 2 行代码是一条赋值语句,执行过程是先在当前模块全局命名空间中查找 id 对象名,如果能找到则重用,如果不能找到则在当前模块的全局命名空间中创建 id 对象名。由于当前模块的全局命名空间中不存在 id 对象名,Python 创建 id 对象名后将其注册到当前模块的全局命名空间中,id 对象名指向整数 0 对象。

▶注意 1:第 2 行代码将 id 对象名注册到"当前模块的全局命名空间"中,并没有修改内置命名空间中 id 对象名的值。第 2 行代码执行后,内置命名空间中的 id 对象名并不会和当前模块的全局命名空间中的 id 对象名产生命名冲突,如图 5-15 所示。

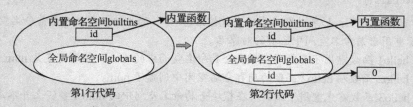

图 5-15 内置命名空间和全局命名空间中的 id 对象名不会产生冲突

▶注意 2:第 1 行代码和第 3 行代码完全相同,但结果不同。从执行结果可以看出,读取对象名时,优先读取当前模块的全局命名空间中的对象名,如果查找不到则在内置命名空间中查找,如果依然查找不到则抛出 NameError 异常,可以使用下列公式描述。

访问的对象名 = 全局对象名(优先) + 内置对象名(其次) + NameError(最后)

▶注意 3:在模块中访问对象名时,可能出现刚才访问的对象名属于内置命名空间,一会儿又变为全局命名空间的情况。

说明 5:第 4 行代码通过指定模块名 __builtins__,访问内置命名空间中的 id 对象名(id 内置函数)。

(2)在 Python Shell 上使用"dir()"查看当前 Python 会话的所有对象,执行结果如图 5-16 所示。

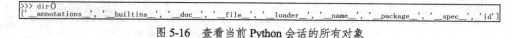

图 5-16 查看当前 Python 会话的所有对象

说明 1:dir()内置函数用于返回当前 Python 会话上定义的所有对象。

说明 2:__builtins__ 模块中定义的对象被放置在内置命名空间中,若要查看内置命名空间中的所有对象,可以使用代码"dir(__builtins__)"。

（3）在 Python Shell 上输入"globals()"，执行结果如图 5-17 所示。

```
>>> globals()
{'__name__': '__main__', '__doc__': None, '__package__': None, '__loader__': <class '_frozen_importlib.BuiltinImporter'>, '__spec__': None, '__annotations__': {}, '__builtins__': <module 'builtins' (built-in)>, '__file__': 'C:/py3project/fun/namespace.py', 'id': 0}
```

图 5-17　查看当前模块全局命名空间的所有对象名

说明：globals()内置函数以"对象名：对象"字典类型的方式，返回当前模块全局命名空间的所有对象名（以及所指向的对象）。

场景 2　理解全局命名空间与局部命名空间之间的关系

（1）使用 IDLE 创建 Python 程序，输入以下代码，将 Python 程序命名为 namespace2.py（保存在 C:\py3project\fun 目录下）。

```python
num = 0
def hello1():
    print(num)
    print(locals())
    print(globals())
def hello2():
    num = 2
    print(num)
    print(locals())
    print(globals())
def hello3():
    print(num)
    num = 3
    print(num)
print(globals())
```

说明 1：通常情况下，如果对象名出现在赋值语句"="的左边，表示在当前命名空间中创建对象名或者表示重用当前命名空间中已有的对象名。

说明 2：hello1 函数重用了函数所在模块全局命名空间中的 num，但没有定义 num。

说明 3：hello2 函数在 hello2 函数的局部命名空间中创建了 num。

说明 4：hello3 函数首先重用了函数所在模块全局命名空间中的 num（事实上并不是这样），然后在 hello3 函数的局部命名空间中创建了 num。

（2）运行 Python 程序，执行结果如图 5-18 所示。

```
{'__name__': '__main__', '__doc__': None, '__package__': None, '__loader__': <class '_frozen_importlib.BuiltinImporter'>, '__spec__': None, '__annotations__': {}, '__builtins__': <module 'builtins' (built-in)>, '__file__': 'C:/py3project/fun/namespace2.py', 'num': 0, 'hello1': <function hello1 at 0x0000000002E9C9D0>, 'hello2': <function hello2 at 0x0000000002E9CA60>, 'hello3': <function hello3 at 0x0000000002E9CAF0>}
```

图 5-18　查看当前模块的全局命名空间中的对象名

说明：当前模块的全局命名空间中存在 num、hello1、hello2 和 hello3 四个对象名（以及所指向的对象）。再次强调，命名空间的数据类型是字典，记录了对象名→对象的映射。

（3）在 Python Shell 上输入代码"hello1()"调用函数对象 hello1，执行结果如图 5-19 所示。

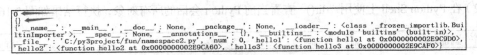

图 5-19　查看 hello1 局部命名空间中的所有对象名

说明 1：函数被调用时，每个函数对象都存在一个独属于自己的局部命名空间，函数内定义的对象名被注册到该函数的局部命名空间中。

说明 2：locals()内置函数以"对象名：对象"字典类型的方式，返回当前函数局部命名空间中的所有对象名（以及所指向的对象）。本步骤中，hello1 函数内没有定义对象名，因此 hello1 函数的局部命名空间是空字典。

说明3：对比步骤（2）和步骤（3）的执行结果可以看出，函数内可以通过 globals()获取函数所在模块的全局命名空间。推理可知，函数内可以访问函数所在模块全局命名空间中的所有对象。

（4）执行代码"hello2()"调用函数对象 hello2，执行结果如图 5-20 所示。

```
>>> hello2()
2
{'num': 2}
{'__name__': '__main__', '__doc__': None, '__package__': None, '__loader__': <class '_frozen_importlib.BuiltinImporter'>, '__spec__': None, '__annotations__': {}, '__builtins__': <module 'builtins' (built-in)>, '__file__': 'C:/py3project/fun/namespace1.py', 'num': 0, 'hello1': <function hello1 at 0x0000000002C938B0>, 'hello2': <function hello2 at 0x0000000002C93940>, 'hello3': <function hello3 at 0x0000000002C939D0>}
```

图 5-20　查看 hello2 局部命名空间中的所有对象名

说明1：函数被调用时，每个函数都存在一个独属于自己的局部命名空间，函数内定义的对象名被注册到该函数的局部命名空间中。

说明2：hello2 函数的第 1 条代码"num = 2"是赋值语句，执行流程是先在当前函数的局部命名空间中查找对象名 num，如果能找到则重用；如果不能找到则在当前函数的局部命名空间中创建对象名 num。由于当前函数的局部命名空间中不存在对象名 num，Python 创建对象名 num 后将其注册到当前函数的局部命名空间中，并指向整数 2 对象。

说明3：hello2 函数的第 2 条代码"print(num)"表示访问对象名 num。首先从当前函数的局部命名空间中查找，由于能找到则不再从函数所在模块的全局命名空间中查找。

总结：读取对象名时，优先在当前函数的局部命名空间中查找，如果查找不到则在函数所在模块的全局命名空间中查找，如果还查找不到则在内置命名空间中查找，如果依然查找不到则抛出 NameError 异常，可以使用下列公式描述。

访问的对象名 = 局部对象名（优先）+ 全局对象名（其次）+ 内置对象名（再次）+ NameError（最后）

（5）执行代码"hello3()"调用函数对象 hello3，执行结果如图 5-21 所示。

```
UnboundLocalError: local variable 'num' referenced before assignment
```

图 5-21　函数内对象名的命名空间是确定的

说明1：上述异常信息表示当前函数的局部命名空间中不存在对象名 num。

说明2：函数内，对象名的命名空间是确定的，要么属于局部命名空间，要么属于全局命名空间，要么属于内置命名空间。不可能出现这种情况：对象名刚才属于全局命名空间，一会儿又属于局部命名空间。函数 hello3 中的对象名 num 始终属于局部命名空间。

场景 3　理解内部函数以及命名空间的 LEGB 规则

（1）使用 IDLE 创建 Python 程序，输入以下代码，将 Python 程序命名为 legb.py（保存在 C:\py3project\fun 目录下）。

```python
print("id: ", id)#代码1（builtins namespace）
id = 'global value'#代码2（global namespace）
def outer():
    id = 'enclosed value'#代码3（enclosed namesace）
    def inner():
        id = 'local value'#代码4（local namesace）
        print("inner: ", id)
    inner()
    print("outer: ", id)
outer()
```

```
        print("global: ", id)
```

说明1:标识符和内置命名空间的对象名不建议同名。为了演示命名空间的 LEGB 规则,本场景违反了这条原则。

说明2:读者务必区分"创建对象名"和"使用对象名"。对于本场景而言,只要对象名 id 出现在赋值语句"="的左边,就意味着创建 id 对象名;否则,表示使用 id 对象名。注意该原则仅对本场景有效。

(2)运行 Python 程序;在代码 4 处添加注释,再次运行 Python 程序;在代码 3 处添加注释,再次运行 Python 程序;在代码 2 处添加注释,再次运行 Python 程序。为便于比较,将 4 次的执行结果汇总在一张图中,如图 5-22 所示。

```
id: <built-in function id>    id: <built-in function id>    id: <built-in function id>    id: <built-in function id>
inner:  local value           inner:  enclosed value        inner:  global value          inner:  <built-in function id>
outer:  enclosed value        outer:  enclosed value        outer:  global value          outer:  <built-in function id>
global: global value          global: global value          global: global value          global: <built-in function id>
  运行Python程序的结果          为代码4添加注释后再次运行的结果    为代码3添加注释后再次运行的结果    为代码2添加注释后再次运行的结果
```

图 5-22 执行结果汇总在一张图中

说明:访问对象名时,优先在局部命名空间中查找,如果查找不到则在封闭命名空间中查找,如果还查找不到则在全局命名空间中查找,如果还查找不到则在内置命名空间中查找,如果依然查找不到则抛出 NameError 异常,可以使用下列公式描述。

访问的对象名 = 局部对象名(L 优先)+ 封闭对象名(E 其次)+ 全局对象名(G 再次)+ 内置对象名(B 最后)+ NameError

场景 4 理解 global 关键字

知识提示:使用 global 关键字,可以让局部命名空间中的对象名"升级"到全局命名空间中。

(1)使用 IDLE 创建 Python 程序,输入以下代码,将 Python 程序命名为 hello_global.py(保存在 C:\py3project\fun 目录下)。

```
num = 0
def hello_global():
    global num#代码1
    num = 1
hello_global()
print(num)
```

(2)运行 Python 程序,运行结果是打印 1。

说明1:从执行结果可以看出,hello_global 函数内的 num 和全局命名空间中的 num 是"同一个"对象名。

说明2:在函数的内使用 global 关键字"修饰"对象名时,局部命名空间中的对象名"升级"到全局命名空间中。

说明3:不建议使用 global 关键字,应尽量避免在函数内修改全局命名空间中的对象,否则会带来"牵一发而动全身"的副作用。

(3)为代码 1 添加注释,再次运行 Python 程序,运行结果是打印 0。

场景 5 理解 nonlocal 关键字

知识提示:使用 nonlocal 关键字,可以让内部函数的局部命名空间中的对象名"升级"到封闭命名空间中。

(1)使用 IDLE 创建 Python 程序,输入以下代码,将 Python 程序命名为 hello_nonlocal.py(保存在 C:\py3project\fun 目录下)。

```
def outer():
    num = 1
    def inner():
        nonlocal num  #代码1
        num = 2
    inner()
    print(num)
outer()
```

（2）运行 Python 程序，运行结果是打印 2。

说明 1：从执行结果可以看出，inner 函数内的 num 和封闭命名空间的 num 是"同一个"对象名。

说明 2：在内部函数内使用 nonlocal 关键字"修饰"对象名时，局部命名空间中的对象名"升级"到封闭命名空间中。

（3）为代码 1 添加注释，再次运行 Python 程序，运行结果是打印 1。

场景 6　函数内对象名的生命周期

知识提示：命名空间是从"空间"的角度解释对象名的"可见范围"。除此之外，还可以从"时间"的角度解释对象名的"可见范围"，这就是对象名的生命周期（lifetime）。

（1）使用 IDLE 创建 Python 程序，输入以下代码，将 Python 程序命名为 hello_lifetime.py（保存在 C:\py3project\fun 目录下）。

```
num = 0
def outer():
    num1 = 1
    def inner():
        num2 = 2
    inner()
    #print(num2)#代码2
outer()
#print(num1)#代码1
```

（2）运行 Python 程序，观察运行结果（程序没有抛出异常且没有任何输出）。

（3）取消代码 1 处的注释后再次运行 Python 程序，程序抛出以下异常。

```
NameError: name 'num1' is not defined
```

（4）取消代码 2 处的注释后再次运行 Python 程序，程序抛出以下异常。

```
NameError: name 'num2' is not defined
```

说明 1：可以从"空间"的角度解释上述异常。局部命名空间依赖于函数对象而存在，函数运行结束后，局部命名空间将消失，局部命名空间中的对象名也将失效。

说明 2：可以从命名空间的 LEGB 规则角度解释上述异常。外层代码不能"访问"内层定义的对象名。

说明 3：可以从"时间"的角度解释上述异常。函数内定义的对象名，生命周期非常短暂，只在函数运行期间有效，函数运行结束后，函数内定义的对象名将失效。

上机实践 3　理解形式参数和实际参数

场景 1　通过位置参数为形参赋值

（1）使用 IDLE 创建 Python 程序，输入以下代码定义一个自定义函数 introduce，将 Python 程序命名为 hello_param.py，保存在 C:\py3project\fun 目录下。

```
def introduce(last_name,first_name):
```

```
    print(last_name + first_name)
```

（2）运行 hello_param.py 程序，创建 introduce 函数对象，在弹出的 Python Shell 中显示运行结果。

（3）在 Python Shell 上输入以下代码调用 introduce 函数对象，观察运行结果。

```
introduce('张','三')#输出张三
```

说明：本步骤使用位置参数为形参赋值（最简单、最直接的方式）。使用位置参数（position argument）为形参赋值时，实参（包括顺序和个数）必须与形参匹配，如图 5-23 所示。

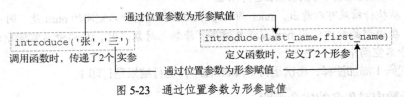

图 5-23　通过位置参数为形参赋值

场景 2　通过关键字参数为形参赋值

在 Python Shell 上输入以下代码调用 introduce 函数对象，观察运行结果。

```
introduce(first_name='三',last_name='张')#输出张三
```

说明 1：如果某个实参的格式形如"参数名=参数值"，则该实参是关键字参数。本步骤通过关键字参数（keyword argument）为形参赋值。

说明 2：通过关键字参数为形参赋值时，解除了参数顺序的限制，但是实参的参数名和个数必须与形参匹配，如图 5-24 所示。

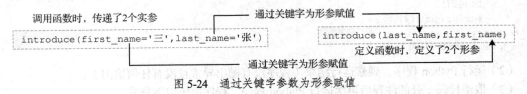

图 5-24　通过关键字参数为形参赋值

▶注意 1：关键字参数的右侧不能出现任何位置参数。在 Python Shell 上执行以下代码将抛出"SyntaxError: positional argument follows keyword argument"异常。

```
introduce(first_name='三','张')
```

▶注意 2：位置参数的右侧可以出现关键字参数，如可以在 Python Shell 上执行下列代码。

```
introduce('张',first_name='三')
```

场景 3　通过默认值参数为形参赋值

知识提示：如果某个形参的格式形如"参数名 = 对象"，则该形参为默认值参数（也叫可选参数）。

（1）使用 IDLE 打开 hello_param.py 程序，在该程序的所有代码后面添加以下代码，重新定义函数 introduce。

```
def introduce(last_name,first_name,sex='男'):
    print(last_name + first_name + sex)
```

说明：hello_param.py 程序定义了两个名字为 introduce 的函数，后者将覆盖前者的定义。这就类似于依次执行两条赋值语句 "a=1" 和 "a=2" 后，a 的值是 2 而不是 1。切记，def 语句的本质是赋值语句。

（2）运行 hello_param.py 程序，创建 introduce 函数对象，在弹出的 Python Shell 中显示运行结果。

（3）在 Python Shell 上输入以下代码，观察运行结果。

```
introduce.__defaults__        #输出('男',)
```

说明1：函数对象的__defaults__属性以元组的方式记录了函数对象的参数的默认值。

说明2：参数的默认值是在创建函数对象时创建的（不是在函数对象被调用时才创建的）。introduce 函数对象被创建时，参数的默认值被存储在函数对象 introduce 中，如图 5-25 所示。

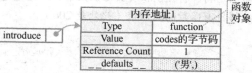

图 5-25 参数的默认值是在创建函数对象时创建的

（4）在 Python Shell 上执行以下代码调用 introduce 函数对象，观察运行结果。

```
introduce('张','三')                              #输出张三男
introduce(first_name='三',last_name='张')         #输出张三男
introduce('李','四','女')                         #输出李四女
```

说明1：第 1 条调用语句使用了位置参数和默认值参数，第 2 条调用语句使用了关键字参数和默认值参数，第 3 条调用语句使用了位置参数。

说明2：默认值参数允许在调用函数时省略参数。定义函数时，默认值参数必须位于参数列表的最右边，下面的函数定义的语法是错误的。

```
def introduce(last_name,sex='男',first_name):
    print(last_name + first_name + sex)
```

上机实践 4　理解 return 语句

场景 1　结束函数的执行

（1）使用 IDLE 创建 Python 程序，输入以下代码定义一个自定义函数 end，将 Python 程序命名为 hello_return.py，保存在 C:\py3project\fun 目录下。

```
def end():
    print('return 前的语句')
    return
    print('return 后的语句')
```

（2）运行 hello_fun.py 程序，创建 end 函数对象，在弹出的 Python Shell 中显示运行结果。

（3）在 Python Shell 上输入以下代码调用 end 函数对象，观察运行结果。

```
end()      #输出 return 前的语句
```

说明：return 语句会结束函数的运行，并将控制权转交给调用者（这里是 Python Shell）。

场景 2　将函数的执行结果返回给调用者

（1）使用 IDLE 打开 hello_return.py 程序，在该程序的所有代码后面添加以下代码，定义一个自定义函数 get_area，计算长方形的面积。

```
def get_area(length,width):
    area = length * width
    return area
```

（2）运行 hello_return.py 程序，创建 get_area 函数对象，在弹出的 Python Shell 中显示运行结果。

（3）在 Python Shell 上输入以下代码调用 get_area 函数对象。

```
result = get_area(10,20)
```

说明1：步骤（2）和步骤（3）的内存使用情况如图5-26所示。其中get_area和result属于全局命名空间，length、width和area属于局部命名空间。

说明2：调用函数对象时，return语句配合赋值语句"="可以实现两个功能，一是结束函数代码的运行，将控制权转交给调用者，二是通过赋值语句"="，使函数外部的对象名（此处是result）能够持有函数的返回值（此处是200）。

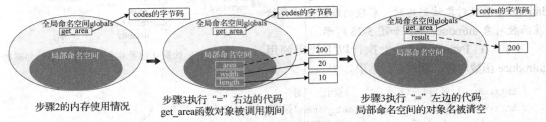

图5-26 函数调用时的内存使用情况

说明3：函数对象调用结束后，从函数的局部命名空间中删除length、width和area对象名。

（4）在Python Shell上输入以下代码，观察运行结果。

```
result    #输出200
```

上机实践5 使用lambda表达式创建匿名函数对象

（1）在Python Shell上输入以下代码，观察运行结果。

```
area = lambda length,width : length * width    #为匿名函数对象贴上area标签
result = area(10,20)      #调用函数对象的代码
print(result) #输出200
```

说明1：第1条代码执行过程中的内存使用情况如图5-27所示。

图5-27 赋值语句的执行流程

说明2：定义函数时，如果函数体中只包含一条Python代码，可以使用lambda表达式替换def语句。使用lambda表达式的优点是可以将函数的定义、函数对象的创建两个步骤融为一体，并且不必为函数命名，更为关键的是lambda是一个表达式，而不是一条Python语句，lambda可以作为函数的参数。

（2）在Python Shell上输入以下代码，观察运行结果。

```
def area(length, width): return length * width
result = area(10,20)
result
```

说明：如果代码块"体"中只有一行代码，代码块"体"可以写在冒号"："的右边，和代码块"头"位于同一行。

上机实践6　理解组包和解包

场景1　使用"*"解包元组或字典

（1）在Python Shell上输入以下代码，观察运行结果。

```
(1,2,3),   #输出((1, 2, 3),)
*(1,2,3),  #输出(1, 2, 3)
(1,),      #输出((1,),)
*(1,),     #输出(1,)
```

▶注意：所有代码的末尾有一个","。

说明：以第2行代码为例，如图5-28所示。"*"用于解包，将可迭代对象拆分成3个整数对象1、2和3。代码末尾的","负责将这3个整数对象组成一个元组。

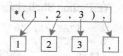

图5-28　使用"*"解包元组

（2）在Python Shell上输入以下代码，推测一下a、b、c的值。

```
x = 1,2,3
a,b,c = *(x),
```

▶注意：最后一行代码的末尾有一个","。

（3）在Python Shell上输入以下代码，观察运行结果。

```
{"A": 1, "B": 2},   #输出({'A': 1, 'B': 2},)
*{"A": 1, "B": 2},  #输出('A', 'B')
```

▶注意：上述代码的末尾有一个","。

说明：使用"*"解包字典时，只能获得字典元素的"键"，无法获得字典元素的"值"。

（4）在Python Shell上输入以下代码，推测一下c和d的值。

```
a = {"A": 1, "B": 2}
b = {"C": 3, "D": 4}
c = *a,*b
d = *a,
```

说明：第3行代码由于"*a"和"*b"之间存在","，因此代码末尾不必有逗号","。

▶注意：最后一行代码的末尾有一个","。

场景2　使用"*"组包

知识提示：当"*"位于赋值语句"="左边时，表示组包。

（1）在Python Shell上输入以下代码，观察运行结果。

```
a,b,c = 1,2,3
aa,*bb,cc = 11,22,33
aaa,*bbb = 111,222,333
*bbbb, = 1111,2222,3333
print(b,bb,bbb,bbbb)    #输出2 [22] [222, 333] [1111, 2222, 3333]
```

▶注意:第 4 行代码 "=" 左边有一个 ","。

说明:以第 2 行代码为例,如图 5-29 所示。"*"负责将整数 22 打包成一个可迭代对象[22],然后赋值给对象名 bb。

(2)在 Python Shell 上输入以下代码,观察运行结果。

```
*a,b,*c = 1,2,3  #输出SyntaxError: two starred expressions in assignment
```

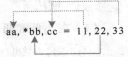

图 5-29 使用 "*" 组包

▶注意:对若干个对象组包时,只能组包一次,不能同时组包两次甚至更多次。

场景 3 使用 "**" 解包字典

在 Python Shell 上输入以下代码,观察运行结果。

```
a = {"A": 1, "B": 2}
b = {"C": 3, "D": 4}
{**a}           #输出{'A': 1, 'B': 2}
{**a,**b}       #输出{'A': 1, 'B': 2, 'C': 3, 'D': 4}
```

▶注意:第 3 行代码和第 4 行代码分别有一对 "{}"。

说明:以第 3 行代码为例。"**"负责将可迭代对象"字典"拆分成 2 个键值对,分别是'A': 1 和'B': 2。

场景 4 元组变长参数

知识提示:定义函数时,形参名前带有"*"时,该参数是元组变长参数。元组变长参数将位置参数组包成元组。

(1)使用 IDLE 创建 Python 程序,输入以下代码定义函数 single_star_args,并将 Python 程序命名为 star_args_fun.py。

```
def single_star_args(*args):
    print(args, type(args))
```

说明:元组变长参数的参数名通常是 args。也可以使用其他参数名,只要在参数名前加上"*"即可。

(2)运行 star_args_fun.py 程序,创建 single_star_args 函数对象,在弹出的 Python Shell 中显示运行结果。

(3)在 Python Shell 上执行以下代码调用 single_star_args 函数对象,观察运行结果。

```
single_star_args(1, 10)              #输出(1, 10) <class 'tuple'>
single_star_args(1, 10, 100, 1000)   #输出(1, 10, 100, 1000) <class 'tuple'>
```

场景 5 字典变长参数

知识提示:定义函数时,形参名前带有"**"时,该参数是字典变长参数。字典变长参数将关键字参数组包成字典。

(1)使用 IDLE 打开 star_args_fun.py 程序,在 star_args_fun.py 程序的所有代码后面添加以下代码,定义函数 double_star_kwargs。

```
def double_star_kwargs(**kwargs):
    print(kwargs, type(kwargs))
```

说明：字典变长参数的参数名通常是 kwargs。也可以使用其他参数名，只要在参数名前加上“**”即可。

（2）运行 star_args_fun.py 程序，创建 double_star_kwargs 函数对象，在弹出的 Python Shell 中显示运行结果。

（3）在 Python Shell 上执行以下代码调用 double_star_kwargs 函数对象，观察运行结果。

```
double_star_kwargs(a=1, b=10)              #输出{'a': 1, 'b': 10} <class 'dict'>
double_star_kwargs(c=1, b=10, d=1000)      #输出{'c': 1, 'b': 10, 'd': 1000} <class 'dict'>
```

场景 6 同时使用元组变长参数和字典变长参数

知识提示：定义函数时，可以同时使用元组变长参数和字典变长参数。

（1）使用 IDLE 打开 star_args_fun.py 程序，在 star_args_fun.py 程序的所有代码后面添加以下代码，定义函数 mix_star。

```
def mix_star(*args,**kwargs):
    print(args, type(args))
    print(kwargs, type(kwargs))
```

（2）运行 star_args_fun.py 程序，创建 mix_star 函数对象，在弹出的 Python Shell 中显示运行结果。

（3）在 Python Shell 上输入以下代码调用 mix_star 函数对象，执行结果如图 5-30 所示。

```
mix_star(1,2,3,4,a=1, b=10)
mix_star(5,6,7,8,c=1, b=10, d=1000)
```

```
>>> mix_star(1,2,3,4,a=1, b=10)
(1, 2, 3, 4) <class 'tuple'>
{'a': 1, 'b': 10} <class 'dict'>
>>> mix_star(5,6,7,8,c=1, b=10, d=1000)
(5, 6, 7, 8) <class 'tuple'>
{'c': 1, 'b': 10, 'd': 1000} <class 'dict'>
```

图 5-30　同时使用元组变长参数和字典变长参数

▶注意 1：调用函数时，位置参数必须位于所有参数之前。如使用 mix_star(5,c=1, 10)调用函数的方式是错误的。

▶注意 2：定义函数时，字典变长参数必须位于所有参数之后。例如下面两个自定义函数的参数位置都是正确的（推荐第 1 种）。

①
```
def hello(a,b=None,*args,**kwargs):
    pass
```
②
```
def hello(*args,a,b=None,**kwargs):
    pass
```

场景 7 调用函数时使用“*”或者“**”解包

知识提示 1：调用函数时，可以在实参名前加上“*”或者“**”以解包。“*”通常用于对元组或者列表解包（也可以对字典解包，但不建议）。“**”通常用于对字典解包。

知识提示 2：使用“*”对字典解包时，只解包字典元素的“键”。

接前面的场景，在 Python Shell 上输入以下代码，并调用 mix_star 函数对象，执行结果如图 5-31 所示。

```
a = (1,2)
b = {'c':3,'d':4}
mix_star(*a,**b)
mix_star(*a,*b)
```

```
>>> a = (1,2)
>>> b = {'c':3,'d':4}
>>> mix_star(*a,**b)
(1, 2) <class 'tuple'>
{'c': 3, 'd': 4} <class 'dict'>
>>> mix_star(*a,*b)
(1, 2, 'c', 'd') <class 'tuple'>
{} <class 'dict'>
```

图 5-31　调用函数时使用“*”或者“**”解包

说明：调用函数时，“*”可以将实参解包成位置参数，“**”可以将实参解包成关键字参数。

▶ 注意：在最后 1 行代码中，"*b" 只解包了字典元素的"键"。

上机实践 7　参数是可变更对象时的注意事项

场景 1　实参是不可变更对象

（1）使用 IDLE 打开 hello_fun.py 程序，在该程序的所有代码后面添加以下代码，定义函数 fun_arg。

```
def fun_arg(str2):
    str2 = 'Tython'
    print(str2)      #输出 Tython
```

（2）运行 hello_fun.py 程序，创建 fun_arg 函数对象，在弹出的 Python Shell 中显示运行结果。
（3）在 Python Shell 上执行以下代码调用 fun_arg 函数对象，观察运行结果。

```
str1 = 'Python'
fun_arg(str1)
print(str1)      #输出 Python
```

说明：具体执行过程可参考第 3.8 节的内容，不同之处在于此处的 str2 属于局部命名空间。

场景 2　实参是可变更对象

（1）使用 IDLE 打开 hello_fun.py 程序，在该程序的所有代码后面添加以下代码，定义函数 fun_arg。

```
def fun_arg(list2):
    list2[0] = 'T'
    print(list2)     #输出['T', 'y', 't', 'h', 'o', 'n']
```

（2）运行 hello_fun.py 程序，创建 fun_arg 函数对象，在弹出的 Python Shell 中显示运行结果。
（3）在 Python Shell 上执行以下代码调用 fun_arg 函数对象，观察运行结果。

```
list1 = ['P','y','t','h','o','n']
fun_arg(list1)
print(list1)    #输出['T', 'y', 't', 'h', 'o', 'n']
```

说明：当实参是可变更对象时，函数内的代码可以修改函数外的可变更对象，应该尽量避免这种情况。具体执行过程可参考第 3.8 节的内容，不同之处在于此处的 str2 属于局部命名空间。

场景 3　默认值参数是可变更对象

知识提示：参数的默认值是在创建函数对象时创建的（不是在函数对象被调用时才创建的）。如果参数的默认值是可变更对象一定要小心。

（1）使用 IDLE 打开 hello_fun.py 程序，在该程序的所有代码后面添加以下代码，定义函数 foo。

```
def foo(lst=[]):
    lst.append(1)
    print(id(lst),lst)
```

说明 1：lst 参数的默认值是一个空列表。
说明 2：lst 的 append(obj)方法用于向列表对象自己追加 obj 元素。append 方法的使用可参看第 8 章的内容。

（2）运行 hello_fun.py 程序，创建 foo 函数对象，在弹出的 Python Shell 中显示运行结果。
（3）在 Python Shell 上输入下列代码，观察运行结果。

```
foo.__defaults__    #输出([],)
```

（4）在 Python Shell 上输入以下代码反复调用 foo 函数对象，观察运行结果。

```
foo()           #输出 46619200 [1]
foo()           #输出 46619200 [1, 1]
foo()           #输出 46619200 [1, 1, 1]
```

说明：每次调用 foo 函数后，打印的结果中 lst 的内存地址相同（房间号相同）、lst 的值不相同。这是因为，创建函数对象后，函数对象的默认值参数的值"空列表对象"也被创建，由于"空列表对象"是可变更对象，每次调用函数时都是对同一个列表对象进行操作。

（5）在 Python Shell 上输入以下代码，观察运行结果。

```
foo.__defaults__   #输出([1, 1, 1],)
```

（6）在 hello_fun.py 程序的所有代码后面添加以下代码，重新定义函数 foo。

```
def foo(lst=None):
    if lst is None:
        lst = []
    lst.append(1)
    print(id(lst),lst)
```

（7）重复步骤（2）～（6），观察运行结果。

说明1：每次调用 foo 函数后，打印的结果中 lst 的值相同、lst 的内存地址不同（房间号不同）。这是因为，创建函数对象后，函数对象的默认值参数的值"None"也被创建。由于 lst 是 None，if 条件成立，每次执行代码"lst = []"时，都会创建一个"新的"空列表对象赋值给 lst 对象名。

说明2：注意函数对象的默认值始终没有发生变化，一直是 None。

说明3：if 语句的使用将在第 6.1 节介绍。

第 6 章 控制语句

本章主要讲解 if 语句、while 语句、for 语句的语法格式，循环控制语句 break、循环控制语句 continue 及 pass 语句的作用，强行终止程序的执行，异常的处理，控制语句中定义的对象名的向外穿透性理论知识，利用控制语句实现了抓阄程序和猜拳游戏，演示了列表推导式、生成器表达式、集合推导式、字典推导式，exit、quit、os._exit、sys.exit 的区别，编写异常处理程序增强程序健壮性的实践操作。通过本章的学习，读者将具备运用控制语句解决生活中复杂问题的能力。

6.1 if 语句

程序并不总是顺序执行的，控制语句可以改变程序的执行顺序。if、for、while、break、continue、exit 以及异常等都可以改变程序的执行顺序，本书将它们称为控制语句。其中，最常用的控制语句是 if 语句。

例如，生活中我们会面临无数选择题，学习哪种技术，选择哪个学校，选择哪个专业，是先就业还是继续深造？if 语句可以帮助我们解决生活中的选择问题。

6.1.1 不包含 else 子句的 if 语句

不包含 else 子句的 if 语句的语法格式和执行流程如图 6-1 所示，说明如下。

（1）condition：构成了 if 语句的条件。条件为"真"时，执行 if 语句内的代码；条件为"假"时，跳过 if 语句内的代码，执行 if 语句外的代码。注意回顾 True 和"真"以及 False 和"假"之间的关系。

（2）冒号：很重要，冒号是"头"和"体"的分隔符号。

（3）if_code：if 语句内的代码，注意缩进。

（4）if 语句外的代码：注意取消缩进。

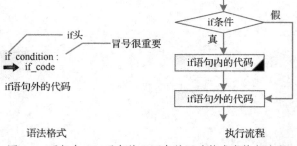

图 6-1 不包含 else 子句的 if 语句的语法格式和执行流程

6.1.2 包含 else 子句的 if 语句

包含 else 子句的 if 语句的语法格式和执行流程如图 6-2 所示，说明如下。

（1）condition：构成了 if 语句的条件。条件为"真"时，执行 if 语句内的代码；条件为"假"时，执行 else 语句内的代码。

（2）冒号：很重要，冒号是"头"和"体"的分隔符号。

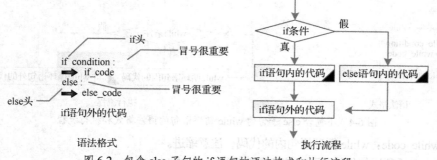

图 6-2 包含 else 子句的 if 语句的语法格式和执行流程

（3）if_code：if 语句内的代码，注意缩进。
（4）else_code：else 语句内的代码，注意缩进。
（5）if 语句外的代码：注意取消缩进。

6.1.3 包含 elif 子句的 if 语句

if 语句可以嵌套在 else 子句中，形成 elif 子句。包含 elif 子句的 if 语句的语法格式和执行流程如图 6-3 所示。

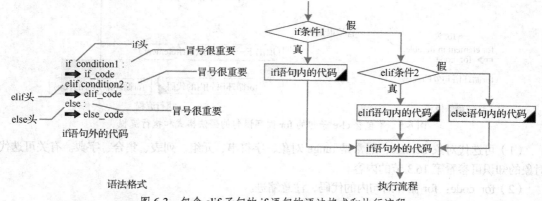

图 6-3 包含 elif 子句的 if 语句的语法格式和执行流程

6.2 循环语句

重复做一件事情称为循环，例如电梯多次往返于楼层之间。while 循环语句和 for 循环语句可以帮助我们解决生活中的循环问题，其中 while 循环语句的语法格式与 if 语句相似。

6.2.1 while 循环语句

while 循环语句分为不包含 else 子句的 while 循环语句和包含 else 子句的 while 循环语句，其中前者更为常用。不包含 else 子句的 while 循环语句的语法格式和执行流程如图 6-4 所示，说明如下。

while 循环语句

（1）condition：构成了 while 循环语句的条件。只要条件为"真"，就会反复执行 while 循环语句内的代码 while_code。条件为"假"时，跳出 while 循环语句，执行 while 循环语句外的代码。

（2）冒号：很重要，冒号是"头"和"体"的分隔符号。

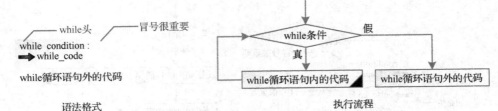

图 6-4　不包含 else 子句的 while 循环语句的语法格式和执行流程

（3）while_code：while 循环语句内的代码，注意缩进。
（4）while 循环语句外的代码：注意取消缩进。

6.2.2　for 循环语句

for 循环语句用于遍历一个可迭代对象 iterable。for 循环语句分为不包含 else 子句的 for 循环语句及包含 else 子句的 for 循环语句，其中前者更为常用。不包含 else 子句的 for 循环语句的语法格式和执行流程如图 6-5 所示，说明如下。

for 循环语句

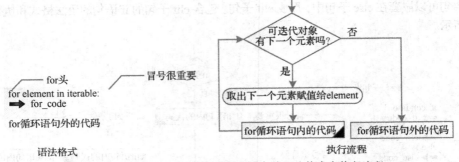

图 6-5　不包含 else 子句的 for 循环语句的语法格式和执行流程

（1）可迭代对象 iterable：通常是 range 对象、字符串、元组、列表、集合、字典。有关可迭代对象的知识可参看第 16.3 节的内容。
（2）for_code：for 循环语句内的代码，注意缩进。
（3）for 循环语句外的代码，注意取消缩进。
（4）for 循环语句的执行流程是，当可迭代对象 iterable 中有下一个元素时，取出下一个元素并赋值给 element，执行 for 循环语句内的代码 for_code；继续判断可迭代对象 iterable 是否有下一个元素，如果没有则跳出 for 循环，执行 for 循环语句外的代码。

6.2.3　使用循环语句的建议

使用循环语句的建议如下。
（1）通常情况下，while 循环语句和 for 循环语句可以相互替换使用。
（2）不知道循环次数时，通常使用 while 循环语句；循环次数固定时，通常使用 for 循环语句。
（3）无论是 while 循环语句还是 for 循环语句，都必须有循环结束条件，否则可能导致死循环。

6.3　其他控制语句

其他控制语句包括循环控制语句 break 语句、循环控制语句 continue 语句、pass 语句等。

其他控制语句

continue 语句只能在循环语句中使用，因此 continue 语句也称作循环控制语句。在循环语句中，当程序执行至 continue 时，程序将跳过本次循环中剩余的代码并开始执行下一次循环，如图 6-6 所示。为了确保循环语句内 continue 后的代码能够执行，通常将 continue 封装到 if 语句中。

break 语句只能在循环语句中使用，因此 break 语句也称作循环控制语句。在循环语句中，当程序执行至 break 时，程序将跳出"当前"循环语句，如图 6-7 所示。为了确保循环语句内 break 后的代码能够执行，通常将 break 封装到 if 语句中。

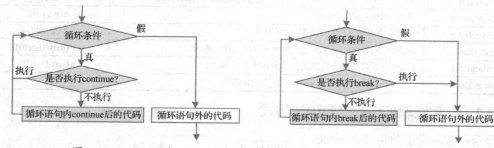

图 6-6 continue 语句　　　　　　图 6-7 break 语句

pass 语句是一个空操作，用作代码的"占位符"。例如在函数的定义、if 语句、else 语句、while 循环语句、for 循环语句、类的定义中，都可以使用 pass 语句作为代码的占位符，这样做的好处在于：暂时不必考虑代码实现的细节，可以确保程序能够顺利执行。

6.4 强行终止程序的执行

程序运行结束时，Python 解释器会"优雅地"停止程序的执行。程序运行期间出现异常时，Python 解释器会"暴力地"停止程序的执行。除此之外，我们还可以手动强行终止程序的执行。

调用 quit(arg)、exit(arg)、sys.exit(arg) 或者 os._exit(int) 函数，都可以手动强行终止程序的执行。这是因为，这些函数都会引发 SystemExit 异常，Python 解释器检测到该异常后会强行终止程序的执行。

6.5 异常的处理

事情的进展并不总是以我们的意志为转移的，程序的执行亦是如此。程序执行期间可能会发生意外，程序应该能够自行处理这些意外，保持程序的健壮性。

程序执行时发生的意外称为异常（exception）。例如程序执行期间除以零、打开一个不存在的文件、进行算术运算时数据类型不匹配等都会引发异常。异常发生后，默认情况下 Python 解释器会终止程序的执行并打印异常信息。如果无法接受这种默认行为，则需要自行编写异常处理程序，异常处理程序能使代码更加健壮，并可以防止因为异常导致程序的执行不可控制。

6.5.1 常见的内置异常类型

Python 常见的内置异常类型如表 6-1 所示。

表 6-1 常见的内置异常类型

常见异常类型	说明	示例代码
TypeError	数据类型不匹配时	'13' / 14
ValueError	数据类型转换错误时	float('a')

续表

常见异常类型	说明	示例代码
ZeroDivisionError	除以零时	13 / 0
KeyboardInterrupt	正在运行的程序被"Ctrl+C"组合键或"Ctrl+Z"组合键停止运行时	a = input('请输入数据')
NameError	访问未定义的对象名时	print(abcdefg)
KeyError	访问字典中不存在的"键"时	{'one':'first'}['two']
IndexError	使用"下标"访问字符串、列表、元组的元素,下标越界时	[1,2,3][4]
ModuleNotFoundError	导入一个不存在的模块时	import cba
AttributeError	访问一个对象不存在的属性或方法时	'1'.length()
StopIteration	对迭代器 iterator 进行迭代,如果没有可迭代元素时	next(iter(range(0)))
AssertionError	assert 用于判断一个表达式,当表达式为 False 时	assert 1 == '1'
SystemExit	手动调用 quit、exit、sys.exit、os._exit 函数时	

6.5.2 异常处理程序的完整语法格式

为了保持程序的健壮性,用户应该自行编写异常处理程序手动处理异常。异常处理程序的完整语法格式如图 6-8 所示,说明如下。

（1）try 语句:用于抛出异常。

（2）except 语句:用于捕获异常。捕获的原则是:与 try 语句抛出异常进行类型匹配,如果类型匹配成功,则捕获该异常。except 语句如果没有指定异常的类型,表示捕获所有类型的异常。

（3）as 语句（可选的）:except 语句中的 as 可以给捕获的异常分配一个对象名,以便能够处理该异常。

图 6-8 异常处理程序的完整语法格式

（4）else 语句（可选的）:如果没有发生异常,则执行 else 语句的代码块。

（5）finally 语句（可选的）:无论是否发生异常,finally 语句的代码块永远会被执行。

异常处理程序的执行流程如下。

（1）如果 try 语句没有抛出异常,则先执行 else 语句,再执行 finally 语句。

（2）如果 try 语句抛出异常,则不再执行 else 语句,具体流程是:except 语句与 try 语句抛出的异常进行类型匹配,如果类型匹配成功,则捕获该异常,再执行 finally 语句;如果类型匹配不成功,则交由下一条 except 语句进行类型匹配;如果类型匹配都不成功,先执行 finally 语句,再由 Python 解释器按照处理异常的默认行为自行处理该异常。

6.6 控制语句中定义的对象名具有向外穿透性

Python 控制语句中定义的对象名具有"向外"穿透性。例如下面的"抓阄"程序,result 对象名被定义在 if 语句或者 else 语句内,然而在 if 语句外依然可以访问 result 对象名。这是因为,Python 没有使用"栈"管理对象名,而是使用命名空间管理对象名。对于本例而言,Python 将 result 对象名放入全局命名空间中。

```
import random
bottle = ['先','后']
machine = random.choice(bottle)  #机器帮你抓签
if machine == '先':
```

```
        result = '先出战'
    else:
        result = '后出战'
    print(result)
```

例如下面的程序，for 循环语句外和 for 循环语句内的 *i* 对象名本质是同一个对象名。

```
i = 1
print('循环语句外的',i)#输出 1
for i in range(5):
    print('循环语句中的',i)
print('循环语句外的',i)#输出 4
```

说明 1：在列表推导式、生成器表达式、集合推导式、字典推导式中定义的对象名不具有穿透性。以下面的程序为例，列表推导式中的 *i* 属于局部命名空间，仅在列表推导式内有效。

```
i = 1
print('列表推导式外的',i)#输出 1
print([i for i in range(5)])
print('列表推导式外的',i)#输出 1
```

读者也可以将上述程序修改为以下代码进行验证，执行结果如图 6-9 所示，其中箭头所指的“*i*”属于局部命名空间。从执行结果可以看出，列表推导式本质是匿名函数。

```
i = 1
print('列表推导式外的',i)#输出 1
print([locals() for i in range(5)])
print('列表推导式外的',i)#输出 1
```

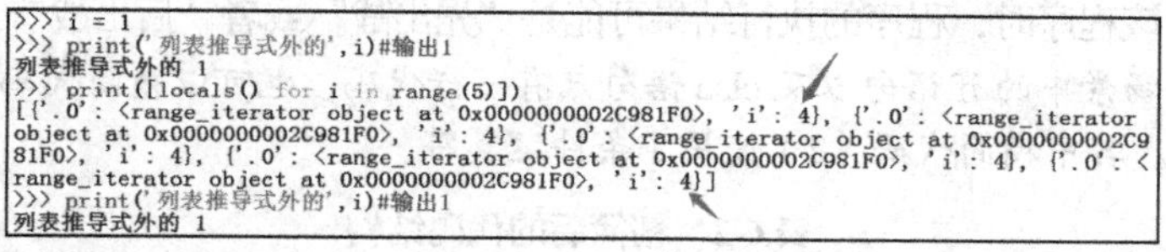

```
>>> i = 1
>>> print('列表推导式外的',i)#输出1
列表推导式外的 1
>>> print([locals() for i in range(5)])
[{'.0': <range_iterator object at 0x0000000002C981F0>, 'i': 4}, {'.0': <range_iterator object at 0x0000000002C981F0>, 'i': 4}, {'.0': <range_iterator object at 0x0000000002C981F0>, 'i': 4}, {'.0': <range_iterator object at 0x0000000002C981F0>, 'i': 4}, {'.0': <range_iterator object at 0x0000000002C981F0>, 'i': 4}]
>>> print('列表推导式外的',i)#输出1
列表推导式外的 1
```

图 6-9　程序的可能执行结果

说明 2：except 语句的 as 关键字负责给捕获的异常分配一个对象名，该对象名不会“向外”穿透。

上机实践 1　if 语句

场景 1　准备工作

（1）在 C 盘根目录下创建 py3project 目录，并在该目录下创建 control 目录。

说明：本章的所有 Python 程序全部保存在 C:\py3project\control 目录下。

（2）确保显示文件的扩展名。

（3）本章使用 IDLE 创建 Python 程序，有关 IDLE 的使用可参看第 16.2 节的内容。

场景 2　不包含 else 子句的 if 语句

问题描述：《三国演义》中有一回是张飞和赵云争夺先出战的名额，下面帮助诸葛亮开发一个“抓阄”程序，使得张飞和赵云既能尊重结果又不伤和气。

（1）创建 Python 程序，输入以下代码，并将 Python 程序命名为 choose_v1.py。

```
import random
bottle = ['先','后']
result = '先出战'
```

```
machine = random.choice(bottle)  #机器帮你抽签
if machine == '后':
    result = '后出战'
print(result)
```

说明1：本程序先将抓阄的默认结果设置为"先出战"。

说明2：本程序设计了一个列表bottle（瓶子），里面装了"先"和"后"两个字。为了能从瓶子里随机取出一个"字"，调用了random模块的choice(sequence)方法，choice(sequence)方法负责从sequence中随机取出一个元素。sequence（序列）可以是字符串、元组、列表等可迭代对象。

（2）张飞运行该程序时，程序的可能执行结果如图6-10所示。

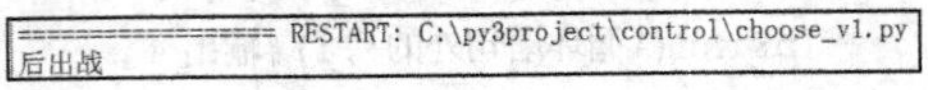

图6-10 程序的可能执行结果

场景3 包含else子句的if语句

问题描述：帮助诸葛亮开发一个"抓阄"程序，使得张飞和赵云既能尊重结果又不伤和气。

（1）创建Python程序，输入以下代码，并将Python程序命名为choose_v2.py。

```
import random
bottle = ['先','后']
machine = random.choice(bottle)  #机器帮你抽签
if machine == '先':
    result = '先出战'
else:
    result = '后出战'
print(result)
```

（2）张飞运行该程序时，程序的执行结果可能是"先出战"或者"后出战"。

说明：由于本场景中的if语句以及else语句只有一行代码，也可以精简代码结构实现相同的功能，如表6-2所示。其中精简代码（2）使用了条件运算符。

表6-2 精简后的代码结构

精简代码（1）	精简代码（2）
import random bottle = ['先','后'] machine = random.choice(bottle) if machine == '先': result = '先出战' else: result = '后出战' print(result)	import random bottle = ['先','后'] machine = random.choice(bottle) result = '先出战' if machine == '先' else '后出战' print(result)

场景4 包含elif子句的if语句

问题描述：设计一款人机对战的猜拳游戏。"人"输入"石头""剪刀"或者"布"以外的字符串时，提示"非法输入"，并退出程序。机器从"石头""剪刀"或者"布"中随机抽取一个。输赢规则如表6-3所示。

表6-3 输赢规则

人	机器	结果
石头	石头	平局
	剪刀	我赢了
	布	我输了
剪刀	石头	我输了
	剪刀	平局
	布	我赢了

续表

人	机器	结果
布	石头	我赢了
	剪刀	我输了
	布	平局

（1）创建 Python 程序，输入以下代码，并将 Python 程序命名为 finger_game_v1.py。

```python
import random
my = input("请输入我的['石头','剪刀','布']")
bottle = ['石头','剪刀','布']
if my not in bottle:
    print("非法输入！")
    exit()
machine = random.choice(bottle)    #机器抽签
if my == machine:
    result = "平局"
elif (machine == '石头' and my == '剪刀') or (machine == '剪刀' and my == '布') or (machine == '布' and my == '石头'):
    result = "我输了"
else:
    result = "我赢了"
print("机器出的是" + machine +"，我出的是" + my)
print("本次比赛的结果是" + result)
```

说明：exit 函数用于退出程序的执行，上机实践 5 将详细介绍该函数的用法。

（2）运行该程序，程序的可能执行结果如图 6-11 所示。

```
请输入我的['石头','剪刀','布']剪刀
平局
机器出的是剪刀，我出的是剪刀
```

图 6-11　猜拳游戏的可能执行结果

上机实践 2　不包含 else 子句的 while 循环语句

场景 1　使用 while 循环语句计算 1 到 100 的和

（1）创建 Python 程序，输入以下代码，并将 Python 程序命名为 sum100_v1.py。

```python
n = 100
sum = 0
i = 1
while i <= n:
    sum = sum + i
    i = i+1    # 修改计数器
print("The sum100 is", sum)
```

（2）运行该程序，执行结果如图 6-12 所示。

```
The sum100 is 5050
```

图 6-12　使用 while 循环语句计算 1 到 100 的和

说明：进入 while 循环、执行 while 循环以及跳出 while 循环的过程如图 6-13 所示，图中阴影部分的代码是 while 循环体的代码。

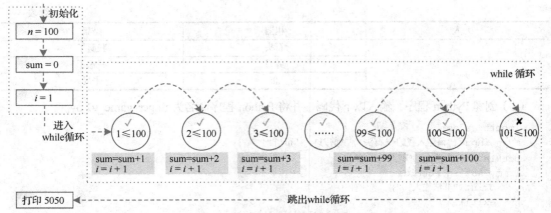

图 6-13 while 循环的执行流程

场景 2 使用 while 循环语句解决生活中的问题

问题描述：生活中经常会重复执行某些任务。比如一次猜拳游戏中，比赛双方会循环出拳，直至决出胜负，本次比赛才能得以结束。使用 while 循环语句设计一款人机对战的猜拳游戏，要求每次比赛不能平局，必须决出胜负本次比赛才能结束。

（1）创建 Python 程序，输入以下代码，并将 Python 程序命名为 finger_game_v2.py。

```python
import random
result = "平局"
while(result == "平局"):
    my = input("请输入我的['石头', '剪刀', '布']")
    bottle = ['石头', '剪刀', '布']
    if my not in bottle:
        print("非法输入! ")
        exit()
    machine = random.choice(bottle)  #机器抽签
    if my == machine:
        result = "平局"
    elif (machine == '石头' and my == '剪刀') or (machine == '剪刀' and my == '布') or (machine == '布' and my == '石头'):
        result = "我输了"
    else:
        result = "我赢了"
    print("机器出的是" + machine +", 我出的是" + my)
print("本次比赛的结果是" + result)
```

说明 1：为了让程序能够进入第 1 次循环，先将比赛的默认结果设置成"平局"。

说明 2：每一次比赛的结果都被保存在 result 中。只要 result 的值是"平局"，就继续本次比赛。

（2）运行该程序，程序的可能执行结果如图 6-14 所示。

图 6-14 每次比赛不能平局

上机实践 3 不包含 else 子句的 for 循环语句

场景 1 使用 for 循环语句计算 1 到 100 的和

（1）创建 Python 程序，输入以下代码，并将 Python 程序命名为 sum100_v2.py。

```
sum = 0
for i in range(101):
    sum = sum + i
print("The sum100 is", sum)
```

说明1：range()是一个构造方法，用于构造一个range对象，range对象是一个可迭代对象，有关range的更多知识可参看第16.3节的内容。有关构造方法的知识可参看第11章的内容。

说明2：进入、执行和跳出for循环的过程如图6-15所示，图中阴影部分的代码是for循环体的代码。

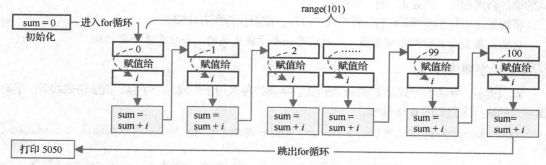

图6-15 for循环的执行流程

（2）运行该程序，执行结果是"The sum100 is 5050"。

场景2 列表推导式

知识提示：列表推导式（list comprehension）是Python表达式。列表推导式用于生成一个列表，语法格式如下，其中if语句可选。

```
[output_expression for i in iterable if condition]
```

列表推导式的执行流程如图6-16所示。

（1）在Python Shell上执行以下代码，生成列表[0, 2, 4, 6, 8]。

```
[x for x in range(10) if x%2==0]
type([x for x in range(10) if x%2==0])#输出<class 'list'>
```

说明：步骤（1）的列表推导式的执行流程如图6-17所示。

图6-16 列表推导式的执行流程　　　图6-17 步骤（1）的列表推导式的执行流程

（2）在Python Shell上执行以下代码，生成列表[0, 4, 16, 36, 64]。

```
[x**2 for x in range(10) if x%2==0]
```

（3）在Python Shell上执行以下代码，生成10个随机数的列表（-10～10的随机数）。

```
import random
[random.randint(-10,10) for _ in range(10)]
```

说明：random模块的randint(a,b)方法返回一个随机整数N（$a \leq N \leq b$）。

场景3 生成器表达式

知识提示1：生成器表达式和列表推导式的语法格式相似，只是把"[]"替换成"()"。注意，

Python没有"元组推导式",只有生成器表达式。

知识提示2:生成器表达式是Python表达式,生成器表达式的返回值是生成器对象,有关生成器对象的更多知识可参看第16.4节的内容。

将场景2中每个步骤的"[]"替换成"()",重新执行所有步骤。

场景4 集合推导式

知识提示:集合推导式是Python表达式。集合推导式用于生成一个集合,语法格式与列表推导式的语法格式相似,只是把"[]"替换成"{}"。

将场景2中每个步骤的"[]"替换成"{}",重新执行所有步骤。

说明:集合会自动删除重复项,因此最后一个步骤生成的集合中元素个数≤10。

场景5 字典推导式

知识提示:字典推导式是Python表达式。字典推导式用于生成一个字典,语法格式如下。字典推导式的执行流程如图6-18所示。

```
{key_output_expression : value_output_expression for key, value in iterable if condition}
```

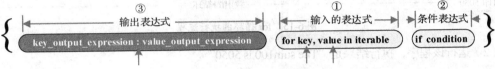

图6-18 字典推导式的执行流程

(1)在Python Shell上执行以下代码,统计['Python','Java','MySQL']每个字符串的长度。

```
{key:len(key) for key in ['Python','Java','MySQL']}#输出{'Python': 6, 'Java': 4, 'MySQL': 5}
```

(2)在Python Shell上执行以下代码,统计['Python','Java','MySQL']长度大于4的字符串。

```
{key:len(key) for key in ['Python','Java','MySQL'] if len(key)>4}
#输出{'Python': 6, 'MySQL': 5}
```

场景6 使用for循环语句解决生活中的问题

问题描述:一次比赛的胜负存在一定的偶然性。大多数情况下,需要经过3次、5次甚至11次的角逐,才能确定比赛的最终胜利者。下面使用for循环语句设计一款人机对战的猜拳游戏,比赛3次,决出胜负。

(1)创建Python程序,输入以下代码,并将Python程序命名为finger_game_v3.py。

```
import random
for i in range(3):
    result = "平局"
    while(result == "平局"):
        my = input("请输入我的['石头', '剪刀', '布']")
        bottle = ['石头', '剪刀', '布']
        if my not in bottle:
            print("非法输入! ")
            exit()
        machine = random.choice(bottle) #机器抽签
        if my == machine:
            result = "平局"
        elif (machine=='石头' and my=='剪刀') or (machine=='剪刀' and my=='布') or (machine == '布' and my == '石头'):
```

```
            result = "我输了"
        else:
            result = "我赢了"
    print("机器出的是" + machine +"，我出的是" + my)
    print("本次比赛的结果是" + result)
```

（2）运行该程序，程序的可能执行结果如图6-19所示。

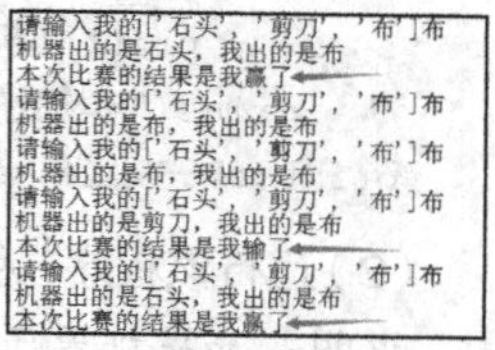

图6-19 比赛3次决出胜负

| 上机实践 4 | 其他控制语句的使用 |

场景1 认识循环控制语句 break

（1）创建 Python 程序，输入以下代码，并将 Python 程序命名为 break.py。

```
for i in 'python':
    if i == 'h':
        break
    print(i)
```

（2）运行该程序，执行结果如图6-20所示。

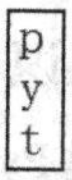

场景2 使用 break 语句解决生活中的问题

问题描述：三局两胜的比赛规则中，如果任何一方已经赢了两次比赛，则无须进行第3次比赛。

图6-20 认识循环控制语句 break

（1）创建 Python 程序，输入以下代码，并将 Python 程序命名为 finger_game_v4.py。

```
import random
already_times = 0
my_win_times = 0
machine_win_times = 0
for i in range(3):
    if my_win_times == 2:
        print('无须进行第3次比赛，我赢了')
        break
    if machine_win_times == 2:
        print('无须进行第3次比赛，我输了')
        break
    already_times = already_times + 1
    result = "平局"
    while(result == "平局"):
        my = input("请输入我的['石头','剪刀','布']")
        bottle = ['石头','剪刀','布']
        if my not in bottle:
            print("非法输入! ")
            exit()
        machine = random.choice(bottle)  #机器抽签
        if my == machine:
            result = "平局"
        elif (machine=='石头' and my=='剪刀') or (machine=='剪刀' and my=='布') or (machine == '布' and my == '石头'):
            machine_win_times = machine_win_times + 1
            result = "我输了"
        else:
            my_win_times = my_win_times + 1
            result = "我赢了"
```

```
        print("机器出的是" + machine +", 我出的是" + my)
    print("本次比赛的结果是" + result)
print(f"一共比赛{already_times}次, 我赢了{my_win_times}次, 机器赢了{machine_win_times}次")
```

（2）运行该程序，程序的可能执行结果如图 6-21 所示。

说明：如果机器已经赢了两次比赛或者已经输了两次比赛，则执行 break 语句，使得 for 循环提前结束（胜负已分，无须进行第 3 次比赛，比赛提前结束）。

```
请输入我的['石头', '剪刀', '布']石头
机器出的是石头，我出的是石头
请输入我的['石头', '剪刀', '布']石头
机器出的是布，我出的是石头
本次比赛的结果是我输了
请输入我的['石头', '剪刀', '布']石头
机器出的是布，我出的是石头
本次比赛的结果是我输了
无须进行第3次比赛，我输了
一共比赛2次，我赢了0次，机器赢了2次
```

图 6-21 使用 break 语句解决生活中的问题

场景 3 认识循环控制语句 continue

（1）创建 Python 程序，输入以下代码，并将 Python 程序命名为 continue.py。

```
for i in 'python':
    if i == 'h':
        continue
    print(i)
```

（2）运行该程序，执行结果如图 6-22 所示。

```
p
y
t
o
n
```

图 6-22 认识循环控制语句 continue

场景 4 认识 pass 语句

（1）创建 Python 程序，输入以下代码，并将 Python 程序命名为 pass_statement.py。

```
def pass_fun():
    pass
if False:
    pass
else:
    pass
while False:
    pass
pass_fun()
```

（2）运行该程序，程序没有任何输出。

场景 5 循环语句中的 else 子句

知识提示 1：else 是子句，不能单独使用，必须搭配 if 语句、for 循环语句、while 循环语句、try 语句才能使用。

知识提示 2：while 循环语句和 for 循环语句都可以嵌入 else 子句，语法格式如图 6-23 所示。执行流程是：循环条件变为“假”时，意味着即将退出循环，退出循环前，会执行循环语句中的 else 子句；由 break、return 或者异常而导致循环终止，则不会执行 else 子句。

```
while  condition :                     for element in iterable:
    while_code                             for_code_block
else:                                  else:
    else语句内的代码                         else语句内的代码
while循环语句外的代码                    for循环语句外的代码
```

图 6-23 循环语句中的 else 子句的语法格式

（1）创建 Python 程序，输入以下代码，并将 Python 程序命名为 loop_else.py。

```
while False:
    print('循环条件变为假后，while 循环语句内的代码块不再执行。')
else:
    print('循环条件为假时，退出循环前，执行 while 循环语句的 else 语句。')
for i in []:
    print('循环条件变为假后，for 循环语句内的代码块不再执行。')
else:
    print('循环条件为假时，退出循环前，执行 for 循环语句的 else 语句。')
```

```
while True:
    print('执行1次while循环语句内的代码块。')
    break
else:
    print('循环条件无论真假,只要执行break语句,不再执行循环的else语句。')
for i in [1]:
    print('执行1次for循环语句内的代码块。')
    break
else:
    print('循环条件无论真假,只要执行break语句,不再执行循环的else语句。')
```

(2)运行该程序,执行结果如图6-24所示。

```
循环条件为假时,退出循环前,执行while循环语句的else语句。
循环条件为假时,退出循环前,执行for循环语句的else语句。
执行1次while循环语句内的代码块。
执行1次for循环语句内的代码块。
```

图6-24 循环语句中的else子句

上机实践5 强行终止程序的执行

场景1 **exit()和quit()的使用**

(1)创建Python程序,输入以下代码,并将Python程序命名为test_exit.py。

```
for i in range(10):
    if i==7:
        exit("退出当前程序的执行")
    print(i,end=" ")
print("for循环语句后的代码")
```

(2)运行该程序,执行结果如图6-25所示。

图6-25 exit()的使用

说明:quit是exit的别名,功能和exit函数相同。

场景2 **sys.exit()的使用**

(1)创建Python程序,输入以下代码,并将Python程序命名为test_sys_exit.py。

```
import sys
for i in range(10):
    if i==7:
        sys.exit('退出当前程序的执行')
    print(i,end=" ")
print("for循环语句后的代码")
```

(2)运行该程序,执行结果如图6-26所示。

```
================ RESTART: C:/py3project/control/test_sys_exit.py
0 1 2 3 4 5 6 SystemExit: 退出当前程序的执行
```

图6-26 sys.exit()的使用

说明：必须导入 sys 模块，才能调用 sys 模块中的 exit()函数。

场景 3　exit()和 sys.exit()的使用区别

知识提示 1：quit 函数和 exit 函数被定义在 site.py 程序中（该程序所在的目录是 C:\python3\Lib\）。

知识提示 2：交互模式下，quit 函数和 exit 函数永远是可用的。这是因为，交互模式下 Python 解释器会自动导入 site.py 程序，如果 site.py 程序被删除将无法打开交互模式（Python Shell）。

知识提示 3：采用直接方式运行 Python 程序时，site.py 程序不是必须的。例如删除 site.py 程序后，向 Python 解释器添加-S 选项依然可以确保 Python 程序正常执行。需要注意的是，一旦删除 site.py 程序，quit 函数和 exit 函数将变得不可用。

（1）删除 C:\python3\Lib\目录下的 site.py 程序。

（2）在"cmd 命令"窗口中输入命令"python"或者"py"，将无法打开 Python Shell。

（3）按住"Shift"键并右键单击 control 目录，选择"在此处打开命令窗口"，打开"cmd 命令"窗口后，输入命令"python -S test_exit.py"，将抛出"NameError: name 'exit' is not defined"的异常信息。

（4）按住"Shift"键并右键单击 control 目录，选择"在此处打开命令窗口"，打开"cmd 命令"窗口后，输入命令"python -S test_sys_exit.py"，test_sys_exit.py 程序依然可以正常执行。

总结：quit 函数和 exit 函数并不总是可用的，这两个函数并不适用于生产环境，应该谨慎使用这两个函数。sys 模块总是可用的，因此 sys.exit()适用于生产环境。

场景 4　os._exit()的使用

（1）创建 Python 程序，输入以下代码，并将 Python 程序命名为 test_os_exit.py。

```python
import os
for i in range(10):
    if i==7:
        os._exit(0)
    print(i,end=" ")
print("for 循环语句后的代码")
```

（2）在 IDLE 中运行该程序，执行结果如图 6-27 所示。

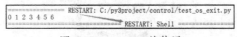

图 6-27　os._exit()的使用

说明：需要注意，必须导入 os 模块后才能使用 os._exit()函数。

场景 5　os._exit()和 sys.exit()的使用区别

按住"Shift"键并右键单击 control 目录，选择"在此处打开命令窗口"，打开"cmd 命令"窗口后，输入命令"python test_os_exit.py"和"python test_sys_exit.py"，执行结果如图 6-28 所示。

图 6-28　os._exit 函数和 sys.exit 函数之间的区别

说明 1：os._exit 函数是一种"永远不会返回的退出"，通常用于子进程的退出。sys.exit 函数是一种标准的退出，通常用于主进程的退出。

说明 2：os._exit(arg)函数的参数 arg 必须是整数，不能是字符串；quit(arg)、exit(arg)、sys.exit(arg)函数的参数可以是整数，也可以是字符串。

场景 6　将 exit()替换成 sys.exit()

知识提示：sys 模块总是可用的，sys.exit()适用于生产环境；site.py 程序并不总是可用的，quit 函数和 exit 函数并不适用于生产环境。

读者自行修改猜拳游戏 Python 程序的代码，将 exit()替换成 sys.exit()。

上机实践 6　异常的处理

场景 1　认识 Python 解释器处理异常的默认行为

（1）创建 Python 程序，输入以下代码，并将 Python 程序命名为 test_exception.py。

```
print("发生异常前的打印语句")
1/0
print("发生异常后的打印语句")
```

（2）运行该程序，执行结果如图 6-29 所示。

```
发生异常前的打印语句
Traceback (most recent call last):
  File "C:/py3project/control/test_exception.py", line 2, in <module>
    1/0
ZeroDivisionError: division by zero
```

图 6-29　Python 解释器处理异常的默认行为

说明：异常发生后，默认情况下 Python 解释器会终止程序的执行并打印异常信息。异常信息包括异常类型（如 ZeroDivisionError）、异常消息（如 division by zero）、异常上下文信息（如产生异常的程序以及代码所在的行数等信息）。

场景 2　手动抛出异常

知识提示：raise 语句可以手动抛出一个异常。

（1）创建 Python 程序，输入以下代码，并将 Python 程序命名为 raise_exception.py。

```
print("发生异常前的打印语句")
raise ZeroDivisionError('不能除以零噢！')
print("发生异常后的打印语句")
```

（2）运行该程序，执行结果如图 6-30 所示。

```
发生异常前的打印语句
Traceback (most recent call last):
  File "C:/py3project/control/raise_exception.py", line 2, in <module>
    raise ZeroDivisionError('不能除以零噢！')
ZeroDivisionError: 不能除以零噢！
```

图 6-30　手动抛出异常

说明：ZeroDivisionError 是 Python 内置的异常类型，ZeroDivisionError('不能除以零噢！')构造了 ZeroDivisionError 的实例化对象。有关构造方法的知识可参看第 11 章的内容。

场景 3　没有异常处理的程序是不健壮的

（1）创建 Python 程序，输入以下代码，并将 Python 程序命名为 div1.py。该程序从键盘上接收两个数据，计算它们相除的结果。

```
print('输入两个数据，计算它们相除的结果')
a = input('输入数据a: ')
a = float(a)
b = input('输入数据b: ')
b = float(b)
c = a / b
print("a 除以 b 的结果是：", c)
print("程序准备退出！")
```

（2）运行该程序，测试程序。

输入"4"字符后按"Enter"键，接着输入"2"字符后按"Enter"键，执行结果如图6-31所示。

（3）运行该程序，测试程序的健壮性。

按"Ctrl+C"组合键强行退出程序的执行，执行结果如图6-32所示。

```
输入两个数据，计算它们相除的结果
输入数据a: 4
输入数据b: 2
a除以b的结果是：2.0
程序准备退出！
```
图 6-31　测试程序

```
输入两个数据，计算它们相除的结果
输入数据a:
Traceback (most recent call last):
  File "C:/py3project/control/div1.py", line 2, in <module>
    a = input('输入数据a: ')
KeyboardInterrupt
```
图 6-32　测试程序的健壮性（1）

（4）重新运行该程序，测试程序的健壮性。

输入"a""b""c"三个字符，按"Enter"键，执行结果如图6-33所示。

（5）重新运行该程序，测试程序的健壮性。

输入"1"字符后按"Enter"键，接着输入"0"字符后按"Enter"键，执行结果如图6-34所示。

```
输入两个数据，计算它们相除的结果
输入数据a: abc
Traceback (most recent call last):
  File "C:/py3project/control/div1.py", line 3, in <module>
    a = float(a)
ValueError: could not convert string to float: 'abc'
```
图 6-33　测试程序的健壮性（2）

```
输入两个数据，计算它们相除的结果
输入数据a: 1
输入数据b: 0
Traceback (most recent call last):
  File "C:/py3project/control/div1.py", line 6, in <module>
    c = a / b
ZeroDivisionError: float division by zero
```
图 6-34　测试程序的健壮性（3）

场景 4　编写异常处理程序增强程序的健壮性

（1）创建Python程序，输入以下代码，并将Python程序命名为div2.py。该程序从键盘上接收两个数据，计算它们相除的结果。

```python
print('输入两个数据，计算它们相除的结果')
try:
    a = input('输入数据a: ')
    a = float(a)
    b = input('输入数据b: ')
    b = float(b)
    c = a / b
except ZeroDivisionError:
    print("除数不能是零")
except ValueError:
    print("输入的数据不符合数字格式")
except KeyboardInterrupt:
    print("程序被Ctrl+C强行退出")
else:
    print("a除以b的结果是：", c)
finally:
    print("程序准备退出！")
```

（2）重新执行场景3中的步骤（2）～（5）。

场景 5　异常的处理 1

（1）创建Python程序，输入以下代码，并将Python程序命名为div3.py。该程序从键盘上接收两个数据，计算它们相除的结果。

```python
print('输入两个数据，计算它们相除的结果')
try:
    a = input('输入数据a: ')
    a = float(a)
```

```
    b = input('输入数据b: ')
    b = float(b)
    c = a / b
except (ZeroDivisionError,ValueError,KeyboardInterrupt):
    print("除数不能是零")
    print("输入的数据不符合数字格式")
    print("程序被Ctrl+C强行退出")
else:
    print("a除以b的结果是: ", c)
finally:
    print("程序准备退出!")
```

说明：except 语句可以将异常的类型以元组形式罗列出来。

（2）重新执行场景 3 中的步骤（2）～（5）。

场景 6 异常的处理 2

（1）创建 Python 程序，输入以下代码，并将 Python 程序命名为 div4.py。该程序从键盘上接收两个数据，计算它们相除的结果。

```
print('输入两个数据，计算它们相除的结果')
try:
    a = input('输入数据a: ')
    a = float(a)
    b = input('输入数据b: ')
    b = float(b)
    c = a / b
except:
    print("除数不能是零")
    print("输入的数据不符合数字格式")
    print("程序被Ctrl+C强行退出")
else:
    print("a除以b的结果是: ", c)
finally:
    print("程序准备退出! ")
```

（2）重新执行场景 3 中的步骤（2）～（5）。

说明：except 语句如果没有指定异常的类型，则表示捕获所有类型的异常。

场景 7 捕获异常并打印异常信息

（1）将场景 4 的代码修改为以下代码。

```
print('输入两个数据，计算它们相除的结果')
try:
    a = input('输入数据a: ')
    a = float(a)
    b = input('输入数据b: ')
    b = float(b)
    c = a / b
except ZeroDivisionError as e1:
    print("除数不能是零")
    print(e1)
except ValueError as e2:
    print("输入的数据不符合数字格式")
    print(e2)
```

```
except KeyboardInterrupt as e3:
    print("程序被 Ctrl+C 强行退出")
    print(e3)
else:
    print("a 除以 b 的结果是: ", c)
finally:
    print("程序准备退出! ")
```

(2)重新执行场景 3 中的步骤(2)~(5)。

场景 8 使用 next 函数和 StopIteration 异常遍历迭代器对象

知识提示：迭代器对象支持 next 函数，用于获取迭代器对象的下一个元素。

(1)创建 Python 程序，输入以下代码，并将 Python 程序命名为 it_v1.py。运行该程序，观察程序的运行结果。

```
lst = [x for x in range(10) if x%2==0]
it = iter(lst)
while(True):
    try:
        print(next(it))
    except StopIteration:
        break
```

说明：列表是可迭代对象，不是迭代器对象，通过 iter 函数可以获取列表的迭代器对象。有关可迭代对象和迭代器对象的知识可参看第 16.3 节的内容。

(2)创建 Python 程序，输入以下代码，并将 Python 程序命名为 it_v2.py。运行该程序，观察程序的运行结果。

```
gen = (x for x in range(10) if x%2==0)
while(True):
    try:
        print(next(gen))
    except StopIteration:
        break
```

说明：生成器是一种迭代器对象。

第 7 章 自定义模块和导入语句

本章主要讲解 sys.path 的第 1 个元素的两种取值，import 语句的 5 种常见用法，模块的主次之分，Python 项目的主程序存放位置的建议，import 语句总结，Python 程序与模块间的关系总结等知识。本章在上机实践中演示了 Python 模块的文档字符串，利用 Python Shell 演示了 __init__.py 程序的作用以及 import 语句的 5 种常见用法，利用 Python Shell 和 Python 程序演示了 Python 程序存在主模块和非主模块两种身份，sys.path 的第 1 个元素的两种取值，演示了模块的 __name__ 属性在测试中的作用，从 Python 项目的角度演示了主程序存放在项目根目录下的优点等操作。通过本章的学习，读者将具备组织多个 Python 程序的能力。

模块概述

7.1 模块概述

Python 中，定义模块的方法有两种：用 Python 语言定义模块；用 Python 之外的语言（例如 C 语言）定义模块（例如 sys 标准模块）。本章主要讲解第 1 种方法。需要注意的是，无论采用哪种语言定义模块，访问模块时都需要使用 import 语句（内置模块除外）。

自定义模块

7.1.1 自定义模块

在 Python 中，程序都是以模块为单位运行的，如果某个程序由我们自己编写，那么该程序就是自定义模块。使用 Python 语言定义模块非常简单，只需将 Python 代码写入文本文件，并将文本文件的扩展名修改为.py。自定义模块的语法格式如图 7-1 所示，说明如下。

docstring：模块的文档字符串（是可选的）。本质是 Python 程序的多行注释，用于描述模块的功能，通过模块对象的 __doc__ 属性可以获取文档字符串的内容。注意文档字符串必须位于其他所有 Python 代码之前。

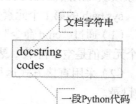

图 7-1 自定义模块的语法格式

7.1.2 Python 包的必要性

前面章节编写的 Python 程序，每个 Python 程序都是一个单独的个体，程序与程序之间互不关联。然而真正的 Python 项目往往需要编写多个 Python 程序，Python 程序之间相互关联。并且为了方便组织这些程序，通常会按照功能将 Python 程序分门别类存放在不同的目录（也叫文件夹）中。

Python 包的必要性

在 Python 中，目录叫作包（Package），包就是目录。一个目录可以存放多个 Python 程序，甚至目录还可以存放子目录。推理可知，一个 Python 包可以包含多个 Python 模块，甚至还可以包含子包。

Python 包和 Python 模块之间的关系可以理解为"工具箱"与"工具"之间的关系，如图 7-2 所示。这些 Python 模块通过 import 语句互相关联，并最终通过主模块组建成一个 Python 项目。

说明 1：从文件系统的角度，Python 程序是文本文件；从 Python 的角度，Python 程序是模块。从文件系统的角度，目录是文件夹；从 Python 的角度，目录是 Python 包。

说明 2：从文件系统的角度，目录的层次结构使用"/"或者"\"路径分隔符表示。从 Python 的角度，包的层次结构使用"."分隔符表示。

说明 3：目录解决了 Python 程序名的命名冲突问题。包解决了模块名的命名冲突问题。

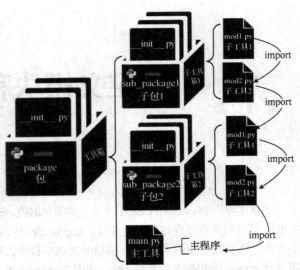

图 7-2 Python 包和 Python 模块之间的关系

说明 4：Python 包是 Python 模块，每个模块都存在一个独属于自己的"全局命名空间"，推理可知，每个 Python 包也存在一个独属于自己的"全局命名空间"。

说明 5：Python 中，Python 程序是模块，Python 包也是模块（在上机实践中会证明），若没有特殊说明，本书所提到的模块通常是指 Python 程序。

7.2 sys.path 的第 1 个元素的两种取值

当一个 Python 项目存在多个 Python 程序时，需要借助 import 语句将它们整合成一个 Python 程序。当这些 Python 程序存放在不同的目录时，如何确保 Python 程序通过 import 语句"找到"另一个 Python 程序？关键因素在于 sys.path，sys.path 定义了 import 语句搜索模块时的路径查找顺序，sys.path 是一个列表。sys.path 的关键是 sys.path 的第 1 个元素。

sys.path 的第 1 个元素分两种场景，分别对应两种取值。

（1）通过"cmd 命令"窗口启动 Python Shell 或者通过 IDLE 启动 Python Shell 时，sys.path 的第 1 个元素值是空字符串"，表示 Python Shell 的当前工作目录。

（2）采用直接方式运行某个 Python 程序时，sys.path 的第 1 个元素值是该 Python 程序所在的目录。

sys.path 的第 1 个元素的两种取值

7.3 import 语句的 5 种常见用法

import 语句有 5 种常见用法。

（1）import mod：导入整个 mod.py 程序。
（2）import pkg：导入 pkg 目录。
（3）import pkg.mod：导入 pkg 目录下的 mod.py 程序。
（4）from pkg import mod1, mod2：导入 pkg 目录下的 mod1.py 程序和 mod2.py 程序。
（5）from pkg.mod import obj1, obj2：导入 pkg 目录下 mod.py 程序中定义的对象 obj1 和 obj2。

其中 mod 表示模块，本质是不包含.py 扩展名的 Python 程序；pkg 表示包名，本质是目录；obj 表示模块中定义的对象，本质是 Python 程序中定义的对象名。

import 语句的 5 种常见用法

▶ 注意：程序A导入程序B后，不建议程序B再导入程序A，否则会陷入循环导入问题。

7.4 模块的主次之分

C和Java编程语言提供了主函数main，C和Java中包含主函数main的程序才能作为主程序（或者入口程序）。Python没有主函数，事实上，任何Python程序都可以作为主程序（或者入口程序）。

模块的主次之分

Python程序有主次之分。例如程序A通过代码"import 程序B"将程序B导入，这样，程序A就可以驱动程序B运行，并可以访问程序B中定义的对象了。采用直接方式运行程序A时，程序A是主程序（或者入口程序）。程序B被程序A驱动运行，程序B是非主程序。Python如何标记主程序和非主程序呢？

7.4.1 模块的__name__属性

Python程序都是以模块为单位运行的，模块必须存在__name__属性，Python通过模块的__name__属性值唯一标记一个模块。

模块的__name__属性

Python程序存在两种运行方式，分别是直接方式和间接方式，模块的__name__属性值取决于采用哪种方式运行Python程序。

（1）如果Python程序以直接方式运行，那么该Python程序作为主程序运行（对应于主模块），此时模块的__name__属性值是'__main__'。

（2）如果Python程序以间接方式运行，那么该Python程序作为非主程序运行（对应于非主模块），此时模块的__name__属性值由import语句计算得出（通常情况下，非主模块的__name__属性值是程序名）。

总之，通过判断模块的__name__属性值是不是'__main__'，可以判断该模块是主模块还是非主模块。

7.4.2 主模块

采用直接方式运行Python程序时，该Python程序是主程序，主程序对应的是主模块，主模块的__name__属性值是'__main__'。

主模块

主模块的特点如下。

（1）一个Python项目，主模块有且只有一个。

（2）主模块没有模块名，因此主模块的程序名可以是任意文件名。主模块的文件名可以不遵循标识符的命名规则，例如2.py。

说明：采用直接方式运行Python程序的方法有两种，一是在"cmd命令"窗口中通过"python"命令运行Python程序，二是在IDE（例如IDL）中直接运行Python程序。

7.4.3 非主模块

被import语句导入的Python程序是非主程序，非主程序对应的是非主模块。
非主模块的特点如下。

（1）一个Python项目，非主模块可以有多个。

（2）非主模块的程序名必须遵循标识符的命名规则，否则其无法被导入，无法成为非主模块。例如无法使用"import 2"导入一个程序名是2.py的Python程序，"2"违背了标识符的命名规则，也就是说2.py不可以作为非主模块（但可以作为主模块）。

（3）非主模块对应的程序名不建议是 test.py。这是因为 Python 安装程序默认会在 C:\python3\Lib\ 目录创建 test 目录，该目录保存了所有内置模块和标准模块的测试程序；并且默认情况下 C:\python3\Lib\ 目录是 sys.path 列表中的一个元素。此时使用 "import test" 导入的可能是 C:\python3\Lib\test 目录，而不是自己编写的 test.py 程序。

（4）非主模块的 __name__ 属性值由 import 语句计算得出（通常情况下，非主模块的 __name__ 属性值是程序名）。非主模块的 __name__ 属性值可以包含 "." 分隔符表示层次结构（可以不遵循标识符的命名规则）。

7.4.4 模块名和模块的 __name__ 属性值间的关系

不要混淆模块名和模块的 __name__ 属性值，模块名和模块的 __name__ 属性值间的关系总结如下。

（1）模块名是对象名。主模块没有模块名。非主模块必须有模块名，并且默认是程序名（程序名必须遵循标识符的命名规则），可以通过 import 的 as 语句为非主模块的模块名重新命名。由于模块名是对象名，因此模块名中不可能包含 "." 分隔符。

（2）模块一定有 __name__ 属性，模块的 __name__ 属性值由 import 语句计算得出。当模块的 __name__ 属性值是 '__main__' 时，该模块是主模块，否则是非主模块。非主模块的 __name__ 属性值可以包含 "." 分隔符表示层次结构。

（3）Python 程序都是以模块为单位运行的，无论是主模块还是非主模块，在模块内可以直接访问模块（自己）的 __name__ 属性。

7.4.5 模块的 __name__ 属性在测试中的作用

自定义函数、自定义类必须经过严格的测试才能交付使用，以测试自定义函数为例，具体测试步骤如下。

（1）准备"测试用例"。"测试用例"中至少包括输入的数据和预期结果。
（2）编写测试代码，调用函数对象。
（3）比较预期结果和实际运行结果，评估测试。
（4）找到 BUG，修改自定义函数的代码。
（5）重新测试。

通常将被测代码所在的程序称为被测程序，将测试代码所在的程序称为测试程序。由于自定义函数是被测代码，因此自定义函数所在的程序就是被测程序。有 3 种测试自定义函数的方法，说明如下。

（1）在 Python Shell 上调用自定义函数，完成测试工作。
（2）在被测程序中调用自定义函数，完成测试工作。此时被测程序和测试程序是同一个程序。
（3）将测试代码写在另一个程序中，完成测试工作。此时自定义函数和测试代码位于两个程序。

以直接方式运行 Python 程序时，该程序以主模块的身份运行。Python 程序也可以被 import 语句导入，此时该程序以非主模块的身份运行。也就是说，一个 Python 程序在不同时刻存在主模块和非主模块两种身份。上机实践环节将详细讲解模块的 __name__ 属性在测试自定义函数时的作用。

7.5 主程序存放位置的建议

一个 Python 项目通常包含多个 Python 包和多个 Python 程序，但入口程序有且仅有一个，它就是 Python 项目的主程序。Python 项目都是从主程序开始运行的，一个 Python 项目的主程序有且仅有一个，并且主程序的位置不能随意存放，建议将其存放在项目的根目录下。这是因为：sys.path 定义了 import 语句搜索模块时的路径查找顺序；将主程序存放在项目的根目录下，采用直接方式运行主程序时，sys.path 的第 1 个元素就被设置为项目的根目录。

主程序存放在项目的根目录后，该项目的任何 Python 程序使用 import 语句导入其他 Python 程序时，import 语句"首先"在项目根目录中查找。以学生管理系统为例，该项目的目录结构以及模块之间的导入关系如图 7-3 所示。student 目录是学生管理系统的根目录，该目录存放了 models 目录、routes 目录和 main.py 主程序。models 译作模型，models 目录存放了学生管理系统"模型"相关的 Python 程序。routes 译作路由，routes 目录存放了学生管理系统"路由"相关的 Python 程序。

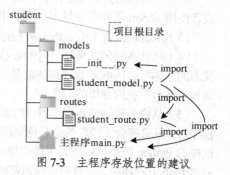

图 7-3　主程序存放位置的建议

采用直接方式运行主程序 main.py 后，sys.path 中的第 1 个元素就被设置为项目的根目录 student。学生管理系统的所有 Python 程序使用 import 语句导入其他 Python 程序时，"首先"在项目根目录 student 中查找。

说明 1：有关模型的知识可参看第 8 章的内容，有关路由的知识可参看第 14 章的内容。

说明 2：根据学生管理系统模块之间的导入关系，可以得知，Python 程序的编写顺序应该是 student_model.py→__init__.py→student_route.py→main.py。

7.6　总结

7.6.1　import 语句总结

（1）import mod：用于导入 mod.py 程序。

（2）import pkg：用于导入 pkg 目录。该用法只有和__init__.py 程序结合起来一起使用，才有意义，__init__.py 程序负责向 Python 包的全局命名空间添加属性。

（3）import pkg.mod：用于导入 pkg 目录下的 mod.py 程序。需要注意，导入的是 pkg 包（或最左边的包），mod 作为属性放入 pkg 包的属性列表中。

（4）不带 from 的 import 语句只能导入 Python 包和 Python 程序，不能导入 Python 程序中定义的对象。

（5）from "源地址" import "对象"：导入的对象可以是 Python 包，可以是 Python 程序，还可以是 Python 程序中定义的对象。并且只导入 import 语句后的对象，from 后的源地址不会被导入。

▶注意：如果被导入的对象是模块，那么该模块的__name__属性值是使用"."分隔符将"源地址"与"对象"拼接在一起的字符串（"."分隔符表示层次结构）。在上机实践中证明。

（6）import "目的地址" as "新模块名"：目的地址被重命名为新模块名，目的地址失效。模块的__name__属性值修改为"目的地址"（也就是说，模块的__name__属性值可以包含"."分隔符表示层次结构）。在上机实践中证明。

（7）Python 包中__init__.py 程序的作用。

① 包含__init__.py 程序的 Python 包是常规包，不包含__init__.py 程序的 Python 包是命名空间包。

② 包名和程序名同名时，导入的优先级是常规包>Python 程序>命名空间包。

③ 导入常规包时，向常规包的全局命名空间添加属性，完成常规包的初始化工作。

7.6.2　Python 程序与 Python 模块间的关系总结

（1）Python 程序是操作系统的一个文本文件；Python 模块是 Python 中的一个对象。

（2）从时间的先后顺序来看，只有创建了 Python 程序，才能运行 Python 程序使其成为主模块，或者使用 import 语句将其导入成为非主模块。

（3）从物理位置来看，Python 程序占用的是外存空间，模块占用的是内存空间。

（4）从状态的角度来看，Python 程序和模块之间的关系就像一个休息状态的"你"和一个学习状态的"你"。Python 程序描述的是一个安静地"躺"在外存里的文本文件；模块描述的是一个忙碌地"运行"在内存里的对象。

（5）从命名规则的角度来看，Python 程序本质是存储于外存的文本文件（扩展名是.py），命名程序时，只要符合文件名的命名规则即可，例如可以使用诸如 "2.py" "2021-6-6.py" 之类的文件名，这样的 Python 程序可以成为主模块单独运行，却不能被 import 语句导入成为非主模块。需要注意：命名 Python 程序时，尽量符合标识符的命名规则，不建议将 Python 程序命名为如 1.py、2.py 的文件名；目录名不建议选用 test，Python 程序名不建议选用 test.py。

上机实践 1　认识自定义模块

场景 1　准备工作

（1）在 C 盘根目录下创建 py3project 目录，并在该目录下创建 test_module 目录。

说明：本章的所有 Python 程序全部保存在 C:\py3project\test_module 目录下。

（2）确保显示文件的扩展名。

说明：创建的目录名不建议选用 test，创建的 Python 程序名不建议选用 test.py。

场景 2　认识自定义模块

（1）在 test_module 目录下创建 hello_module.py 程序，写入以下代码。

```
"""
文档字符串
"""
print('hello_module.py程序运行了')
age = 18
```

（2）按住 "Shift" 键并右键单击 test_module 目录，选择 "在此处打开命令窗口"，打开 "cmd 命令" 窗口后，输入命令 "python" 或者 "py"，然后按 "Enter" 键，启动 Python Shell。

说明 1：通过 "cmd 命令" 窗口启动 Python Shell 后，Python Shell 的当前工作目录被设置为 "cmd 命令" 窗口的当前工作目录，此处是 C:\py3project\test_module。

说明 2：sys.path 定义了 import 语句搜索模块时的路径查找顺序。通过 "cmd 命令" 窗口启动 Python Shell 后，sys.path 的第 1 个元素值是空字符串"，表示 Python Shell 的当前工作目录，此处是 C:\py3project\test_module。import 语句从 C:\py3project\test_module 目录下查找 Python 程序（参看步骤（3））。

（3）在 Python Shell 上执行以下代码，执行结果如图 7-4 所示。

```
import hello_module
hello_module.__doc__
help(hello_module)
hello_module.age
```

说明：本场景的 hello_module.py 程序采用间接方式运行。最后 1 行代码表示访问 hello_module 模块的 age 属性。

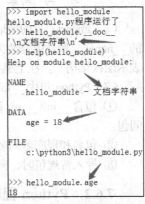

图 7-4　认识自定义模块

上机实践 2 __init__.py 程序的作用

知识提示 1：import 语句的前两种用法分别是“import pkg”和“import mod”。前者导入 pkg 目录（参看场景 1），后者导入 mod.py 程序（参看场景 2）。

知识提示 2：如果目录名是 test1，Python 程序名是 test1.py，并且它们在同一个目录，使用代码“import test1”导入 test1 模块时，究竟导入的是 test1 目录还是 test1.py 程序？

场景 1 Python 包也是模块

（1）在 test_module 目录下创建 test1 目录，此时的目录结构如图 7-5 所示。

图 7-5 Python 包也是模块

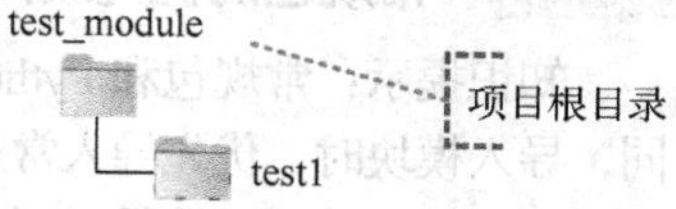

（2）按住“Shift”键并右键单击 test_module 目录，选择“在此处打开命令窗口”，打开“cmd 命令”窗口后，输入命令“python”或者“py”，然后按“Enter”键，启动 Python Shell。

（3）在 Python Shell 上执行以下代码，执行结果如图 7-6 所示。

```
import test1
type(test1)
dir(test1)
test1.__path__
```

```
>>> import test1
>>> type(test1)
<class 'module'>
>>> dir(test1)
['__doc__', '__file__', '__loader__', '__name__', '__package__', '__path__', '__spec__']
>>> test1.__path__
_NamespacePath(['C:\\py3project\\test_module\\test1'])
```

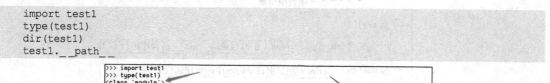

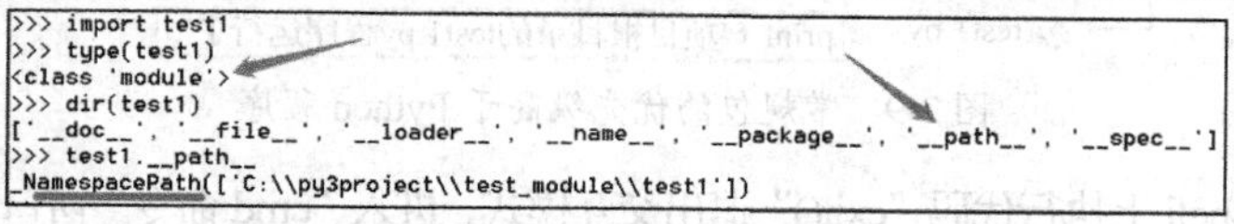

图 7-6 Python 包是模块的执行结果

说明 1：在 Python 中，目录就是包，包也是模块。

说明 2：从技术的角度讲，包是具有__path__属性的模块。Python 包和 Python 程序都是模块。区分 Python 包和 Python 程序的方法是，如果模块中包含“__path__”属性，则该模块是 Python 包，否则该模块是 Python 程序。

说明 3：Python 包分为常规包（regular package）和命名空间包（namespace package），如图 7-7 所示。包含__init__.py 程序的 Python 包是常规包，不包含__init__.py 程序的 Python 包是命名空间包（namespace package）。

图 7-7 常规包和命名空间包

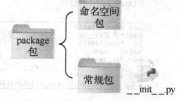

说明 4：本场景中的 test1 包是一个命名空间包，它的__path__属性值是_NamespacePath。

场景 2 Python 程序的优先级高于命名空间包

知识提示：命名空间包和 Python 程序都是 Python 模块。如果命名空间包的名字和 Python 程序的名字相同，导入模块时，优先导入 Python 程序。

（1）接场景 1 的步骤（3）。在 test_module 目录下创建 test1.py 程序，此时的目录结构以及 Python 程序的代码如图 7-8 所示。

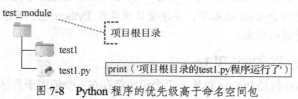

图 7-8 Python 程序的优先级高于命名空间包

说明：test_module 目录下存在两个 test1 模块，一个是 test1 命名空间包，一个是 Python 程序。

（2）在 Python Shell 上执行代码"exit()"退出交互模式，进入"cmd 命令"窗口，输入命令"python"或者"py"，然后按"Enter"键，重新启动 Python Shell。

（3）在 Python Shell 上执行以下代码，观察运行结果。

```
import test1#输出项目根目录的test1.py程序运行
```

说明：Python 程序名和命名空间包名同名时，优先导入 Python 程序。

场景 3 常规包的优先级高于 Python 程序

知识提示：常规包和 Python 程序都是 Python 模块。如果常规包的名字和 Python 程序的名字相同，导入模块时，优先导入常规包。

（1）接场景 2 的步骤（3）。在 test1 目录下创建 __init__.py 程序（注意 init 左右两边是双下划线），此时的目录结构以及 Python 程序的代码如图 7-9 所示。

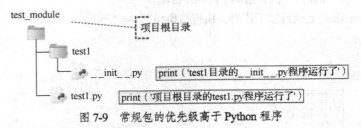

图 7-9 常规包的优先级高于 Python 程序

（2）在 Python Shell 上执行代码"exit()"退出交互模式，进入"cmd 命令"窗口，输入命令"python"或者"py"，然后按"Enter"键，重新启动 Python Shell。

（3）在 Python Shell 上执行以下代码，执行结果如图 7-10 所示。

```
import test1
type(test1)
dir(test1)
test1.__path__
```

```
>>> import test1
test1目录的__init__.py程序运行了
>>> type(test1)
<class 'module'>
>>> dir(test1)
['__builtins__', '__cached__', '__doc__', '__file__', '__loader__', '__name__', '__package__', '__path__', '__spec__']
>>> test1.__path__
['C:\\py3project\\test_module\\test1']
```

图 7-10 常规包的优先级高于 Python 程序

说明 1：包含 __init__.py 程序的包是常规包。本场景中 test1 包是一个常规包，它的 __path__ 属性值是列表。

说明 2：常规包和 Python 程序名同名时，优先导入常规包。导入常规包时，import 语句会自动运行常规包的 __init__.py 程序。

说明 3：包名和程序名同名时，导入的优先级是常规包>Python 程序>命名空间包。

说明 4：从 Python3.3 版本开始，不包含 __init__.py 程序的目录也是 Python 包（确切地说是 Python 命名空间包）。在之前的 Python 版本中，要想使目录成为 Python 包，目录中必须存在 __init__.py 程序，否则就是一个普通的目录。

场景 4 __init__.py 程序的作用 1

知识提示 1：Python 包是 Python 模块，每个模块都存在一个独属于自己的"全局命名空间"，

Python 包也存在一个独属于自己的全局命名空间。

知识提示 2：导入常规包时，导入语句会自动运行常规包的__init__.py 程序。__init__.py 程序最为重要的功能是向 Python 包的全局命名空间中添加属性，完成常规包的初始化工作。

（1）接场景 3 的步骤（3）。修改 test1 目录下__init__.py 程序的代码，此时的目录结构以及 Python 程序的代码如图 7-11 所示。

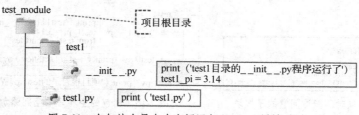

图 7-11 向包的全局命名空间添加 test1_pi 属性（1）

（2）在 Python Shell 上执行代码 "exit()" 退出交互模式，进入 "cmd 命令" 窗口，输入命令 "python" 或者 "py"，然后按 "Enter" 键，重新启动 Python Shell。

（3）在 Python Shell 上执行以下代码，执行结果如图 7-12 所示。

```
import test1
dir(test1)
```

图 7-12 __init__.py 程序向包的全局命名空间添加属性

（4）在 Python Shell 上执行以下代码，观察运行结果。

```
test1.test1_pi#输出 3.14
```

说明：本场景中__init__.py 程序向 test1 包的全局命名空间中添加了 test1_pi 属性（值是 3.14）。

场景 5 __init__.py 程序的作用 2

（1）接场景 4 的步骤（4）。在 test1 目录下创建 test0.py 程序，此时的目录结构以及 Python 程序的代码如图 7-13 所示。

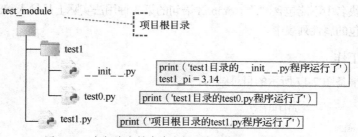

图 7-13 向包的全局命名空间添加 test1_pi 属性（2）

（2）在 Python Shell 上执行代码 "exit()" 退出交互模式，进入 "cmd 命令" 窗口，输入命令 "python" 或者 "py"，然后按 "Enter" 键，重新启动 Python Shell。

（3）在 Python Shell 上执行以下代码，执行结果如图 7-14 所示。

```
import test1
test1.test0
```

说明：仅导入包时，不能通过该包访问它的子包或者子程序，原因是它的子包或者子程序并没有被作为属性添加到 Python 包的全局命名空间中。

（4）修改 test1 目录下__init__.py 程序的代码，此时的目录结构以及 Python 程序的代码如图 7-15 所示。

```
>>> import test1
test1目录的__init__.py程序运行了
>>> test1.test0
Traceback (most recent call last):
  File "<stdin>", line 1, in <module>
AttributeError: module 'test1' has no attribute 'test0'
>>>
```

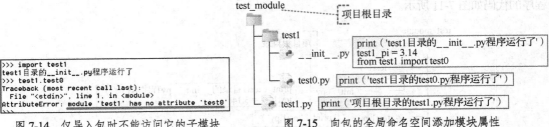

图 7-14　仅导入包时不能访问它的子模块

图 7-15　向包的全局命名空间添加模块属性

说明 1：__init__.py 程序的第 2 行代码负责向 test1 包的全局命名空间添加 test1_pi 属性（值是 3.14）；第 3 行代码负责向 test1 包的全局命名空间添加将 test0 属性（值是 test0.py 程序）。

说明 2：有关 from pkg import mod 的用法将在上机实践 4 中演示。

（5）在 Python Shell 上执行代码“exit()”退出交互模式，进入“cmd 命令”窗口，输入命令“python”或者“py”，然后按“Enter”键，重新启动 Python Shell。

（6）在 Python Shell 上执行以下代码，执行结果如图 7-16 所示。

```
import test1
test1.test0
```

```
>>> import test1
test1目录的__init__.py程序运行了
test1目录的test0.py程序运行了
>>> test1.test0
<module 'test1.test0' from 'C:\\py3project\\test_module\\test1\\test0.py'>
```

图 7-16　访问包的全局命名空间中的模块属性

说明：__init__.py 程序可以借助 import 语句向 Python 包的全局命名空间添加模块属性。

上机实践 3　import 语句的第 3 种用法

知识提示：import 语句的第 3 种用法是“import pkg.mod”，表示导入 pkg 目录下的 mod.py 程序。需要注意，模块名本质是对象名，模块名必须符合标识符的命名规则，此处的模块名并不是“pkg.mod”，模块名中不能包含“.”。import 语句的第 3 种用法实际上是导入 pkg 包，mod 模块作为属性放入 pkg 包的属性列表中。

场景 1　准备工作

知识提示：准备图 7-17 所示的目录结构。

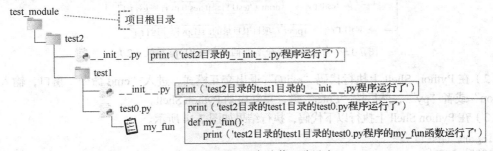

图 7-17　import 语句的第 3 种用法

（1）在 test_module 目录下创建 test2 目录。
（2）在 test2 目录下创建 __init__.py 程序，输入以下代码。

```
print('test2目录的__init__.py程序运行了')
```

（3）在 test2 目录下创建 test1 目录，在 test1 目录下创建 __init__.py 程序，写入以下代码。

```
print('test2目录的test1目录的__init__.py程序运行了')
```

（4）在 test1 目录下创建 test0.py 程序，写入以下代码。

```
print('test2目录的test1目录的test0.py程序运行了')
def my_fun():
    print('test2目录的test1目录的test0.py程序的my_fun函数运行了')
```

场景 2 **import 语句的第 3 种用法**

（1）按住 "Shift" 键并右键单击 test_module 目录，选择 "在此处打开命令窗口"，打开 "cmd 命令" 窗口后，输入命令 "python" 或者 "py"，然后按 "Enter" 键，启动 Python Shell。
（2）在 Python Shell 上执行以下代码，执行结果如图 7-18 所示。

```
import test2.test1.test0
dir()
dir(test2)
dir(test2.test1)
dir(test2.test1.test0)
test2.test1.test0.my_fun
```

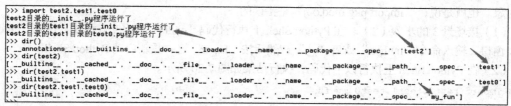

图 7-18 子模块作为属性被导入

说明 1：import 语句的第 3 种用法是 "import pkg.mod"。其执行过程是：导入最左边的包（是父包）；导入父包右边的包（是子包），子包作为属性放入父包的属性列表中；周而复始，直到导入最右边的程序。例如语句 "import test2.test1.test0" 等效于下列 3 条 import 语句，执行过程是：导入父包 test2 包；导入 test2 父包的 test1 子包，test1 子包作为属性放入父包 test2 的属性列表中；导入父包 test2 中子包 test1 的 test0.py 程序，test0 作为属性放入父包 test2 中子包 test1 的属性列表中。

```
import test2
import test2.test1
import test2.test1.test0
```

说明 2：Python 之所以这样处理，是因为模块名是对象名，模块名必须符合标识符的命名规则，模块名中不能包含 "."。

场景 3 **import ... as ... 的使用**

知识提示：import ... as ... 的语法结构是 "import 目的地址 as 新模块名"。
（1）接场景 2 的步骤（2）。在 Python Shell 上执行代码 "exit()" 退出交互模式，进入 "cmd 命令" 窗口，输入命令 "python" 或者 "py"，然后按 "Enter" 键，重新启动 Python Shell。
（2）在 Python Shell 上执行以下代码，执行结果如图 7-19 所示。

```
import test2.test1.test0 as mod
dir()
dir(mod)
mod
mod.__name__
```

```
>>> import test2.test1.test0 as mod
test2目录的__init__.py程序运行了
test2目录的test1目录的__init__.py程序运行了
test2目录的test1目录的test0.py程序运行了
>>> dir()
['__annotations__', '__builtins__', '__doc__', '__loader__', '__name__', '__package__', '__spec__', 'mod']
>>> dir(mod)
['__builtins__', '__cached__', '__doc__', '__file__', '__loader__', '__name__', '__package__', '__spec__', 'my_fun']
>>> mod
<module 'test2.test1.test0' from 'C:\\py3project\\test_module\\test2\\test1\\test0.py'>
>>> mod.__name__
'test2.test1.test0'
```

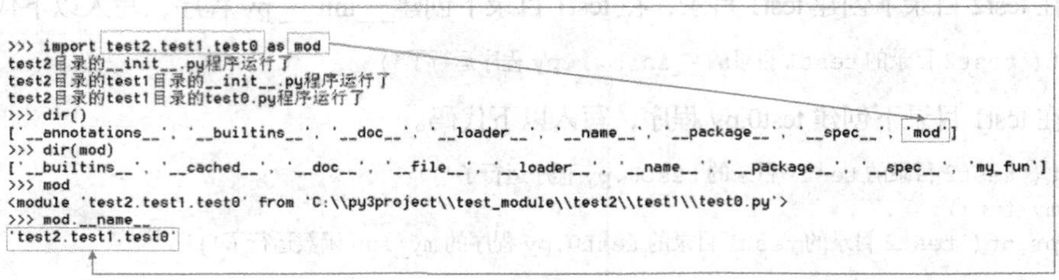

图 7-19　import ... as ... 的使用

说明 1："import 目的地址 as 新模块名"的执行流程是目的地址被重命名为新模块名，目的地址失效，模块的 __name__ 属性值被修改为"目的地址"（也就是说，模块的 __name__ 属性值可以包含"."分隔符，表示层次结构）。

说明 2：请不要混淆模块名和模块的 __name__ 属性值。本步骤的模块名是"mod"，该模块的 __name__ 属性值是"test2.test1.test0"。

场景 4　import 语句第 3 种用法的注意事项

知识提示：import 语句的第 3 种用法是"import pkg.mod"，该用法不能导入 Python 程序中定义的对象。也就是说，"import pkg.mod.obj"是错误的。

（1）接场景 3 的步骤（2）。在 Python Shell 上执行代码"exit()"退出交互模式，进入"cmd 命令"窗口，输入命令"python"或者"py"，然后按"Enter"键，重新启动 Python Shell。

（2）在 Python Shell 上执行以下代码，执行结果如图 7-20 所示。

```
import test2.test1.test0.my_fun
```

```
>>> import test2.test1.test0.my_fun
test2目录的__init__.py程序运行了
test2目录的test1目录的__init__.py程序运行了
test2目录的test1目录的test0.py程序运行了
Traceback (most recent call last):
  File "<stdin>", line 1, in <module>
ModuleNotFoundError: No module named 'test2.test1.test0.my_fun'; 'test2.test1.test0' is not a package
```

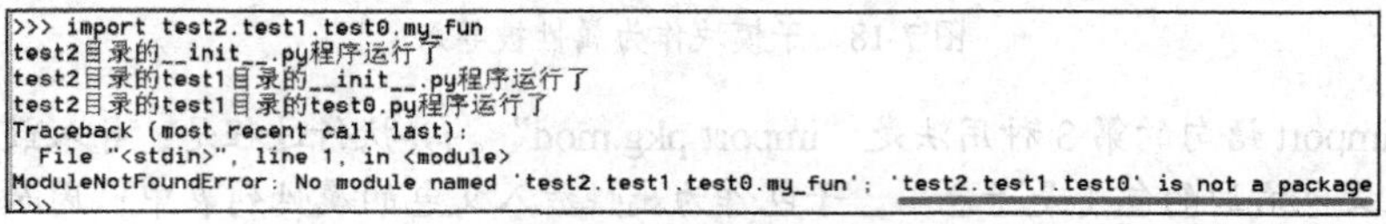

图 7-20　import 语句第 3 种用法的注意事项

说明：import 语句第 3 种用法中，"."分隔符的左边必须是包名，不能是程序名。因此，import 语句第 3 种用法可以导入 Python 包，也可以导入 Python 程序，但无法导入 Python 程序中定义的对象。

上机实践 4　import 语句的第 4 种和第 5 种用法

知识提示 1：带 from 的 import 语句的语法结构是"from 源地址 import 对象"，功能是导入 import 语句后的对象（并不会导入 from 语句后的源地址）。

知识提示 2：本场景使用本章上机实践 3 中场景 1 的目录结构。

场景 1　import 语句的第 4 种用法

知识提示：带 from 的 import 语句存在两种用法，本场景讲解第 4 种用法，被导入的对象是模块，语法格式是"from pkg import mod1, mod2"，功能是导入 pkg 目录下的 mod1.py 程序和 mod2.py 程序（注意并不会导入 pkg 目录）。

（1）按住"Shift"键并右键单击 test_module 目录，选择"在此处打开命令窗口"，打开"cmd 命令"窗口后，输入命令"python"或者"py"，然后按"Enter"键，启动 Python Shell。

（2）在 Python Shell 上执行以下代码，执行结果如图 7-21 所示。

```
from test2.test1 import test0
dir()
test0
test0.__name__
```

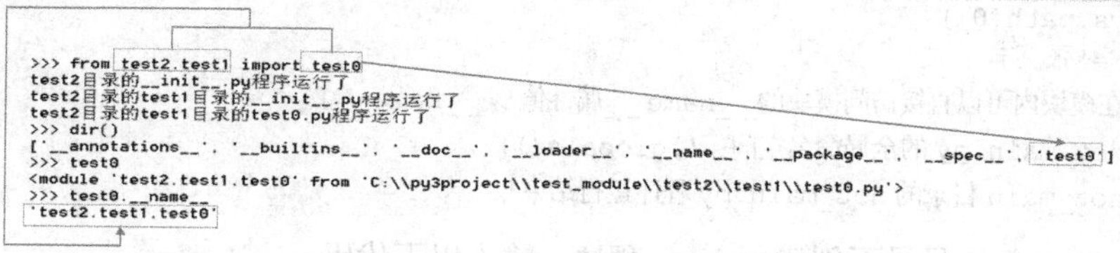

图 7-21　import 语句的第 4 种用法

说明："from 源地址 import 对象"只导入 import 语句后的对象，并不会导入 from 语句后的源地址。如果对象是模块，那么该模块的 __name__ 属性值是使用"."分隔符将"源地址"与"对象"拼接起来的字符串（表示层次结构）。

场景 2　**import 语句的第 5 种用法**

知识提示：带 from 的 import 语句存在两种用法，本场景讲解第 5 种用法，被导入的对象是 Python 程序中定义的对象，语法格式是"from pkg.mod import obj1, obj2"，功能是导入 pkg 目录下 mod.py 程序中定义的对象 obj1 和 obj2（注意并不会导入 mod.py 程序）。

（1）接场景 1 的步骤（2）。在 Python Shell 上执行代码"exit()"退出交互模式，进入"cmd 命令"窗口，输入命令"python"或者"py"，然后按"Enter"键，重新启动 Python Shell。

（2）在 Python Shell 上执行以下代码，执行结果如图 7-22 所示。

```
from test2.test1.test0 import my_fun
dir()
my_fun.__name__
my_fun
my_fun()
```

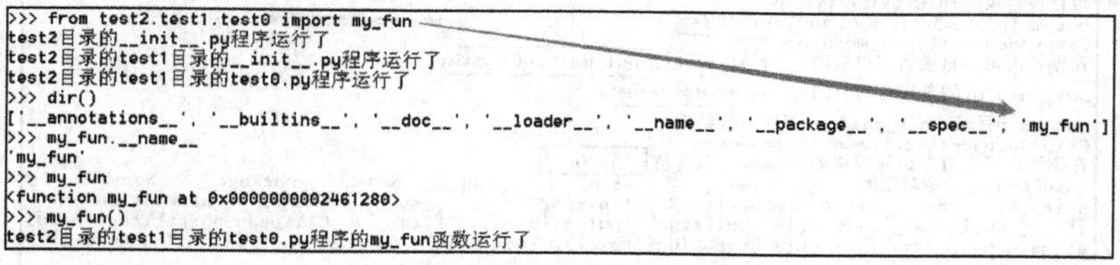

图 7-22　import 语句的第 5 种用法

说明 1：my_fun 是函数对象，不是模块，函数对象的 __name__ 属性是函数名。

说明 2："from 源地址 import 对象"导入的对象可以是 Python 包，可以是 Python 程序，还可以是 Python 程序中定义的对象。

上机实践 5　**Python 程序存在主模块和非主模块两种身份**

知识提示：Python 程序都是以模块为单位运行的，每个模块都存在一个独属于自己的"全局命名空间"。主模块定义的对象名被注册到主模块的全局命名空间中；非主模块定义的对象名被注册到该非主模块的全局命名空间中。

场景 1　准备工作

知识提示：准备图 7-23 所示的目录结构。

（1）在 test_module 目录下创建 not_main 目录。在 not_main 目录下创建 not_main.py 程序，输入以下代码。

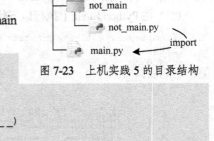

图 7-23　上机实践 5 的目录结构

```
print('not_main 目录的 not_main.py 程序运行了')
import sys
print(sys.path[0])
my_name ='张三丰'
print('在模块内可以直接访问模块的__name__属性值',__name__)
print('not_main.py 的全局命名空间：',globals())
print('not_main 目录的 not_main.py 程序运行结束')
```

（2）在 test_module 目录下创建 main.py 程序，输入以下代码。

```
print('项目根目录的 main.py 程序运行了')
import sys
import not_main.not_main
print(sys.path[0])
my_name ='张三'
print('在模块内可以直接访问模块的__name__属性值',__name__)
print('main.py 的全局命名空间：',globals())
print('在主模块中访问非主模块的对象：',not_main.not_main.my_name)
print('在主模块中访问非主模块的__name__属性值：',not_main.not_main.__name__)
print('项目根目录的 main.py 程序运行结束')
```

说明：代码中的"not_main.not_main"表示访问 not_main 目录中的 not_main.py 程序，前者是目录，后者是 Python 程序。

场景 2　Python 程序存在主模块和非主模块两种身份

（1）运行 main.py 程序，main.py 程序驱动 not_main.py 程序运行，not_main.py 程序作为非主模块被运行，运行结果如图 7-24 所示。图中阴影部分是 not_main.py 程序的运行结果。

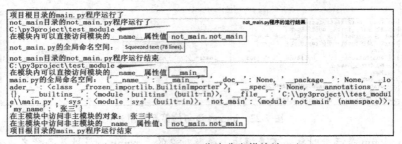

图 7-24　not_main.py 作为非主模块被运行

（2）运行 not_main.py 程序，not_main.py 作为主模块被运行，运行结果如图 7-25 所示。

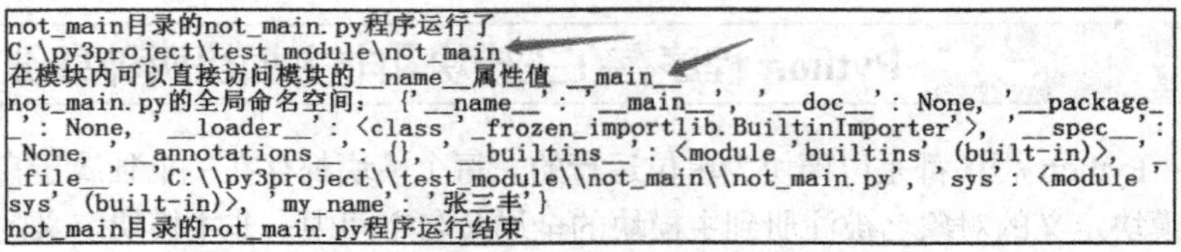

图 7-25　not_main.py 作为主模块被运行

说明1：无论是主模块还是非主模块，在模块内可以直接访问模块（自己）的__name__属性。

说明2：模块的__name__属性值并不是某个固定值。Python程序采用直接方式运行时，此时作为主模块执行，模块的__name__属性值是'__main__'；采用间接方式运行时，此时作为非主模块执行，模块的__name__属性值由import语句计算得出（通常情况下，非主模块的__name__属性值是程序名）。

说明3：对比步骤（1）和步骤（2）的运行结果可以得知，采用直接方式运行Python程序时，sys.path的第1个元素的值是主程序所在的目录。

场景3 理解 sys.path 的第1个元素的两种取值

知识提示：sys.path定义了import语句搜索模块时的路径查找顺序。通过"cmd命令"窗口启动Python Shell后，sys.path的第1个元素值是空字符串""，表示Python Shell的当前工作目录。

（1）按住"Shift"键并右键单击test_module目录，选择"在此处打开命令窗口"，打开"cmd命令"窗口后，输入命令"python"或者"py"，然后按"Enter"键，启动Python Shell，执行结果如图7-26所示。

```
C:\py3project\test_module>py
Python 3.8.5 (tags/v3.8.5:580fbb0, Jul 20 2020, 15:57:54) [MSC v.1924 64 bit (AMD64)] on win32
Type "help", "copyright", "credits" or "license" for more information.
```

图7-26 Python Shell的当前工作目录

说明：本步骤中"cmd命令"窗口的当前工作目录是"C:\py3project\test_module"，通过"cmd命令"窗口启动Python Shell后，Python Shell的当前工作目录被设置为"C:\py3project\test_module"。

（2）在Python Shell上执行以下代码，执行结果如图7-27所示。

```
import sys
type(sys.path)
sys.path
```

```
>>> import sys
>>> type(sys.path)
<class 'list'>
>>> sys.path
['', 'C:\\python3\\python38.zip', 'C:\\python3\\DLLs', 'C:\\python3\\lib', 'C:\\python3', 'C:\\Users\\Administrator\\AppData\\Roaming\\Python\\Python38\\site-packages', 'C:\\python3\\lib\\site-packages']
```

图7-27 sys.path的第1个元素是空字符串

总结1：通过"cmd命令"窗口启动Python Shell或者通过IDLE启动Python Shell时，sys.path的第1个元素值是空字符串""，表示Python Shell的当前工作目录，此处是"C:\py3project\test_module"。

总结2：采用直接方式运行Python程序时，sys.path的第1个元素的值是主程序所在的目录（参看场景2的内容）。

上机实践6 模块的__name__属性在测试中的作用

场景1 准备工作

问题描述：已知三角形3条边的边长 a、b、c，编写自定义函数计算三角形的面积，要求如下。

① a、b、c 的数据类型必须是大于零的整数或浮点数。

② 任意两边和大于第三边。

③ 同时满足条件①和条件②，才返回三角形面积，否则返回-1。

（1）创建Python程序，输入以下代码定义自定义函数is_valid、is_triangle以及triangle_area，并将Python程序命名为area_fun.py（保存在C:\py3project\test_module目录下）。

```
def is_valid(num):
    result = False
    if type(num) in {int,float} and num > 0:
        result = True
    return result

def is_triangle(a,b,c):
    result = False
    if a + b > c and a + c > b and b + c > a:
        result = True
    return result

def triangle_area(a,b,c):
    if is_valid(a) and is_valid(b) and is_valid(c) and is_triangle(a,b,c):
        s = (a + b + c) / 2  # 计算半周长
        area = (s*(s-a)*(s-b)*(s-c)) ** 0.5
        return area
    else:
        return -1
```

说明 1：is_valid(num)函数首先判断参数 num 是否是整数或者浮点数，接着判断是否大于 0。该函数利用了逻辑运算符 and 的短路现象，如果 num 不是整数或者浮点数，if 条件肯定为"假"，不会执行"num>0"。

说明 2：is_triangle(a,b,c)函数用于判断任意两个数的和是否大于第三个数。

说明 3：triangle_area()函数利用了逻辑运算符 and 的短路现象。

（2）准备表 7-1 所示的测试用例。

表 7-1 测试用例

测试用例编号	输入的数据	预期结果	描述
1	1,1,1	0.433	
2	1,1,2	−1	构不成三角形
3	1,1,3	−1	构不成三角形
4	1,1,−1	−1	非法数据

场景 2　在 Python Shell 上调用自定义函数

知识提示：篇幅所限，本场景只讲解 triangle_area 函数的测试方法。

（1）运行被测程序 area_fun.py，创建三个函数对象（包括 triangle_area 函数对象），在弹出的 Python Shell 中显示运行结果。

（2）函数对象 triangle_area 被创建后，即可在 Python Shell 上输入以下代码，调用被测函数对其进行测试，观察运行结果。

```
triangle_area(1,1,1)#输出 0.4330127018922193
triangle_area(1,1,2)#输出-1
triangle_area(1,1,3)#输出-1
triangle_area(1,1,-1)#输出-1
```

说明 1：预期结果和实际运行结果一致，通过测试（精确到千分位）。

说明 2：在 Python Shell 上调用自定义函数，关闭 Python Shell 后，测试代码和测试数据即刻消失，不便于"回放"测试，有必要将测试代码写入 Python 程序中。

场景 3　在被测程序中调用自定义函数

（1）在被测程序 area_fun.py 末尾添加以下测试代码。

```
print(triangle_area(1,1,1))
```

```
print(triangle_area(1,1,2))
print(triangle_area(1,1,3))
print(triangle_area(1,1,-1))
print(triangle_area(1,1,'a'))
```

（2）运行被测程序 area_fun.py，测试自定义函数，执行结果如图 7-28 所示。

说明 1：预期结果和实际运行结果一致，通过测试（精确到千分位）。

图 7-28　在被测程序中调用自定义函数

说明 2：将测试代码写入程序中，测试代码和测试数据不会消失，可以"回放"测试。

说明 3：测试代码和被测自定义函数位于同一个程序时，测试代码必须使用以下 if 条件语句包裹起来，否则可能出现"测试代码执行两遍的问题"（参看场景 4）。

```
if __name__ == '__main__':
```

场景 4　**将测试代码写在另一个程序中 1**

（1）使用 IDLE 创建 Python 程序，输入以下测试代码，并将 Python 程序命名为 test_area_fun1.py（保存在 C:\py3project\test_module 目录下）。

```
import area_fun
print(area_fun.triangle_area(1,1,1))
print(area_fun.triangle_area(1,1,2))
print(area_fun.triangle_area(1,1,3))
print(area_fun.triangle_area(1,1,-1))
```

说明 1：测试程序 test_area_fun1.py 和被测程序 area_fun.py 位于同一个目录。

说明 2："import area_fun" 的功能是导入 area_fun 模块。该模块中定义的 3 个函数对象，是该模块的 3 个属性，其中代码 area_fun.triangle_area 表示访问 area_fun 模块的 triangle_area 属性，可参看步骤（3）的执行结果。

（2）运行测试程序 test_area_fun1.py，测试自定义函数，执行结果如图 7-29 所示。

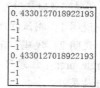

说明：从执行结果可以看出，测试代码出现了被执行两遍的问题。这是由于测试程序 test_area_fun1.py 和被测程序 area_fun.py 都存在测试代码。测试程序驱动被测程序运行时，测试程序中的测试代码和被测程序中的测试代码各自执行了一次，导致测试代码被执行了两遍。解决该问题的方法是将被测程序 area_fun.py 中的测试代码封装在条件语句 "if __name__ == '__main__':" 中。

图 7-29　测试代码执行两次

（3）在 Python Shell 上执行以下代码，执行结果如图 7-30 所示。

```
dir()
dir(area_fun)
```

```
>>> dir()
['__annotations__', '__builtins__', '__doc__', '__file__', '__loader__', '__name__', '__package__', '__spec__', 'area_fun']
>>> dir(area_fun)
['__builtins__', '__cached__', '__doc__', '__file__', '__loader__', '__name__', '__package__', '__spec__', 'is_triangle', 'is_valid', 'triangle_area']
```

图 7-30　查看 Python 模块的属性

场景 5　**将测试代码写在另一个程序中 2**

知识提示：一个 Python 程序存在主模块和非主模块两种身份。将被测程序中的测试代码封装在条件语句 "if __name__ == '__main__':" 中，可以实现两个目的：被测程序作为主模块运行时，可以确保被测程序中的测试代码运行；被测程序作为非主模块运行时，可以避免被测程序中的测试代码运行。

（1）将被测程序 area_fun.py 中的测试代码封装在 if 条件语句中，代码如下。

```
if __name__ == '__main__':
    print(triangle_area(1,1,1))
    print(triangle_area(1,1,2))
    print(triangle_area(1,1,3))
    print(triangle_area(1,1,-1))
    print(triangle_area(1,1,'a'))
```

（2）重新运行被测程序 area_fun.py，测试自定义函数，执行结果如图 7-31 所示。

（3）重新运行测试程序 test_area_fun1.py，测试自定义函数，避免被测程序中的测试代码运行，解决了测试代码被执行两遍的问题。

```
0.4330127018922193
-1
-1
-1
-1
```

图 7-31　确保被测程序中的测试代码运行

说明 1：步骤（2）运行被测程序 area_fun.py 时，被测程序作为主模块运行，主模块的__name__值是字符串'__main__'。由于 if 条件成立，确保了被测程序中的测试代码运行。

说明 2：步骤（3）运行测试程序 test_area_fun1.py 时，被测程序 area_fun.py 作为非主模块运行，它的__name__属性值是程序名'area_fun'。由于__name__=='__main__'的条件不成立，避免了被测程序中的测试代码运行。

场景 6　重温带 from 的 import 语句

（1）使用 IDLE 创建 Python 程序，输入以下测试代码，并将 Python 程序命名为 test_area_fun2.py（保存在 C:\py3project\test_module 目录下）。

```
from area_fun import triangle_area
print(triangle_area(1,1,1))
print(triangle_area(1,1,2))
print(triangle_area(1,1,3))
print(triangle_area(1,1,-1))
```

说明 1：测试程序 test_area_fun2.py 和被测程序 area_fun.py 位于同一个目录。

说明 2：代码“from area_fun import triangle_area”的功能是从模块 area_fun 中导入函数对象 triangle_area。注意只导入 triangle_area 函数对象，模块 area_fun 并没有被导入，可参看步骤（3）的执行结果。

（2）运行测试程序 test_area_fun2.py，测试自定义函数，执行结果如图 7-32 所示。

（3）在 Python Shell 上执行下列代码，执行结果如图 7-33 所示。

```
0.4330127018922193
-1
-1
-1
```

图 7-32　重温带 from 的 import 语句

```
dir()
```

```
>>> dir()
['__annotations__', '__builtins__', '__doc__', '__file__', '__loader__', '__name__', '__package__', '__spec
__', 'triangle_area']
```

图 7-33　模块 area_fun 没有被导入

上机实践 7　主程序建议存放在项目根目录下

（1）在 test_module 目录下创建 student 目录，作为学生管理系统的项目根目录。

（2）在 student 目录下创建 models 目录，在 models 目录下创建 student_model.py 程序，并写入以下代码。

```
print('models目录的student_model.py程序运行了')
import sys
```

```
print(sys.path[0])
def create_database_and_table():
    print('创建数据库和数据库表')
def find_all():
    return ['001','张三','男']
```

(3) 在 models 目录下创建 __init__.py 程序,并写入以下代码。

```
print('models 目录的__init__.py 程序运行了')
import sys
print(sys.path[0])
import models.student_model
models.student_model.create_database_and_table()
```

(4) 在 student 目录下创建 routes 目录,在 routes 目录下创建 student_route.py 程序,并写入以下代码。

```
print('routes 目录的 student_route.py 程序运行了')
import sys
print(sys.path[0])
from models import student_model
def index():
    students = student_model.find_all()
    return students
```

(5) 在 student 目录下创建主程序 main.py,并写入以下代码。

```
print('routes 目录的 student_route.py 程序运行了')
import sys
print(sys.path[0])
import models.student_model
import routes.student_route
if __name__ == '__main__':
    students = routes.student_route.index()
    print(students)
```

(6) 采用直接方式运行主程序 main.py,执行结果如图 7-34 所示。

说明 1:采用直接方式运行主程序 main.py 有 3 种方法,它们的运行结果相同。

① 在"cmd 命令"窗口中输入命令"python C:\py3project\test_module\student\main.py"。

图 7-34 主程序建议存放在项目根目录下

② 按住"Shift"键并右键单击 student 目录,选择"在此处打开命令窗口",打开"cmd 命令"窗口后,输入命令"python main.py"。

③ 在 IDLE 中打开主程序 main.py,在 IDLE 中直接运行该 Python 程序。

说明 2:主程序运行后,驱动学生管理系统的其他 Python 程序运行。

说明 3:主程序被存放在项目的根目录下后,该项目的任何 Python 程序使用 import 语句导入其他 Python 程序时,import 语句都会在项目根目录查找其他 Python 程序。

说明 4:导入 models 包后,该包的__init__.py 程序会自动运行。models 包中的__init__.py 程序负责数据库的初始化工作,具体实现可参看第 15 章的内容。

基础实战篇

第 8 章 项目实战：学生管理系统的实现（列表和字典篇）

本章主要介绍元组对象、集合对象、列表对象和字典对象提供的方法，并以学生管理系统为例，分别使用列表和字典实现该系统。通过本章的学习，读者将具备使用列表和字典管理数据的能力。

8.1 元组对象

元组对象主要提供了 index 和 count 两个方法，如表 8-1 所示。由于元组对象是一个不可变更的对象，这些方法无法改变元组对象自身。

元组对象

表 8-1 元组对象的方法

方法	描述	异常
index(e)	查找元素 e，返回首次出现的位置	如果没有找到，则抛出 ValueError 异常
count(e)	统计元素 e 出现的次数	

8.2 集合对象

为了便于读者记忆，本书将集合对象的方法分为 3 种：集合与集合之间的运算、以元素为单位更新集合、以集合为单位更新集合，分别如表 8-2～表 8-4 所示。

集合对象

表 8-2 集合与集合之间的运算

集合与集合之间的运算	描述	等价操作
union(other)	两个集合的并集运算（原集合不变）	self | other | ...
intersection(other)	两个集合的交集运算（原集合不变）	self & other & ...
difference(other)	两个集合的差集运算（原集合不变）	self - other - ...
symmetric_difference(other)	两个集合的异或集运算（原集合不变）	self ^ other
isdisjoint(other)	如果自己与另一个集合没有交集，则返回 True（互斥）	
issubset(other)	如果自己的每个元素在另一个集合 other 中，则返回 True	self <= other
issuperset(other)	如果另一个集合 other 的每个元素在自己中，则返回 True	self >= other

说明 1：两个集合进行比较运算时，如果集合 x 的所有元素都存在于集合 y 中，那么集合 x 称为 y 的子集，集合 y 是 x 的超集。

说明 2：本章以对象的角度介绍元组对象、集合对象、列表对象以及字典对象提供的方法。等价操作中的 self 指的是对象自己，有关对象和 self 的知识可参看第 10 章、第 11 章的内容。

表 8-3 以元素为单位更新集合

以元素为单位更新集合	描述	异常
add(e)	向集合添加单个元素	
discard(e)	从集合中删除元素 e（如果存在）	
remove(e)	从集合中删除元素 e	如果集合中不包含元素 e，则抛出 KeyError 异常
pop()	从集合中删除任意元素，并返回该元素	如果集合为空，则抛出 KeyError 异常
clear()	从集合中删除所有元素	

表 8-4 以集合为单位更新集合

以集合为单位更新集合	描述	等价操作
update(other)	向集合添加另一个集合的所有元素（批量更新）	self = self | other
intersection_update(other)	保留交集的元素（更新集合）	self = self & other
difference_update(other)	保留差集的元素（更新集合）	self = self − other
symmetric_difference_update(other)	保留异或集的元素（更新集合）	self = self ^ other

说明 1：集合对象支持 copy 方法，返回集合的浅拷贝。

说明 2：集合对象是一个可变更的对象，集合的更新操作修改的是集合对象自身。

8.3 列表对象

列表对象是一个可变更的对象，列表对象的方法如表 8-5 所示，表中所列的所有方法修改的是列表对象自身。

列表对象

表 8-5 列表对象的方法

方法	描述	等价操作或者异常
append(e)	将元素 e 添加到列表末尾	self[len(self):len(self)] = [x]
insert(i,e)	在指定位置 i 处添加元素 e	self[i:i] = [e]
extend(other)	将另一个列表的所有元素添加到列表末尾	self = self + other 或者 self[len(self):len(self)] = other
remove(e)	从列表中删除首次出现的元素 e	如果列表中不包含元素 e，抛出 ValueError 异常
pop()	从列表中删除最后一个元素，并返回该元素	如果列表为空，则抛出 IndexError 异常
pop(i)	从列表中删除指定位置 i 处的元素，并返回该元素	如果索引 i 越界，则抛出 IndexError 异常
clear()	从列表中删除所有元素	
reverse()	将列表中的元素反转	
sort(key=None,reverse=False)	将列表中的元素升序排序（reverse=True 表示降序）	

说明 1：列表对象支持 count 方法和 index 方法（参考元组对象）。

说明 2：列表对象支持 copy 方法，返回列表的浅拷贝。

8.4 字典对象

字典对象是一个可变更的对象，字典对象的方法如表 8-6 所示，表中涉及的更新操作修改的是字典对象自身。

字典对象

表 8-6 字典对象的方法

方法	描述	等价操作或者异常
get(key,default=None)	获取键 key 对应的元素值,key 若不存在则返回默认值 default	字典对象的 get 方法永远不会抛出 KeyError 异常
items()	返回字典的所有元素,格式是(key, value)组成的列表	
keys()	以列表形式,返回字典的所有键	
values()	以列表形式,返回字典的所有值	
update(other)	向字典添加另一个字典的所有元素(批量更新),如果键重复,则覆盖原元素的值	
popitem()	从字典末尾删除一个元素,并以(key,value)方式返回该元素,Python3.7 之前的版本是从字典中随机删除一个元素	如果字典为空,则抛出 KeyError 异常
pop(key[,default])	从字典中删除键为 key 的元素,并返回该元素的值,如果 key 不存在,则返回默认值 default	如果 key 不存在并且没有提供 default,则抛出 KeyError 异常
clear()	从字典中删除所有元素	
setdefault(key,default=None)	如果 key 存在,获取键 key 对应的元素值(等效于 get 方法),如果 key 不存在,向字典添加键为 key,值为 default 的元素,并返回 default 的值(等效于 self[key] = default, return default)	
类方法 fromkeys (iterable[,value])	创建一个字典,iterable 的每个元素作为字典的键,每个键对应的值是 value	

上机实践 1 元组的应用

(1)在 Python Shell 中执行以下代码,观察运行结果。

```
my_tuple = tuple('hello Python')
dir(my_tuple)
```

(2)在 Python Shell 中执行以下代码,观察运行结果。

```
my_tuple.index('h')#输出 0
my_tuple.count('h')#输出 2
my_tuple.count('x')#输出 0
my_tuple.index('x')#输出 ValueError: tuple.index(x): x not in tuple
```

▶注意:index 方法可能抛出 ValueError 异常,建议先用成员运算符 in 判断是否属于成员,再使用 index 方法获得索引。

上机实践 2 集合的应用

场景 1 集合与集合之间的运算(原集合不变)

(1)准备两个集合。在 Python Shell 上执行以下代码,观察运行结果。

```
my_set1 = set([1,2,3,4,5])
my_set2 = set([3,4,5,6,7])
```

(2)并集运算。在 Python Shell 上执行以下代码,观察运行结果。

```
my_set1.union(my_set2)#输出{1, 2, 3, 4, 5, 6, 7}
my_set1 | my_set2#输出{1, 2, 3, 4, 5, 6, 7}
```

（3）交集运算。在 Python Shell 上执行以下代码，观察运行结果。

```
my_set1.intersection(my_set2)#输出{3, 4, 5}
my_set1 & my_set2#输出{3, 4, 5}
```

（4）差集运算。在 Python Shell 上执行以下代码，观察运行结果。

```
my_set1.difference(my_set2)#输出{1, 2}
my_set1 - my_set2#输出{1, 2}
```

（5）异或集运算。在 Python Shell 上执行以下代码，观察运行结果。

```
my_set1.symmetric_difference(my_set2)#输出{1, 2, 6, 7}
my_set1 ^ my_set2#输出{1, 2, 6, 7}
```

（6）检查是否是子集或者超集。在 Python Shell 上执行以下代码，观察运行结果。

```
x = {1,2,3}
y = {1,2,3,4,5}
x.issubset(y)#输出 True
x<=y#输出 True
y>=x#输出 True
y.issuperset(x)#输出 True
x in y#输出 False
```

▶注意："判断是否是成员"和"判断是否是子集"存在本质区别。成员运算符 in 用于判断一个对象是否是一个序列的成员，例如"2 in {1,2,3}"的结果是 True，然而"{2} in {1,2,3}"的结果是 False。判断是否是子集时，两个操作数必须都是集合，例如"{2} <= {1,2,3}"的结果是 True，"2 <= {1,2,3}"则抛出 TypeError 异常。

（7）检查是否互斥。在 Python Shell 上执行以下代码，观察运行结果。

```
{1,2}.isdisjoint({3,4,5})#输出 True
```

场景 2　以元素为单位更新集合

（1）准备一个集合。在 Python Shell 上执行以下代码，观察运行结果。

```
my_set1 = set([1,2,3,4,5])
dir(my_set1)
```

（2）以元素为单位更新集合。在 Python Shell 中执行以下代码，观察运行结果。

```
my_set1.add(6)
my_set1#输出{1, 2, 3, 4, 5, 6}
my_set1.discard(5)
my_set1.discard(5)
my_set1#输出{1, 2, 3, 4, 6}
my_set1.remove(4)
my_set1.remove(4)#输出 KeyError: 4
my_set1.pop()#输出 1
my_set1.clear()
my_set1#输出 set()
```

▶注意：集合中的元素是无序的。

场景 3　以集合为单位更新集合

（1）批量更新。在 Python Shell 上执行以下代码，观察运行结果。

```
my_set1 = set([1,2,3,4,5])
my_set2 = set([3,4,5,6,7])
my_set1.update(my_set2)
my_set1#输出{1, 2, 3, 4, 5, 6, 7}
```

（2）保留交集。在 Python Shell 上执行以下代码，观察运行结果。

```
my_set1 = set([1,2,3,4,5])
my_set2 = set([3,4,5,6,7])
my_set1.intersection_update(my_set2)
my_set1#输出{3, 4, 5}
```

（3）保留差集。在 Python Shell 上执行以下代码，观察运行结果。

```
my_set1 = set([1,2,3,4,5])
my_set2 = set([3,4,5,6,7])
my_set1.difference_update(my_set2)
my_set1#输出{1, 2}
```

（4）保留异或集。在 Python Shell 上执行以下代码，观察运行结果。

```
my_set1 = set([1,2,3,4,5])
my_set2 = set([3,4,5,6,7])
my_set1.symmetric_difference_update(my_set2)
my_set1#输出{1, 2, 6, 7}
```

上机实践 3　列表的应用

场景 1　列表对象的常用方法

（1）准备一个列表。在 Python Shell 上执行以下代码，观察运行结果。

```
my_list1 = ['a','b','c','d']
dir(my_list1)
```

（2）追加单个元素。在 Python Shell 中执行以下代码，观察运行结果。

```
my_list1.append('e')
my_list1#输出['a', 'b', 'c', 'd', 'e']
```

（3）添加单个元素。在 Python Shell 中执行以下代码，观察运行结果。

```
my_list1.insert(3,'dd')
my_list1#输出['a', 'b', 'c', 'dd', 'd', 'e']
```

（4）批量追加多个元素。在 Python Shell 上执行以下代码，观察运行结果。

```
my_list2 = ['ee','ff']
my_list1.extend(my_list2)
my_list1#输出['a', 'b', 'c', 'dd', 'd', 'e', 'ee', 'ff']
```

（5）删除指定元素。在 Python Shell 上执行以下代码，观察运行结果。

```
my_list1.remove('ee')
my_list1.remove('ee')#输出ValueError: list.remove(x): x not in list
my_list1.pop(1)#输出'b'
```

（6）删除最后的元素。在 Python Shell 上执行以下代码，观察运行结果。

```
my_list1.pop()#输出'ff'
```

（7）元素反转。在 Python Shell 上执行以下代码，观察运行结果。

```
my_list1.reverse()
my_list1#输出['e', 'd', 'dd', 'c', 'a']
```

（8）元素排序。在 Python Shell 上执行以下代码，观察运行结果。

```
students = [('张三',80),('李四',90),('王五',70)]
students.sort(key=lambda student:student[1])
students#输出[('王五', 70), ('张三', 80), ('李四', 90)]
students.sort(key=lambda student:student[1],reverse=True)
students#[('李四', 90), ('张三', 80), ('王五', 70)]
```

说明：sort 方法中参数 key 的值是一个函数。如果列表的每个元素依然是可迭代对象，就可以使用该函数指定按照哪一"列"进行排序，如图 8-1 所示。

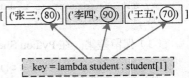

图 8-1　sort 方法中参数 key 的作用

场景 2　采用 MVC 分层思想设计学生管理系统

知识提示 1：模型-视图-控制器（Model-View-Controller，MVC），是一种将应用程序分层开发的设计模式。按照 MVC 分层思想，本场景将学生管理系统进行图 8-2 所示的划分。视图（view）与用户界面相关，图中黑色字体（白色底纹）的 8 个函数的主要功能是：接收用户输入的数据；将处理结果打印输出，这些函数属于视图层代码。模型（model）与业务逻辑相关，图 8-2 中白色字体（黑色底纹）的 4 个函数的主要功能是实现学生数据 all_student 的增、删、改、查功能，这些函数属于模型层代码。控制器（controller）负责操纵模型，并返回执行结果，图 8-2 中主程序 main.py 为用户提供功能清单，控制程序的执行流程。

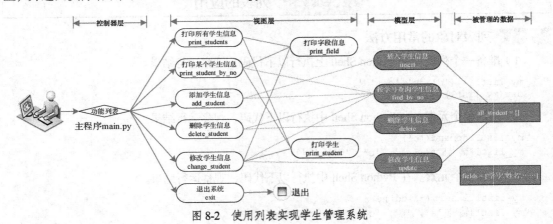

图 8-2　使用列表实现学生管理系统

知识提示 2：采用 MVC 分层思想开发的应用程序，用户界面代码（视图层）与业务逻辑代码（模型层）完全分离。视图层不会直接访问被管理的数据，视图层通过模型层才能访问被管理的数据；模型层对被访问的数据进行了封装，为视图层提供了统一的数据接口。采用 MVC 分层思想开发应用程序的优点是方便程序维护、便于功能扩展。试想，如果被管理的数据从列表换成字典，或者从 JSON 文件换成 CSV 文件，或者从 CSV 文件换成 SQLite 数据库，只需要修改模型层的代码，不需要改动视图层的代码。同样的道理，如果操作界面从 Python Shell 换成 Web 浏览器，只需要修改视图层的代码，不需要改动模型层的代码。

知识提示 3：视图层的代码和模型层的代码通常被存放在不同的目录中。以学生管理系统为例，可将视图层的代码存放在 views 目录中，将模型层的代码存放在 models 目录中，学生管理系统的目录结构如图 8-3 所示。

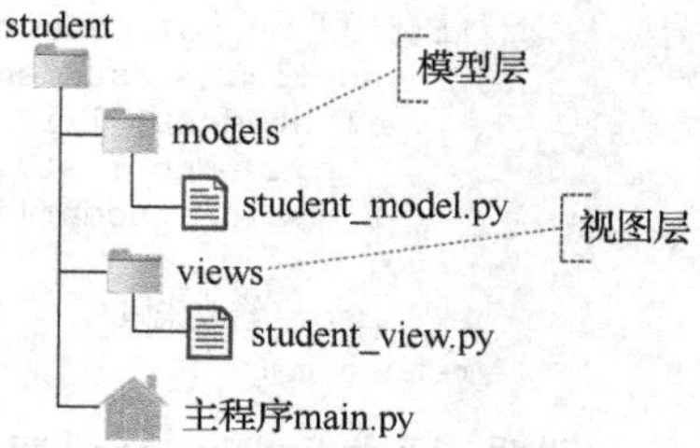

场景 3 使用列表实现学生管理系统

知识提示 1：学生字段信息包括学号、姓名、性别、出生日期、籍贯、备注信息等，学生字段信息存储在列表中，代码如下。

```
fields = ['学号','姓名','性别','出生日期','籍贯','备注信息']
```

知识提示 2：学生数据被存储在 all_student 列表中，代码如下。需要注意：学生的学号不能重复；列表是对象，对象存储在内存中，这就意味着，每次重新运行程序，之前的所有更新数据将会丢失。

图 8-3 学生管理系统的目录结构

```
all_student = [
['001','张三','男','2000-1-1','北京','备注'],
['002','李四','女','2000-1-1','上海','备注'],
['003','王五','男','2000-1-1','深圳','备注'],
['004','马六','女','2000-1-1','广州','备注'],
]
```

知识提示 3：将学生字段列表 fields 和学生数据 all_student 分开存储，这样做的优点是可以实现学生字段的"自定义"功能，例如向学生字段 fields 的末尾添加"手机号"字段后，程序依然能够正常运行。

（1）在 C:\py3project 目录下创建项目的根目录 student_only_list。在项目根目录下创建 views 目录（对应于 views 包）和 models 目录（对应于 models 包）。

（2）在 models 目录下创建 student_model.py 程序，并写入以下代码。

```python
all_student = []
fields = ['学号','姓名','性别','出生日期','籍贯','备注信息']
def find_by_no(no):
    no_list = [student[0] for student in all_student]
    students = []
    if no in no_list:
        i = no_list.index(no)
        student = all_student[i]
        students.append(student)
    return students

def insert(student):
    msg='添加成功'
    if(find_by_no(student[0])):
        msg='添加失败'
    else:
        all_student.append(student)
    return msg

def delete(no):
    msg='删除成功'
    students = find_by_no(no)
    if(students):
        all_student.remove(students[0])
    else:
        msg='删除失败'
    return msg

def update(student):
    msg='修改成功'
```

```
        if(find_by_no(student[0])):
            no_list = [student[0] for student in all_student]
            if student[0] in no_list:
                i = no_list.index(student[0])
                all_student[i] = student
        else:
            msg='修改失败'
        return msg
```

说明：函数 find_by_no 返回一个格式是[['001','张三','男','2000-1-1','北京','备注']]的二维列表。
（3）在 views 目录下创建 student_view.py 程序，并写入以下代码。

```
import models.student_model
from models.student_model import fields
from models.student_model import all_student

def print_field():
    for field in fields:
        print(field,end='\t')
    print('')

def print_student(student):
    for value in student:
        print(value,end='\t')
    print('')

def print_students():
    print_field()
    if all_student:
        for student in all_student:
            print_student(student)
    else:
        print('暂无学生信息！')

def print_student_by_no():
    no = input("请输入" + fields[0] + ": ")
    students = models.student_model.find_by_no(no)
    print_field()
    if(students):
        print_student(students[0])
    else:
        print('暂无学生信息！')

def add_student():
    student = []
    for field in fields:
        value = input("请输入" + field + ": ")
        student.append(value)
    msg = models.student_model.insert(student)
    print(msg)

def delete_student():
    no = input("请输入" + fields[0] + ": ")
    msg = models.student_model.delete(no)
    print(msg)

def change_student():
    no = input("请输入" + fields[0] + ": ")
    old_student = models.student_model.find_by_no(no)
    if(old_student):
        print('要修改的学生信息如下！')
        print_field()
```

```
            print_student(old_student[0])
            print('请修改！')
            new_student = []
            new_student.append(no)
            for field in fields[1:]:
                value = input("请输入" + field + ": ")
                new_student.append(value)
            msg = models.student_model.update(new_student)
            print(msg)
        else:
            print('暂无学生信息！')
```

（4）在项目的根目录 student_only_list 下创建主程序 main.py，并写入以下代码。

```
import sys
from views import student_view
if '__main__'==__name__:
    functions = ['print_students','print_student_by_no','add_student','delete_student','change_student','exit']
    while(True):
        print('功能列表有：',functions)
        function = input('请输入功能：')
        if function == 'exit':
            sys.exit()
        elif(function in functions):
            eval("student_view." + function)()
        else:
            print('尚未提供该功能！')
```

（5）运行主程序 main.py，测试学生管理系统的增、删、改、查功能。

说明1：读者可尝试修改模型层的学生字段 fields 信息，程序依然能够正常运行。例如在学生字段列表的末尾添加"手机号"字段后，程序依然能够正常运行。

说明2：当一个程序的代码太多时，即便是一个非常有经验的程序员也不建议编写完所有代码再运行、测试程序。读者可首先编写模型层的代码，手动调用模型层的函数对其进行测试；然后编写视图层的代码，手动调用视图层的函数对其进行测试；最后编写主程序的代码。

上机实践4　字典的应用

场景1　字典的dict()构造方法

在 Python Shell 上执行以下代码，观察运行结果。

```
{'one': 1, 'two': 2, 'three': 3}
dict(one=1, two=2, three=3)
dict(zip(['one', 'two', 'three'], [1, 2, 3]))
dict([('two', 2), ('one', 1), ('three', 3)])
```

说明：上述四行代码都可以构造字典{'one': 1, 'two': 2, 'three': 3}。

场景2　字典的常用方法

（1）准备一个字典。在 Python Shell 上执行以下代码，观察运行结果。

```
my_dict1 = {1:'a',2:'b',3:'c',4:'d'}
dir(my_dict1)
```

（2）按照索引查询元素的值。在 Python Shell 中执行以下代码，观察运行结果。

```
my_dict1[1]#输出'a'
```

```
my_dict1.get(2)#输出'b'
my_dict1.get(5,'暂无')#输出'暂无'
my_dict1[5]#输出KeyError: 5
```

（3）遍历字典。在Python Shell上执行以下代码，观察运行结果。

```
for index,value in my_dict1.items():
    print(index,value)
```

（4）罗列元素的所有索引、所有值。在Python Shell上执行以下代码，观察运行结果。

```
my_dict1.keys()#输出dict_keys([1, 2, 3, 4])
my_dict1.values()#输出dict_values(['a', 'b', 'c', 'd'])
```

（5）批量更新。在Python Shell上执行以下代码，观察运行结果。

```
my_dict2 = {3:'cc',4:'dd',5:'e'}
my_dict1.update(my_dict2)
my_dict1#输出{1: 'a', 2: 'b', 3: 'cc', 4: 'dd', 5: 'e'}
```

（6）删除元素。在Python Shell上执行以下代码，观察运行结果。

```
my_dict1.popitem()#输出(5, 'e')
my_dict1.pop(3)#输出'cc'
```

（7）添加或者获取元素。在Python Shell上执行以下代码，观察运行结果。

```
my_dict1.setdefault(6,'f')#输出f
my_dict1#输出{1: 'a', 2: 'b', 4: 'dd', 6: 'f'}
my_dict1.setdefault(6,'ff')#输出f
my_dict1#输出{1: 'a', 2: 'b', 4: 'dd', 6: 'f'}
```

（8）清空元素。在Python Shell上执行以下代码，观察运行结果。

```
my_dict1.clear()
my_dict1#输出{}
```

（9）快速创建元素值相同的字典。在Python Shell上执行以下代码，观察运行结果。

```
my_dict3 = dict.fromkeys([1,2],['a','b','c'])
my_dict3#输出{1: ['a', 'b', 'c'], 2: ['a', 'b', 'c']}
```

说明：fromkeys方法是类方法，有关类方法的知识可参看第11章的内容。

场景3 使用字典实现学生管理系统

知识提示1：学生字段信息fields的代码可参看上机实践3中场景3 fields的代码。

知识提示2：学生数据存储在all_student列表中（列表的每个元素都是字典），代码如下。需要注意：学生的学号不能重复；列表是对象，对象存储在内存中，这就意味着，每次重新运行程序，之前的所有更新数据将会丢失。

```
all_student = [
    {'学号': '001', '姓名': '张三', '性别': '男', '出生日期': '2000-1-1', '籍贯': '北京', '备注信息': '备注1'},
    {'学号': '002', '姓名': '李四', '性别': '女', '出生日期': '2000-1-1', '籍贯': '上海', '备注信息': '备注2'},
    {'学号': '003', '姓名': '王五', '性别': '男', '出生日期': '2000-1-1', '籍贯': '广州', '备注信息': '备注3'}
]
```

知识提示3：本场景采用MVC分层的思想实现学生管理系统。

(1) 在 C:\py3project 目录下创建项目的根目录 student_only_dict。在项目根目录下创建 views 目录和 models 目录。

(2) 在 models 目录下创建 student_model.py 程序,并写入以下代码。

```python
all_student = []
fields = ['学号','姓名','性别','出生日期','籍贯','备注信息']
def find_by_no(no):
    no_name = fields[0]
    no_list = [student[no_name] for student in all_student]
    students = []
    if no in no_list:
        i = no_list.index(no)
        student = all_student[i]
        students.append(student)
    return students

def insert(student):
    msg='添加成功'
    no_name = fields[0]
    if(find_by_no(student[no_name])):
        msg='添加失败'
    else:
        all_student.append(student)
    return msg

def delete(no):
    msg='删除成功'
    students = find_by_no(no)
    if(students):
        all_student.remove(students[0])
    else:
        msg='删除失败'
    return msg

def update(student):
    msg='修改成功'
    no_name = fields[0]
    if(find_by_no(student[no_name])):
        no_list = [student[no_name] for student in all_student]
        if student[no_name] in no_list:
            i = no_list.index(student[no_name])
            all_student[i] = student
    else:
        msg='修改失败'
    return msg
```

说明:函数 find_by_no 返回一个列表,格式如下。

[{'学号': '001', '姓名': '张三', '性别': '男', '出生日期': '2000-1-1', '籍贯': '北京', '备注信息': '备注1'}]

(3) 在 views 目录下创建 student_view.py 程序,并写入以下代码。

```python
import models.student_model
from models.student_model import fields
from models.student_model import all_student

def print_field():
    for field in fields:
        print(field,end='\t')
    print('')
```

```python
def print_student(student):
    for key in fields:
        print(student.get(key),end='\t')
    print('')

def print_students():
    print_field()
    if all_student:
        for student in all_student:
            print_student(student)
    else:
        print('暂无学生信息！')

def print_student_by_no():
    no = input("请输入" + fields[0] + ": ")
    students = models.student_model.find_by_no(no)
    print_field()
    if(students):
        print_student(students[0])
    else:
        print('暂无学生信息！')

def add_student():
    student = {}
    for field in fields:
        value = input("请输入" + field + ": ")
        student[field] = value
    msg = models.student_model.insert(student)
    print(msg)

def delete_student():
    no = input("请输入" + fields[0] + ": ")
    msg = models.student_model.delete(no)
    print(msg)

def change_student():
    no = input("请输入" + fields[0] + ": ")
    old_student = models.student_model.find_by_no(no)
    if(old_student):
        print('要修改的学生信息如下！')
        print_field()
        print_student(old_student[0])
        print('请修改！')
        new_student = {}
        no_name = fields[0]
        new_student[no_name] = no
        for field in fields[1:]:
            value = input("请输入" + field + ": ")
            new_student[field] = value
        msg = models.student_model.update(new_student)
        print(msg)
    else:
        print('暂无学生信息！')
```

（4）将上机实践 3 中场景 3 的主程序 main.py 复制到本场景的项目根目录下。
（5）运行主程序 main.py，测试学生管理系统的增、删、改、查功能。
本章实现的学生管理系统，学生数据被保存在内存的列表对象中，程序一旦重新运行，内存中的学生数据将丢失，只有将内存中的数据保存到文件中，才能解决该问题。

第9章 项目实战：字符串的处理与格式化

本章主要讲解字符串的处理以及格式化等理论知识。演示了字符串的处理以及字符的格式化，并以 Python 编程之禅的全文为例，演示了数据可视化等实践操作。通过本章的学习，读者将具备字符串的处理和格式化的能力。

字符串的处理

9.1 字符串的处理

字符串对象提供了大量的字符串处理方法，实现的功能包括字母大小写转换、字符串替换、字符串分割、删除开头或结尾的空格字符、可迭代对象拼接成字符串、字符串排版、字符串查找等。

> ▶注意：字符串对象不可变更，字符串对象的方法对自己进行"更新"操作时，返回的是新字符串，原字符串的内容没有变化。

1．字母大小写转换

lower()：全部字母小写。
upper()：全部字母大写。
swapcase()：大写转换为小写，小写字母转换为大写。
title()：每个单词的首字母大写，其余字母小写。
capitalize()：首字母大写，其余字母小写。

2．字符串替换

replace(old, new[, count])：字符串中的子串 old 被替换为子串 new。count 参数设置了替换的次数。

3．字符串分割

split(sep=None, maxsplit=-1)：使用 sep 字符串将字符串分割成列表。如果没有设置 sep 参数，则使用空格字符、制表符或者换行符（例如"\r""\n"或者"\r\n"）分割。参数 maxsplit 设置了分割的次数。
splitlines()：使用换行符（例如"\r""\n"或者"\r\n"）等将字符串分割成列表。
partition(sep)：使用 sep 字符串将字符串分割成元组。与 split 方法的不同之处在于：split 返回的是列表，partition 返回的是元组；split 返回的列表中不包含分隔符 sep，partition 返回的元组中包含分隔符 sep。

4．删除开头或结尾的空格字符

strip()：删除开头或结尾的空格字符、制表符、换行符（例如"\r""\n"或者"\r\n"）。注意该方法不能删除字符串中间部分的空格字符。

lstrip()：删除开头的空格字符、制表符、换行符（例如"\r""\n"或者"\r\n"）。
rstrip()：删除结尾的空格字符、制表符、换行符（例如"\r""\n"或者"\r\n"）。
说明：在上述 3 种方法中，带有参数 chars 时，表示开头或结尾的字符在 chars 中时，都将被删除。

5．可迭代对象拼接成字符串

str.join(iterable)：使用指定的字符串 str，将可迭代对象 iterable 中的元素拼接成一个新的字符串。需要注意，可迭代对象中的元素必须是字符串类型的数据。

6．字符串排版

center(width[, fillchar])：使用指定的字符 fillchar（默认为空格字符）作为填充字符，使字符串居中对齐。注意 fillchar 必须是单个字符。

ljust(width[, fillchar])：使用指定的字符 fillchar（默认为空格字符）作为填充字符，使字符串居左对齐。注意 fillchar 必须是单个字符。

rjust(width[, fillchar])：使用指定的字符 fillchar（默认为空格字符）作为填充字符，使字符串居右对齐。注意 fillchar 必须是单个字符。

zfill()：使用字符零"0"作为填充字符，使字符串居右对齐。

7．字符串查找

count(sub[, start[, end]])：查找字符串中子串 sub 出现的次数。从 start 开始搜索，结束位置是 end。

find(sub[, start[, end]])：在字符串中查找子串 sub 的最低索引。从 start 开始搜索，结束位置是 end。如果未找到，则返回-1。

rfind(sub[, start[, end]])：在字符串中查找子串 sub 的最高索引。从 start 开始搜索，结束位置是 end。如果未找到，则返回-1。

index(sub[, start[, end]])：与 find 功能相似。不同之处在于，如果未找到，则抛出 ValueError 异常。

rindex(sub[, start[, end]])：与 rfind 功能相似。不同之处在于，如果未找到，则抛出 ValueError 异常。

endswith(suffix[, start[, end]])：检查字符串是否以后缀 suffix 结尾。

startswith(prefix[, start[, end]])：检查字符串是否以前缀 prefix 开头。

9.2 字符串的格式化

字符串的格式化

字符串的格式化是指将给定的数据转换为某种格式的字符串。Python 提供了以下 4 种字符串的格式化方法。

1．%字符串格式化

这是 Python 最为古老的字符串格式化方法。该方法可读性差、易出错，Python 官方文档不推荐使用该方法。

2．str.format()方法

这是 Python2.6 引入的字符串格式化方法，是%字符串格式化的改进，可读性比%字符串格式化方法好。

3．str.format_map(mapping)方法

这是 Python3.2 引入的字符串格式化方法，主要用于格式化字典等映射关系的数据，等效于 str.format(**mapping)。

4．格式化字符串（f-string）

这是 Python3.6 引入的字符串格式化方法，与前 3 种方法相比，该方法简洁、可读性高且不易出错，Python 官方文档推荐使用该方法。格式化字符串以"f"或"F"为前缀，使用"{}"计算表达

式的值,并且"{}"中可以包含":"+"格式化指令"控制输出字符串的外观。

格式化字符串的具体使用步骤如下。

(1)将"{}"放在以"f"或"F"为前缀的引号中。

(2)将要显示的表达式 exp 放入"{}"中,格式形如"{exp}"。

(3)可以在表达式 exp 后添加":"字符,并在":"字符后添加"格式化指令"控制输出字符串的外观。常用的格式化指令有宽度指令、对齐方式指令、填充指令、百分比指令、精度指令和时间日期指令。

上机实践 1　准备工作

(1)在 Python Shell 上执行以下代码,导入 this 模块,并了解 this 模块的基本信息,执行结果如图 9-1 所示。

```
import this
dir(this)
this.__file__
```

```
>>> dir(this)
['__builtins__', '__cached__', '__doc__', '__file__', '__loader__', '__name__', '__package__', '__spec__', 'c', 'd', 'i', 's']
>>> this.__file__
'C:\\python3\\lib\\this.py'
```

图 9-1　了解 this 模块的基本信息

说明:this 模块对应 C:\Python38\lib\this.py 程序。读者查看 this.py 程序的源代码时,会发现 Python 编程之禅是一段"加密"后的文字,加密规则如表 9-1 所示。

表 9-1　Python 编程之禅的加密规则

加密后的字符	对应的原字符
n(N)	a(A)
o(O)	b(B)
...	...
z(Z)	m(M)
a(A)	n(N)
...	...
m(M)	z(Z)

(2)在 Python Shell 上执行以下代码,打印 The Zen of Python(Python 编程之禅)的原文,执行结果如图 9-2 所示。

```
import codecs
zen = codecs.decode(this.s, 'rot_13')
zen
print(zen)
```

```
>>> print(zen)
The Zen of Python, by Tim Peters

Beautiful is better than ugly.
Explicit is better than implicit.
Simple is better than complex.
Complex is better than complicated.
Flat is better than nested.
Sparse is better than dense.
Readability counts.
Special cases aren't special enough to break the rules.
Although practicality beats purity.
Errors should never pass silently.
Unless explicitly silenced.
In the face of ambiguity, refuse the temptation to guess.
There should be one-- and preferably only one --obvious way to do it.
Although that way may not be obvious at first unless you're Dutch.
Now is better than never.
Although never is often better than *right* now.
If the implementation is hard to explain, it's a bad idea.
If the implementation is easy to explain, it may be a good idea.
Namespaces are one honking great idea -- let's do more of those!
```

图 9-2　Python 编程之禅的原文

说明:代码"codecs.decode(this.s,'rot_13')"的功能是将密文"this.s"还原成原文。

上机实践 2　字符串的处理

知识提示:在上机实践 1 的基础上完成本上机实践的操作。

(1)字母大小写转换。在 Python Shell 上执行以下代码,观察运行结果。

```
zen.lower()
zen.upper()
```

```
zen.swapcase()
zen.title()
zen.capitalize()
```

（2）字符串替换。在 Python Shell 上执行以下代码，将","替换成" "空格字符，观察运行结果。

```
zen.replace(',',' ')
```

（3）字符串分割。在 Python Shell 上执行以下代码，观察运行结果。

```
zen.split()
zen.splitlines()
zen.partition('\n')
```

说明：此处的代码"zen.splitlines()"等效于代码"zen.split('\n')"。

（4）删除开头或结尾的空格字符。在 Python Shell 上执行以下代码，观察运行结果。

```
' 你好 Python '.strip()#输出'你好 Python'
' 你好 Python '.lstrip()#输出'你好 Python '
' 你好 Python '.rstrip()#输出' 你好 Python'
```

（5）删除开头或结尾的 chars 字符。在 Python Shell 上执行以下代码，观察运行结果。

```
'document..doc'.strip('.doc')#输出'ument'
'document..doc'.lstrip('.doc')#输出'ument..doc'
'document..doc'.rstrip('.doc')#输出'document'
```

说明：以第 1 行代码为例，这里的 chars 参数值是'.doc'，表示开头或结尾的字符是'.'、'd'、'o'或者'c'时，都将被删除。

（6）可迭代对象拼接成字符串。在 Python Shell 上执行以下代码，观察运行结果。

```
'.'.join(['127','0','0','1'])#输出'127.0.0.1'
```

▶注意：可迭代对象的元素必须是字符串类型的数据，否则将抛出 TypeError 异常。读者可以尝试执行下面的代码进行验证。

```
'.'.join([127,0,0,1])
```

（7）字符串排版。在 Python Shell 上执行以下代码，观察运行结果。

```
'你好 Python'.center(20,'*')#输出'******你好 Python******'
'你好 Python'.ljust(20,'*')#输出'你好 Python************'
'你好 Python'.rjust(20,'*')#输出'************你好 Python'
'你好 Python'.zfill(20)#输出'000000000000你好 Python'
'+1314'.zfill(8)#输出'+0001314'
'-520'.zfill(8)#输出'-0000520'
```

说明：zfill()方法会在前缀"+""-"后添加零字符。

（8）字符串查找。在 Python Shell 上执行以下代码，观察运行结果。

```
zen.count(' the ')#输出 5
zen.find(' the ')#输出 287
zen.find('abc')#输出-1
zen.rfind(' the ')#输出 729
zen.index(' the ')#输出 287
zen.index('abc')#输出 ValueError: substring not found
zen.rindex(' the ')#输出 729
```

```
zen.startswith('The')#输出 True
zen.endswith('!')#输出 True
```

上机实践 3　字符串的格式化

场景 1　%字符串格式化

知识提示：本方法需要将格式化的字符串组包成元组。本方法的缺点是，如果元组中的元素过多，会导致可读性较差。

在 Python Shell 上执行以下代码，观察运行结果。

```
last_name = '张'
first_name = '三'
name = '姓%s, 名%s, 我叫%s' % (last_name,first_name,last_name + first_name)
name #输出'姓张, 名三, 我叫张三'
```

场景 2　str.format()方法

知识提示：本方法将格式化的字符串作为参数传递给 format()方法，并使用"{}"表示替换的字符串表达式。本方法的缺点是，如果 format()方法中的参数过多，会导致可读性较差。

（1）在 Python Shell 上执行以下代码，观察运行结果。

```
name = '姓{}, 名{}, 我叫{}'.format(last_name,first_name,last_name + first_name)
name #输出'姓张, 名三, 我叫张三'
```

（2）在 Python Shell 上执行以下代码，观察运行结果。

```
name = '姓{2}, 名{1}, 我叫{0}'.format(last_name + first_name,first_name,last_name)
name #输出'姓张, 名三, 我叫张三'
```

说明：步骤（1）和步骤（2）使用"索引"标记 format 方法的位置参数的位置。

（3）在 Python Shell 上执行以下代码，观察运行结果。

```
name = (
"姓{last_name}, 名{first_name}, 我叫{full_name}"
.format(last_name=last_name, first_name=first_name,full_name=last_name+first_name)
)
name #输出'姓张, 名三, 我叫张三'
```

说明：本步骤使用"形参名"标记 format 方法的关键字参数。

（4）在 Python Shell 上执行以下代码，观察运行结果。

```
person = {'last_name':'张','first_name':'三'}
name = "姓{last_name}, 名{first_name}".format(**person)
name#输出'姓张, 名三'
name = (
"姓{last_name}, 名{first_name}, 我叫{full_name}"
.format(**person,full_name=person['last_name']+person['first_name'])
)
name #输出'姓张, 名三, 我叫张三'
```

说明：本步骤使用"**"解包字典。

场景 3　str.format_map(mapping)方法

知识提示：本方法等效于 str.format(**mapping)。

在 Python Shell 上执行下列代码，观察运行结果。

```
person = {'last_name':'张','first_name':'三'}
name = "姓{last_name}, 名{first_name}".format_map(person)
name #输出'姓张, 名三'
name = (
"姓{last_name}, 名{first_name}, 我叫{full_name}"
.format_map(person,full_name=person['last_name']+person['first_name'])
)
name #输出'姓张, 名三, 我叫张三'
```

场景 4　格式化字符串（f-string）

（1）在 Python Shell 上执行以下代码，观察运行结果。

```
name = f'姓{last_name}, 名{first_name}, 我叫{last_name + first_name}'
name #输出'姓张, 名三, 我叫张三'
```

（2）在 Python Shell 上执行以下代码，观察运行结果。

```
person = {'last_name':'张','first_name':'三'}
name = f"姓{person['last_name']}, 名{person['first_name']}"
name #输出'姓张, 名三'
name =(
f"姓{person['last_name']}, 名{person['first_name']}, "
f"我叫{person['last_name']+person['first_name']}"
)
name #输出'姓张, 名三, 我叫张三'
```

说明：可以使用"()"对格式化字符串（f-string）进行续行。需要注意，续行时每行前面必须放置前缀"f"或者"F"。读者可以尝试执行下面的代码，注意观察运行结果。

```
name =(
f"姓{person['last_name']}, 名{person['first_name']}, "
"我叫{person['last_name']+person['first_name']}"
)
name#输出"姓张, 名三, 我叫{person['last_name']+person['first_name']}"
```

上机实践 4　认识常用的格式化指令

场景 1　宽度指令

知识提示："："字符后的数字用于控制字符串的宽度。在默认情况下，数字居右对齐，字符串居左对齐。

在 Python Shell 上执行以下代码，观察运行结果。

```
price = 1234.56789
name = 'zhangsan'
f'{name}'            #输出'zhangsan'
f'{price}'           #输出'1234.56789'
f'{name:20}'         #输出'zhangsan            '
f'{price:20}'        #输出'          1234.56789'
```

场景 2　对齐方式指令

知识提示："："字符后的"<"">"或"^"对齐方式指令用于控制字符串的对齐方式。"<"

指令用于居左对齐（在默认情况下，字符串是居左对齐）；">"指令用于居右对齐（在默认情况下，数字是居右对齐）；"^"指令用于居中对齐。

在 Python Shell 上执行以下代码，观察运行结果。

```
price = 1234.56789
name = 'zhangsan'
f'{name:>20}'      #输出'            zhangsan'
f'{price:<20}'     #输出'1234.56789          '
f'{name:^20}'      #输出'      zhangsan      '
f'{price:^20}'     #输出'     1234.56789     '
```

场景 3 填充指令

知识提示 1："："字符后、"<"">"或"^"指令前的字符用于设置填充字符。

知识提示 2："："字符后、"="指令前的字符用于设置填充字符，需要注意的是"="指令仅用于设置数字的填充字符。

（1）在 Python Shell 上执行以下代码，观察运行结果。

```
price = 1234.56789
name = 'zhangsan'
f'{name:a>20}'     #输出'aaaaaaaaaaaazhangsan'
f'{price:b<20}'    #输出'1234.56789bbbbbbbbbb'
f'{name:0^20}'     #输出'000000zhangsan000000'
f'{price:+^20}'    #输出'+++++1234.56789+++++'
```

（2）在 Python Shell 上执行如下代码，观察运行结果。

```
f'{price:0=20}'    #输出'000000000001234.56789'
```

场景 4 精度指令

知识提示 1："."字符后、"f"指令前的数字用于设置精度（四舍五入）。在默认情况下，精度是 6。

知识提示 2："."字符后、"%"指令前的数字也可以用于设置精度（四舍五入），参与场景 5。默认情况下，精度是 6。

知识提示 3：精度指令可以和宽度指令、对齐指令结合起来一起使用。

（1）在 Python Shell 上执行以下代码，观察运行结果。

```
price = 1234.56789
f'{price:.1f}'     #输出'1234.6'
f'{price:.2f}'     #输出'1234.57'
f'{price:.3f}'     #输出'1234.568'
```

（2）在 Python Shell 上执行以下代码，观察运行结果。

```
price = 1234.56789
f'{price:20.1f}'   #输出'              1234.6'
f'{price:20.2f}'   #输出'             1234.57'
f'{price:20.3f}'   #输出'            1234.568'
```

说明：最后一行代码的功能是将宽度设置为 20，精度设置为 3。

（3）在 Python Shell 上执行以下代码，观察运行结果。

```
price = 1234.56789
f'{price:a<20.1f}' #输出'1234.6aaaaaaaaaaaaaa'
```

```
f'{price:0<20.2f}'      #输出'1234.570000000000000'
f'{price:b<20.3f}'      #输出'1234.568bbbbbbbbbbbb'
```

说明：最后一行代码的功能是将宽度设置为20，精度设置为3，居左对齐，填充字符是"b"字符。

场景 5 百分比指令

知识提示1："%"指令首先将数字乘以100，然后以百分比的形式显示（默认情况下，精度是6）。

知识提示2："%"指令可以和精度指令、宽度指令、对齐指令结合起来一起使用。

（1）在Python Shell上执行以下代码，观察运行结果。

```
price = 1234.56789
f'{price:%}'            #输出'123456.789000%'
```

（2）在Python Shell上执行以下代码，观察运行结果。

```
price = 1234.56789
f'{price:20.1%}'        #输出'           123456.8%'
f'{price:20.2%}'        #输出'          123456.79%'
f'{price:20.3%}'        #输出'         123456.789%'
```

（3）在Python Shell上执行以下代码，观察运行结果。

```
price = 1234.56789
f'{price:<20.1%}'       #输出'123456.8%            '
f'{price:<20.2%}'       #输出'123456.79%           '
f'{price:<20.3%}'       #输出'123456.789%          '
```

场景 6 时间日期指令

知识提示：时间日期指令用于显示时间日期类型的数据，常用的时间日期指令如表9-2所示。

表9-2 常用的时间日期指令

常用指令	描述（和取值范围）	显示效果
%Y	年（四位数）	1998
%m	月[01-12]	11
%d	日[01-31]	29
%H	时[00-23]（24小时制）	21
%I	时[01-12]（12小时制）	09
%p	上午或下午（AM或PM）	PM
%M	分[0-59]	21
%S	秒[0-61]	18
%a	星期几（缩写）	Sun
%A	星期几	Sunday
%w	星期几[0(星期日)-6(星期六)]	0
%b	几月份（缩写）	Nov
%B	几月份	November
%c	等效于ctime()或asctime()函数	Sun Nov 29 21:21:18 1998
%F	等效于指令%Y-%m-%d	1998-11-29
%Z	时区名称	None
%z	时区间隔（与UTC+0时区相比）	None

在Python Shell上执行以下代码，观察运行结果。

```
import datetime
now = datetime.datetime.now()
f'{now : %Y-%m-%d %H:%M:%S}'    #输出'2021-10-05 11:24:59'
```

上机实践 5　字符串的处理（综合）

知识提示：在上机实践 1 的基础上完成本上机实践的操作。

场景 1　统计段落数

在 Python Shell 上执行以下代码，统计 Python 编程之禅共有多少段，观察运行结果。

```
zen_list = zen.splitlines()
print(len(zen_list))#输出 21
```

场景 2　筛选反义词

问题描述：Python 编程之禅存在很多诸如"Beautiful is better than ugly."的段落。将单词"beautiful"的反义词"ugly"筛选出来。

（1）在 Python Shell 上执行以下代码，筛选含有"is better than"的段落，执行结果如图 9-3 所示。

```
better_than = [i for i in zen_list if 'is better than' in i]
better_than
```

```
>>> better_than
['Beautiful is better than ugly.', 'Explicit is better than implicit.', 'Simple is better than complex.', 'Complex is better than complicated.', 'Flat is better than nested.', 'Sparse is better than dense.', 'Now is better than never.']
```

图 9-3　筛选含有"is better than"的语句

（2）在 Python Shell 上执行以下代码，将列表 better_than 中每个段落的"."剔除，然后将每条语句全部改为小写字母。

```
better_than1 = [i.strip('.') for i in better_than]
better_than2 = [i.lower() for i in better_than1]
```

说明：利用方法的链式调用，本步骤的两行代码等效于下面的一行代码。

```
better_than2 = [i.strip('.').lower() for i in better_than]
```

（3）在 Python Shell 上执行以下代码，使用" is better than "分割列表 better_than2 中的每条语句，执行结果如图 9-4 所示。

```
opposite = [i.split(' is better than ') for i in better_than2]
opposite
```

```
[['beautiful', 'ugly'], ['explicit', 'implicit'], ['simple', 'complex'], ['complex', 'complicated'], ['flat', 'nested'], ['sparse', 'dense'], ['now', 'never']]
```

图 9-4　使用 split 方法分割字符串

▶注意：" is better than "两边各有一个空格。

（4）在 Python Shell 上执行以下代码，使用"<--->"将反义词相连，执行结果如图 9-5 所示。

```
[('<--->').join(i) for i in opposite]
```

```
['beautiful<--->ugly', 'explicit<--->implicit', 'simple<--->complex', 'complex<--->complicated', 'flat<--->nested', 'sparse<--->dense', 'now<--->never']
```

图 9-5　使用 join 方法连接列表中的字符串

场景 3　统计词频

知识提示：词频（Term Frequency，TF）是指某个给定的词在一篇文章中出现的次数。

（1）在 Python Shell 上执行以下代码，将 Python 编程之禅全部改为小写字母，将"-"替换成" "

空格字符，将"*"替换成" "空格字符，将"s"替换成" "空格字符，将"!"替换成" "空格字符，将"."替换成" "空格字符，将"re"替换成" "空格字符，将","替换成" "空格字符，将所有单词分割成列表，赋值给 words。words 的内容如图 9-6 所示。

```
words = (
zen.lower()
.replace('-',' ').replace('*',' ').replace('\'s',' ').replace('!',' ')
.replace('.',' ').replace('\'re',' ').replace(',',' ')
.split()
)
words
```

```
>>> words
['the', 'zen', 'of', 'python', 'by', 'tim', 'peters', 'beautiful', 'is', 'better', 'than', 'ugly', 'explicit', 'is', 'better', 'th
an', 'implicit', 'simple', 'is', 'better', 'than', 'complex', 'complex', 'is', 'better', 'than', 'complicated', 'flat', 'is', 'bet
ter', 'than', 'nested', 'sparse', 'is', 'better', 'than', 'dense', 'readability', 'counts', 'special', 'cases', 'aren't', 'special
', 'enough', 'to', 'break', 'the', 'rules', 'although', 'practicality', 'beats', 'purity', 'errors', 'should', 'never', 'pass', 's
ilently', 'unless', 'explicitly', 'silenced', 'in', 'the', 'face', 'of', 'ambiguity', 'refuse', 'the', 'temptation', 'to', 'guess'
, 'there', 'should', 'be', 'one', 'and', 'preferably', 'only', 'one', 'obvious', 'way', 'to', 'do', 'it', 'although', 'that', 'way
', 'may', 'not', 'be', 'obvious', 'at', 'first', 'unless', 'you', 'dutch', 'now', 'is', 'better', 'than', 'never', 'although', 'ne
ver', 'is', 'often', 'better', 'than', 'right', 'now', 'if', 'the', 'implementation', 'is', 'hard', 'to', 'explain', 'it', 'a', 'b
ad', 'idea', 'if', 'the', 'implementation', 'is', 'easy', 'to', 'explain', 'it', 'may', 'be', 'a', 'good', 'idea', 'namespaces', '
are', 'one', 'honking', 'great', 'idea', 'let', 'do', 'more', 'of', 'those']
```

图 9-6 将所有单词分割成列表

说明：本步骤使用"()"对表达式续行。

（2）在 Python Shell 上执行以下代码，统计每个单词出现的次数。

```
from collections import Counter
word_counts = Counter(words)
```

说明 1：collections 是 Python 的标准模块。

说明 2：Counter 是 collections 模块的类，构造方法是 Counter(iterable_or_mapping)，用于统计 iterable_or_mapping 中元素出现的次数。

说明 3：本步骤等效于以下代码。

```
word_counts = {}
for i in words:
    word_counts[i] = word_counts.get(i,0) + 1
```

（3）在 Python Shell 上执行以下代码，为可视化做数据准备，执行结果如图 9-7 所示。

```
data = list(word_counts.items())
data
```

```
>>> data
[('the', 6), ('zen', 1), ('of', 3), ('python', 1), ('by', 1), ('tim', 1), ('peters', 1), ('beautiful', 1), ('is', 10), ('better',
8), ('than', 8), ('ugly', 1), ('explicit', 1), ('implicit', 1), ('simple', 1), ('complex', 2), ('complicated', 1), ('flat', 1), ('
nested', 1), ('sparse', 1), ('dense', 1), ('readability', 1), ('counts', 1), ('special', 2), ('cases', 1), ('aren't', 1), ('enough
', 1), ('to', 5), ('break', 1), ('rules', 1), ('although', 3), ('practicality', 1), ('beats', 1), ('purity', 1), ('errors', 1), ('
should', 2), ('never', 3), ('pass', 1), ('silently', 1), ('unless', 2), ('explicitly', 1), ('silenced', 1), ('in', 1), ('face', 1)
, ('ambiguity', 1), ('refuse', 1), ('temptation', 1), ('guess', 1), ('there', 1), ('be', 3), ('one', 3), ('and', 1), ('preferably'
, 1), ('only', 1), ('obvious', 2), ('way', 2), ('do', 2), ('it', 3), ('that', 1), ('may', 2), ('not', 1), ('at', 1), ('first', 1),
('you', 1), ('dutch', 1), ('now', 2), ('often', 1), ('right', 1), ('if', 2), ('implementation', 2), ('hard', 1), ('explain', 2),
('a', 2), ('bad', 1), ('idea', 3), ('easy', 1), ('good', 1), ('namespaces', 1), ('are', 1), ('honking', 1), ('great', 1), ('let',
1), ('more', 1), ('those', 1)]
```

图 9-7 统计列表中单词出现的次数

场景 4 绘制词云

知识提示 1：词云是词语出现频率的图形化表示。绘制词云的方法很多，可以使用 wordcloud 第三方库，也可以使用 pyecharts 第三方库。本场景选择 pyecharts 第三方库绘制 Python 编程之禅的词云。

知识提示 2：本场景使用 pip 包管理工具从阿里镜像下载、安装 pyecharts，切记计算机联网后才能使用 pip 命令从阿里镜像下载 pyecharts。有关 pip 包管理工具的更多知识，可参看第 16.5 节的内容。

（1）打开"cmd 命令"窗口，输入下列命令下载、安装 pyecharts。

```
pip install -i https://mirrors.aliyun.com/pypi/simple/ pyecharts
```

说明：如果出现了"不是内部或外部命令"的错误，是因为"cmd 命令"窗口无法找到 pip.exe 可执行程序。配置 Path 环境变量可以避免出现此类问题。

（2）在前一个场景的 Python Shell 中执行以下代码，绘制 Python 编程之禅的词云，注意观察运行结果。

```
from pyecharts.charts import WordCloud
(
    WordCloud()
    .add(series_name="Python编程之禅", data_pair=data)
    .render("python_zen.html")
)
```

说明 1：本步骤使用"()"对表达式续行。

说明 2：代码"WordCloud()"用于创建 WordCloud 的对象。

说明 3：add 方法用于向词云添加配置信息。参数 series_name 用于设置词云的提示文字，此处是"Python 编程之禅"。参数 data_pair 用于设置需要渲染的数据，格式形如"[(word1, count1), (word2, count2)]"。

说明 4：render 方法用于生成 HTML 文件。

（3）根据步骤（2）的运行结果，使用浏览器打开 python_zen.html 文件，显示效果如图 9-8 所示。

场景 5 数据清洗

知识提示 1：数据可视化之前要进行必要的数据清洗（data cleaning 或 data cleansing），所谓数据清洗是指纠正数据集中不完整、不正确或不相关数据的过程。

知识提示 2：停用词（stopword）是自然语言中常用且没有意义的词，例如英语中的"the""in""a""on""is""if"等都是停用词。绘制词云前应该先过滤掉停用词。

图 9-8 Python 编程之禅的词云

知识提示 3：Python 编程之禅内容太少，本场景假设"the""is"是 Python 编程之禅的停用词。

（1）在前一场景的 Python Shell 中执行以下代码，过滤停用词。

```
data = [i for i in data if i[0] not in {'is','the'}]
```

（2）重新执行前一个场景的步骤（2）和步骤（3），显示效果如图 9-9 所示。

图 9-9 数据清洗后的词云

中级篇

第 10 章 为什么面向对象编程

本章首先从认知现实世界的角度讲解面向对象编程，然后从避免代码冗余的角度讲解面向对象编程，并解释了需求的重要性，最后从多个角度对结构化编程与面向对象编程进行了对比，为读者深入学习面向对象编程打下坚实基础。

10.1 从认知现实世界的角度理解面向对象编程

10.1.1 人类认知现实世界的过程

现实世界中的一切物体叫作"事物"。人类认知现实世界是从事物开始的，并擅于将事物划分类别。举例来说，一个懵懂的孩子看到新鲜事物总是充满好奇，时不时问家长"这是什么呀？"。家长会回答"这是水杯啊""这个和刚才一样，也是水杯啊""这些都是水杯啊"。

孩子看到的是现实世界中的具体事物，而家长把这些"事物"归为水杯"类别"，并将分类的结果"水杯"告诉孩子。孩子认识了"水杯"后，将来的某一天，家长如果从超市购买了孩子从来没有见过的"水杯"，并且问孩子"这是什么呀？"，孩子可能会回答"这是水杯啊"。这就是人类认知现实世界的大致过程。

具体来讲，人类是通过事物的属性和行为认知事物继而认知现实世界的。属性描述了事物具备的特征；行为描述了事物具备的功能。

人类可以通过事物的属性认知事物。看到图 10-1 所示的事物 1 和事物 2 后，我们会本能地归纳出它们具有相同的属性"三个顶点"和"三条边"，继而抽象出"三角形类"。再通过"三角形类"比对其他事物，得出其他事物是否属于"三角形类"。

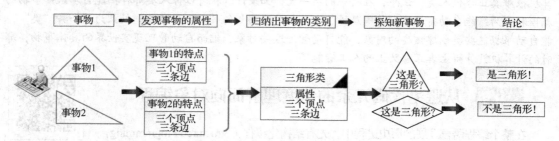

图 10-1 通过事物的属性认知事物

人类可以通过事物的行为认知事物。看到图 10-2 所示的事物 3 和事物 4 后，我们会本能地归纳出它们具有相同的行为"传送声音"与"接收声音"，继而抽象出"电话类"。再通过"电话类"比对其他事物，得出其他事物是否属于"电话类"。

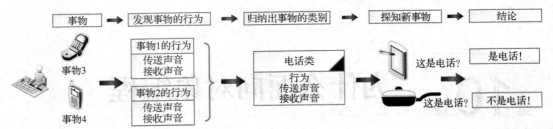

图 10-2　通过事物的行为认知事物

事物的属性和行为密不可分。认知事物时，不能只认知事物的属性而忽略了行为，也不能只认知事物的行为而忽略了属性。既要认知事物的"属性"，又要认知事物的"行为"，然后将具有"相同属性"和"相同行为"的"一系列事物"抽象为同一种"类别"，继而认知现实世界，管理现实世界。

计算机管理现实世界的过程

10.1.2　计算机管理现实世界的过程

人类认知现实世界的过程就是将具体事物划分类别的过程，类别是一种抽象，是具有"相同属性"和"相同行为"的"一系列事物"的"统称"。计算机无法像人类那样"先看到事物，再认知事物，最后分类事物"。如何让计算机帮助我们管理现实世界的具体事物呢？我们需要反其道而行之，如图10-3 所示。

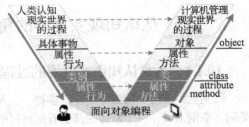

图 10-3　计算机管理现实世界的过程

我们首先将事物分类的结果提前告知计算机，即先在计算机中创建类，类与现实世界的类别一一对应。然后在计算机中创建该类的对象，对象与现实世界的具体事物一一对应。接着在计算机中管理这些对象，继而管理了现实世界中的具体事物。最终计算机帮助我们管理了现实世界，这就是面向对象编程。

面向对象编程的核心思想就是事物的属性和行为密不可分，这与人类认知现实世界的过程不谋而合。面向对象编程语言中，类是对象的抽象，是具有"相同属性"和"相同行为"的"一系列对象"的"统称"。先有了类再有了对象，一个类可以创建多个对象。类的英文单词是 class，对象的英文单词是 object，属性的英文单词是 attribute，行为（也称为方法）的英文单词是 method。

说明：计算机管理现实世界的过程和人类认知现实世界的过程恰恰相反。从这个角度来讲，计算机很难真正替代人类。试想，在将来的某一天，如果计算机可以像人类那样：能自动认知事物的属性和行为，能自动将具有"相同属性"和"相同行为"的"一系列事物"抽象为同一种"类"，能自动根据这些类创建该类的对象，能自动管理这些对象，继而自动管理现实世界的具体事物，那时的计算机就算得上真正意义上的人工智能了。

10.2　从避免代码冗余的角度理解面向对象编程

在整个编程语言发展的历史进程中，先有结构化编程（Structured Programming，SP），再有面向对象编程（Object-Oriented Programming，OOP）。

从避免代码冗余的角度理解面向对象编程

10.2.1　结构化编程

结构化编程的核心思想是自顶向下、分而治之、功能分解。结构化编程认为：计算机程序由一组功能组成，任何过于复杂且无法简单描述的功能都可以被分解成一组更小的功能，直到这些功能足够小、足够独立、易于理解。结构化编程将功能分解成若干个子功能，功能之间相互调用，简化问题的同时最终解决了问题。功能的英文单词是 function，对应于结构化编程中的"函数"。

回顾第 7 章的内容，已知三角形 3 条边的边长 a、b、c，要求计算三角形的面积。我们可以将大问题分解成以下 3 个子问题，如图 10-4 所示。

（1）边长是不是有效数。
（2）三条边的边长 a、b、c 能否组成三角形。
（3）计算三角形的面积。

功能"计算三角形的面积"被分解成 3 个子功能，每个子功能都对应一个函数，函数之间相互调用，最终解决了问题，如图 10-5 所示。其中 is_valid()函数负责判断 a（或者 b、c）的数据有效性；is_triangle()函数负责判断 a、b、c 三条边能否组成三角形；triangle_area()函数负责计算三角形的面积。is_valid()函数和 is_triangle()函数相互独立，无法继续分解。

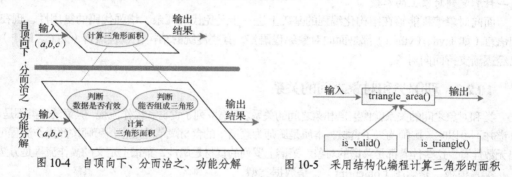

图 10-4　自顶向下、分而治之、功能分解　　图 10-5　采用结构化编程计算三角形的面积

早期的编程语言（例如 C 语言）大多数是结构化编程语言，使用这些编程语言编写出来的程序充斥着大量的函数。结构化编程在某种程度上能够避免代码冗余、增强代码的复用性，例如计算边长是（3、4、5）三角形的面积时，只需要调用 triangle_area(3,4,5)。一个只包含几个简单字符的函数名背后隐藏的可能是成百上千行的代码。

10.2.2　面向对象编程

图 10-6 所示的三角形边长是（a, b, c），它的面积是多少？周长是多少？按照边长分类，它是不等边三角形，是等腰三角形，还是等边三角形？为了解决这些问题，我们可以编写计算面积的函数，计算周长的函数，判断是否是不等边三角形的函数，判断是否是等腰三角形的函数，判断是否是等边三角形的函数。

结构化编程的确可以解决上述所有问题，但是细心的读者会感觉出异样。这些函数都需要接收 a、b、c 三个参数，a、b、c 三个参数多次出现就存在冗余问题。

有没有一种新的编程方法，将 a、b、c 三个参数与这些函数牢牢地绑定在一起，这些函数能够"隐式地"访问 a、b、c 三个参数，这就是面向对象编程。面向对象编程在结构化编程的基础上进一步避免了"参数"冗余、增强了代码的复用性。

在面向对象编程语言中，将"参数"和"函数"牢牢"绑定"在一起的叫作对象，对象的数据类型叫作"类"。"函数"已经不同于传统意义的函数（function），因为"函数"可以"隐式地"访问"参数"；"参数"已经不同于传统意义的参数（parameter），因为"参数"已经不再被"显式地"传递给这些"函数"。为了便于区分，面向对象编程语言中的"参数"叫作属性（attribute），"函数"叫作方法（method），方法可以"隐式地"访问属性，如图 10-7 所示。

图 10-6 有关三角形问题的函数

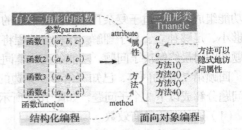
图 10-7 结构化编程和面向对象编程的对比

说明 1：本节的内容与第 1 节的内容不谋而合，这是因为我们从两个角度理解面向对象编程。第 1 节是从认知现实世界的角度，分析了事物的属性和行为密不可分。本节是从避免代码冗余的角度，分析了属性和方法密不可分。

说明 2：方法本质还是函数，只不过是一种绑定在对象上的函数；属性本质还是参数，只不过是一种绑定到对象上的参数。

面向对象编程能够在结构化编程的基础上进一步避免代码冗余、增强代码的复用性，现在的编程语言（如 Java、Python）都是面向对象编程语言，有些传统的结构化编程语言（如 C、PHP）如今已经逐渐支持面向对象。

10.2.3 理解类和对象之间的关系

类和对象之间的关系就像菜谱和菜之间的关系。菜谱罗列了食材和操作流程，但菜谱是类不是对象，菜谱并不可以吃。厨师购买了食材，本质是厨师为菜谱中的食材赋值的过程；厨师按照操作流程可以做出无数佳肴，这些佳肴都是菜谱的对象。菜谱上罗列的食材是属性，菜谱上定义的操作流程是方法。

类是模板，是蓝图（blueprint），是数据类型，一个类可以创建无数个对象，对象必须有数据类型，类与对象的关系是抽象与具体的关系。图 10-8 所示的三角形类 Triangle 创建了两个三角形对象，对象的方法可以"隐式地"访问自己（self）的属性。

说明 1：面向对象编程是一种将一组属性和一组行为绑定到单个对象的编程方法，对象封装了属性和方法。

说明 2：Python 中对象的方法访问自己的属性时，是通过"自己"访问的，通常将"自己"命名为 self。

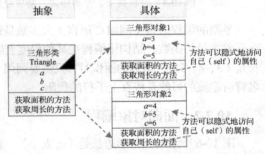
图 10-8 三角形类 Triangle 创建了两个三角形对象

10.3 理解需求的重要性

看到图 10-9 所示的 4 个三角形，我们可能会提出疑问："A 和 B 两个三角形相等吗？""C 和 D 两个三角形哪个大？""C 和 D 两个三角形哪个小？"

理解需求的重要性

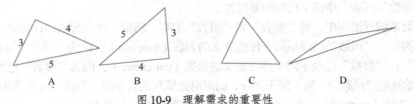
图 10-9 理解需求的重要性

先回答第 1 个问题。有人可能会说：A==B，这是因为三角形 B 由三角形 A 旋转而来的。并且定义：通过旋转或者翻转能够重合在一起的两个三角形是相等的。因此边长是（3、4、5）和边长是（5、3、4）的两个三角形对象是相等的。

再来回答第 2 个问题。有人可能会说：C>D，因为 C 的面积比 D 的面积大。

再来回答第 3 个问题。有人可能会说：C<D，因为 C 的周长比 D 的周长小。

细心的读者会发现第 2 个问题和第 3 个问题的答案是"矛盾的"。很多读者觉得两个答案至少一个是错误的。

未必！一切要从需求出发，所谓需求就是"问题"+"回答"。如果需求规定：基于面积比较两个三角形对象"哪一个大"；基于周长比较两个三角形对象"哪一个小"。此时，两个问题的回答都是正确的。

与其说计算机帮助我们管理现实世界，不如说计算机是为了帮助我们解决某个需求，"需求" = "问题"+"回答"。问题错误或者回答错误，都会导致需求错误，需求一旦错误，基于需求编写的程序肯定错误。这就是需求的重要性，我们必须对需求进行准确的调研。

10.4 知识汇总

10.4.1 现实世界 vs 计算机世界知识汇总

1．现实世界 vs 计算机世界

现实世界先有事物，再有类别。计算机世界恰恰相反，先有类（也叫数据类型），再有对象。

2．类是抽象的

现实世界中的"类别"对应于面向对象中的"类"。面向对象中的"类"本质是一种数据类型。类是模板，是蓝图（blueprint），是数据类型，类是抽象的。

3．对象是具体的

一个类可以创建无数个对象，这些对象属于同一种类（也叫数据类型）。创建对象的过程就是为类的属性赋值的过程；对象的属性"值"是确定的、具体的。

10.4.2 结构化编程 vs 面向对象编程知识汇总

结构化编程和面向对象编程都可以避免代码冗余、增强代码的复用性。可以从以下角度理解它们之间的关系。

1．从问题域的角度

结构化编程是一种"自顶向下""分而治之""功能分解"的问题解决方案，问题可以被分解成若干功能，功能之间可以相互调用。

面向对象编程是面向"数据类型"的问题解决方案，问题被分解成若干个数据类型（也叫类），通过类创建对象，管理了对象就管理了现实世界的事物。

因此，可将结构化编程理解为面向功能的编程，将面向对象编程理解为面向数据类型的编程。

2．从代码复用性的角度

结构化编程是将程序中频繁使用的代码封装成函数，避免代码冗余，提高代码的复用性。

面向对象编程是将联系过于紧密的"参数"和"函数""封装"在一起形成"类"，"参数"称作属性（attribute），"函数"称作方法（method）。一个类可以创建无数个对象，对象的方法可以"隐式地"访问自己（self）的属性，避免了"参数"冗余。

3. 从函数（或者方法）调用的角度

结构化编程中，函数可以相互调用，继而实现了函数之间的相互通信。

面向对象编程中，对象的方法可以相互调用，继而实现了对象之间的相互通信。

4. 从耦合的角度

调用函数时，通信的内容是参数，参数的英文单词是 parameter。结构化编程认为函数和参数是两个单独的事物，函数和参数之间不应该联系过于紧密，为了清晰起见应该单独存放，函数和参数之间的耦合度很低。函数一经定义，便可直接调用。

调用方法时，通信的内容是属性（可能还有普通参数），属性的英文单词是 attribute。面向对象编程认为方法能够"隐式地"访问属性，属性和方法相互依存，应该将其看作一个不可分割的整体，不应该单独存放，方法和属性之间的耦合度很高，并且属性和方法必须依附于对象才能存在。方法是不能够直接调用的，必须先创建对象，再通过对象调用方法。

5. 从文件结构的角度

函数（function）直接定义在 Python 程序中（如图 10-10 所示），函数一经定义便可直接调用。

方法（method）定义在类中，类定义在 Python 程序中（如图 10-11 所示）。先通过类创建对象，再通过对象调用方法。

图 10-10 结构化编程的文件结构

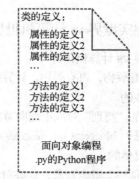
图 10-11 面向对象编程的文件结构

总之，面向对象编程认为应该把属性和方法看作一个不可分割的整体。以对象为单位管理事物，避免代码冗余，提高代码的复用性的同时，也与人类认知现实世界的过程不谋而合，这就是越来越多的编程语言支持面向对象编程的原因。

需要注意，并不是所有的 Python 项目都适合采用面向对象编程的方法开发。对于简单的 Python 项目而言，采用结构化编程的方法开发效率可能更高，毕竟函数一经定义便可直接调用。对于复杂的 Python 项目，如果所涉及的函数足够多，相同的参数反复出现，参数和函数之间联系非常紧密，符合这些特征的 Python 项目可以采用面向对象编程的方法开发。另外，还有很多 Python 项目采用结构化编程和面向对象编程相结合的方法开发。

最后，读者需要知道，创建对象的过程就是属性被初始化的过程，也就是类被实例化的过程，有些资料将对象（object）称为实例（instance）。Python 中一切皆对象，类（也叫数据类型）也是对象。为了区分类和对象，从下一章开始，本书将类称作模板对象（有些资料称为类对象），通过类创建的对象称作实例化对象。

第 11 章 面向对象编程基础知识

Python 中一切皆对象，理解了对象可以帮助我们理解 Python 中的一切。本章讲解了类的定义、模板对象和实例化对象间的关系，构造方法的构成，实例属性、实例方法、类方法、静态方法以及类属性的相关知识，方法的链式调用等理论知识，演示了类的定义、模板对象和实例化对象间的关系，构造方法的执行流程，属性的命名空间，函数和方法的关系，实例方法、类方法和静态方法的应用，方法的链式调用等实践操作。通过本章的学习，读者将深入理解对象的本质，并具备利用面向对象编程的思想开发简单 Python 程序的能力。

11.1 定义类的语法格式

Python 中一切皆对象，对象必须有数据类型，Python 中数据类型等同于类。数据类型分为内置数据类型、标准数据类型和自定义数据类型。内置模块中定义的数据类型称为内置数据类型，int、float、str、list、tuple、set、dict 等是内置数据类型，内置数据类型无须定义、无须使用 import 语句即可直接使用。标准模块中定义的数据类型称为标准数据类型，标准数据类型无须定义，但须使用 import 语句导入标准模块后才可使用，例如 datetime 标准模块的 date、time、datetime 和 timedelta 等是标准数据类型。

我们也可以自己编写数据类型的定义，这就是自定义数据类型（也叫自定义类）。关键字 class 用于定义一个类，紧跟 class 关键字的是类的名字，自定义类的语法格式如图 11-1 所示，说明如下。

ClassName：类名。类名必须符合标识符的命名规则，通常采用驼峰标记（CamelCase）命名，并且首写字母大写。

图 11-1 自定义类的语法格式

docstring：类的文档字符串（是可选的）。docstring 的本质是紧跟类头的多行注释，用于描述类的属性、方法等信息，通过模板对象（稍后介绍）的 __doc__ 属性可以获取文档字符串的内容。需要注意，文档字符串是 "体" 的一部分，因此文档字符串也需要缩进。

类的定义、模板对象和实例化对象

11.2 类的定义、模板对象和实例化对象

类的定义主要用于创建模板对象，运行类的定义即可创建模板对象。模板对象主要用于创建实例化对象，在模板对象名后加括号 "()" 表示创建模板对象的实例化对象。

11.2.1 类的定义、模板对象和实例化对象间的关系

类的定义是静态的，用于创建模板对象；模板对象是动态的（或者运行态的），用于创建实例化对象。在一个 Python 会话中，一个类的定义只能创建一份模板对

类的定义、模板对象和实例化对象间的关系

象；一个模板对象被调用多次，继而可以创建多个实例化对象。类的定义、模板对象和实例化对象之间的关系如图 11-2 所示。

Python 过于"灵活"。代码运行后，Python 允许通过"."操作符向模板对象动态地添加（修改、删除）属性（或方法），

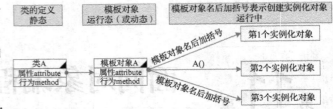

图 11-2 类的定义、模板对象和实例化对象间的关系

导致类的定义无法决定模板对象的内部结构。同时，Python 允许通过"."操作符向实例化对象动态地添加（修改、删除）属性（或方法），导致模板对象无法决定实例化对象的内部结构。

程序运行期间动态修改自身的行为称作动态编程或者 monkey patching（猴子补丁），之所以将动态编程称作猴子补丁，是因为动态编程会使代码"顽皮得像猴子一样不可控制"。

说明：不建议在程序运行阶段动态地修改模板对象的内部结构和实例化对象的内部结构，模板对象的内部结构应该由类的定义决定，实例化对象的内部结构应该由模板对象决定。推理可知，实例化对象的内部结构应该由类的定义确定。

11.2.2 函数和方法的关系

Python 严格区分函数 function 和方法 method。函数和方法之间的关系罗列如下。

（1）函数一经定义，便可直接调用。
（2）方法本质是函数，不能直接调用。

说明：方法能够"隐式地"访问属性，属性和方法相互依存，是一个不可分割的整体，属性和方法必须依附于对象才能存在。因此方法一经定义，不可直接调用。必须先创建对象，再通过对象调用方法。

（3）调用函数时，通信的内容是参数，函数和参数应该单独存放，因此调用函数时实参个数必须与形参个数保持一致。

（4）方法能够"隐式地"访问属性，方法必须通过对象才能调用。调用方法时，通信的内容是对象自己（可能还有普通参数）。使用"对象.方法名()"调用方法时，Python 会将"对象自己"作为实参"隐式地"传递给方法的第 1 个形参。因此，调用方法时实参个数比形参个数少 1，即方法的实参个数=方法的形参个数-1。这里的"对象自己"如果是实例化对象，通常命名为"self"；如果是模板对象，通常命名为"cls"。

11.2.3 查看模板对象和实例化对象的内部结构

Python 中一切皆对象，对象由一组属性和一组方法构成。查看对象的内部结构有两种方法：通过 dir(obj)函数；通过对象的 __dict__ 属性。

dir(obj)函数用于获取对象 obj 的属性和方法。如果 obj 是模板对象，dir(obj)返回的属性和方法中，包含"父"模板对象的属性和方法；如果 obj 是实例化对象，dir(obj)返回的属性和方法中，包含模板对象的属性和方法。

对象的__dict__属性以"键值对"的方式记录了独属于对象自己的属性和方法。obj.__dict__的返回结果通常是 dir(obj)函数返回结果的子集。

11.2.4 访问模板对象和实例化对象的内部结构

"."操作符类似于中文的"的"字、英文的"'s"，表示所有关系。对象紧跟"."操作符表示访问对象"的"某个属性（或方法）。通过"."操作符还可以向模板对象和实例化对象添加、修改或删除属性（或方法）。

函数和方法的关系

查看模板对象和实例化对象的内部结构

访问模板对象和实例化对象的内部结构

对于实例化对象而言,还可以通过__dict__属性向实例化对象添加、修改或删除属性(或方法)。

▶注意:数字后的"."用于小数点,例如1.2表示的是小数1.2,而不是整数1对象的2属性。

11.3 构造方法的构成

构造方法的构成

Python 的构造方法用于创建实例化对象。Python 的构造方法由__new__方法和__init__方法共同构成。__new__方法负责创建一个空白实例化对象。__init__(self)方法的第 1 个参数 self 用于接收__new__方法创建的空白实例化对象,然后向空白实例化对象 self 添加属性,并对属性初始化。初始化后的实例化对象由__new__方法负责返回。

11.3.1 __new__方法的语法格式

new 译作新建、创建。__new__方法负责创建空白实例化对象,并返回__init__方法初始化后的实例化对象。__new__方法的语法格式如下。

```
def __new__(cls,*args,**kwargs):
    pass
```

说明 1:__new__方法的第 1 个形参 cls 用于接收模板对象。

说明 2:类的定义如果没有提供__new__方法,则会继承父类 object 的__new__方法。大多时候,无须"重写"__new__方法。

11.3.2 __init__方法的语法格式

init(initialize)译作初始化。类的定义通常都会提供__init__(self)方法,功能是向空白实例化对象 self 添加属性,并对属性初始化。__init__方法的语法格式如下。

```
def __init__(self):
    pass
```

说明:__init__方法的第 1 个形参 self 用于接收__new__方法创建的空白实例化对象。

11.4 对象的属性和方法

对象的属性和方法

属性分为实例属性和类属性,方法分为实例方法、类方法和静态方法。

11.4.1 实例属性和实例方法

实例属性(instance attribute)属于实例化对象,__init__方法负责向实例化对象添加实例属性。

实例方法(instance method)属于模块对象,def语句负责定义实例方法。为了让实例方法能够"隐式地"访问实例属性,实例方法的第 1 个参数必须是"实例化对象自己",一般将"实例化对象自己"命名为 self。

11.4.2 类方法和静态方法

通过模板对象 Triangle,不仅可以构造出 Triangle(1,2,3)三角形实例化对象,还可以构造出 Triangle(-1,2,3)三角形实例化对象,然而现实世界中边长(1,2,3)和边长(-1,2,3)的三角形是不存在的。解决该问题的办法是:创建空白实例化对象前,进行必要的数据"有效性"检查。

三角形的数据"有效性"检查包含两种：边长必须是数字并且必须大于0，交由方法 is_valid(num) 完成；任意两条边之和必须大于第三条边，交由方法 is_triangle(a,b,c) 完成。将这两个方法封装到 Triangle 类的定义中时，显然不能定义为实例方法。因为实例方法常常通过实例化对象调用，在数据有效性检查前还没有创建实例化对象，如图 11-3 所示。这两个方法可以被调用的时机是创建模板对象之后、创建空白实例化对象之前。类方法和静态方法都可以满足该时机要求。

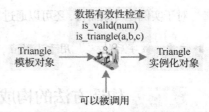

图 11-3 数据有效性检查可以被调用的时机

为了能够通过一个案例讲解类方法和静态方法，本书将 is_valid(num) 封装成类方法，将 is_triangle(a,b,c) 封装成静态方法。

（1）类方法。在 def 关键字的上面（注意垂直对齐）添加 "@classmethod" 装饰器后，该方法就变为类方法。定义类方法时，第1个形参用于"隐式地"接收"模板对象自己"，通常将第1个参数命名为 cls。

（2）静态方法。在 def 关键字的上面（注意垂直对齐）添加 "@staticmethod" 装饰器后，该方法就变为静态方法。除了 "@staticmethod" 装饰器，定义静态方法的语法格式和定义函数的语法格式完全相同。

说明：实例方法、类方法和静态方法都属于模板对象。创建模板对象后，类方法和静态方法就可以被调用。调用类方法和静态方法时，既可以通过模板对象调用（建议），又可以通过实例化对象调用（不建议）。只有创建实例化对象后，实例方法才可以被调用。

11.4.3 类属性

属于模板对象的属性称为类属性。与实例属性不同的是，类属性可以被模板对象的所有实例化对象共享。实例化对象可以访问类属性，却不能修改类属性。访问类属性时，建议通过模板对象访问，不建议通过实例化对象访问（虽然可以但不建议）。

定义类属性的语法格式如下。

```
class ClassName:
    class_attribute#定义类属性
```

11.5 方法的链式调用

方法的链式调用是一种编程技巧，该技巧仅仅引用一次对象，但可以实现方法的多次调用。在单元测试、数据可视化、数据分析等技术领域经常使用该技巧。方法的链式调用的实现原理是：上一次方法返回的对象，是下一次调用方法的执行对象。

方法的链式调用

11.6 小结

1. 实例化对象的内部结构

实例化对象的内部结构建议由类的定义决定。

2. 类的定义、模板对象和实例化对象之间的关系

（1）运行类的定义即可创建模板对象，一个类的定义只能创建一份模板对象，模板对象名来自类名。

（2）模板对象本质是数据类型，一个模板对象可以创建无数个实例化对象。

小结

3. 类属性、实例属性

（1）属于模板对象的属性称为类属性。类属性依赖于模板对象存在，创建了模板对象后就存在了类属性。

（2）属于实例化对象的属性称为实例属性。实例属性依赖于实例化对象存在，只有创建了实例化对象才能存在实例属性。

4. 属性的命名空间

（1）实例化对象可以访问类属性，却不能修改类属性。

（2）如果实例属性和类属性重名，通过实例化对象访问属性时，优先在实例化对象中查找（实例属性）；如果查找不到，再从模板对象中查找（类属性）。通过模板对象访问属性时，只能在模板对象中查找（类属性），即通过模板对象无法访问实例属性。

5. 访问属性的两种方法

无论实例化对象还是模板对象，都可以通过"."操作符访问其属性（或方法），也可以通过"."操作符向其添加、修改或删除属性（或方法）。

对于实例化对象，还可以通过实例化对象的__dict__属性访问实例化对象的属性（或方法），向实例化对象添加、修改或删除属性（或方法）。

对于模板对象，可以通过模板对象的__dict__属性访问模板对象的属性（或方法），但不能通过模板对象的__dict__属性修改模板对象的属性和方法。

6. 实例方法、类方法、静态方法的定义

如果一个方法与实例化对象相关，则建议将该方法定义为实例方法（默认）。

如果一个方法与模板对象相关、与实例化对象不相关，则建议将该方法定义为类方法。

如果一个方法与模板对象、实例化对象都不相关，则建议将该方法定义为静态方法。

7. 实例方法、类方法、静态方法的形参

实例方法的第1个形参是self，表示实例化对象自己。

类方法的第1个形参是cls，表示模板对象自己。

静态方法本质是函数。函数和静态方法的不同之处在于：函数一经定义就可以直接调用，静态方法必须通过模板对象或者实例化对象才能调用。

8. 实例方法、类方法、静态方法的可调用时机

实例方法、类方法、静态方法都属于模板对象，因此既可以通过模板对象调用，又可以通过实例化对象调用。

实例方法、类方法、静态方法可以被调用的时机不同，如图11-4所示。类方法和静态方法建议通过模板对象调用，实例方法建议通过实例化对象调用。

图11-4 实例方法、类方法、静态方法的可被调用时机

9. 实例方法、类方法、静态方法的表现形式

实例方法、类方法、静态方法既可以通过模板对象调用，又可以通过实例化对象调用，但是它们在模板对象和实例化对象面前的表现形式并不相同，如表11-1所示。

表11-1 实例方法、类方法、静态方法的表现形式

	通过模板对象调用	通过实例化对象调用
实例方法	function 函数	method 方法
类方法	method 方法	method 方法
静态方法	function 函数	function 函数

10. 调用 method 方法和调用 function 函数的区别

通过对象调用 method 方法时，Python 会将"对象自己"作为实参"隐式地"传递给 method 方法的第 1 个形参。定义 method 方法时，第 1 个形参是"对象自己"。如果对象是实例化对象，形参通常被命名为"self"；如果对象是模板对象，形参通常被命名为"cls"。

调用 function 函数时，实参个数必须和形参个数保持一致。

11. 属性、形参、实参

属性（attribute）：强调"所属"关系，属性属于对象的特有性质，属性依赖于对象而存在。

形参（parameter）：定义函数或者方法时，形参用于接收外部数据。与属性不同，形参可以不依赖于其他对象而单独存在（形参 self、cls 除外）。

实参（argument）：调用函数（或者方法）时向函数传递的数据。大部分实参需要被"显式地"传递；调用方法时，会将"对象自己"作为第 1 个实参进行"隐式地"传递。

12. 实例属性和类属性

面向对象编程中用得最多的是实例属性（instance attribute）。如果某个数据被多个实例化对象共享，可以考虑将该数据提取出来，作为类属性。

13. 创建实例化对象的 3 个步骤

① __new__ 方法创建空白实例化对象（self）。
② __init__ 方法初始化该空白实例化对象（self）。
③ __new__ 方法返回初始化后的实例化对象（self）。

C++和 Java 编程语言将 3 个步骤合为 1 个，但 Python 将 3 个步骤分开。

14. 理解 self 的生命周期

self 即实例化对象，self 的生命周期即实例化对象的生命周期。self 的生命周期描述如下。

__new__ 方法创建空白实例化对象→__init__ 方法初始化空白实例化对象 self→__new__ 方法将初始化后的实例化对象 self 返回给调用者→通过赋值语句，对象名持有实例化对象的引用→通过实例化对象调用方法（实例化对象隐式地将自己传递给方法的第 1 个形参 self）→……→从命名空间中删除对象名→实例化对象被"适时"销毁。

15. __new__ 方法和 __init__ 方法的注意事项

多数时候，默认的 __new__ 方法已经够用，只需要编写 __init__ 方法。__init__ 方法的第 1 个形参表示空白实例化对象（空白实例化对象由 __new__ 方法创建），该形参通常被命名为 self。如果确实需要编写 __new__ 方法，需要注意以下 3 点。

① __new__ 方法的第 1 个形参表示模板对象，该形参通常被命名为 cls。
② __new__ 方法必须有返回值，__new__ 方法返回 __init__ 方法初始化后的实例化对象。
③ 虽然在 __new__ 方法中也可以添加实例属性，但是建议通过 __init__ 方法添加实例属性。这样做的优点在于，只需要查看 __init__ 方法的代码就可以清楚地知道实例属性有哪些。

16. 关于重载

Java 支持重载（overload），即 Java 中同名但不同参（参数类型或者参数个数不同）的方法视作不同的方法。

Python 不支持重载，Python 中的方法名如果同名将被视作同一个方法（后者将覆盖前者的定义），这就类似于依次执行两条赋值语句"a=1"和"a=2"后，a 的值是 2 而不是 1。可以在定义方法时引入元组变长参数*args 或者字典变长参数**kwargs，让方法拥有不同的参数，间接地实现重载。

17. 关于声明方法的建议

实例方法与实例化对象相关，类方法、静态方法与实例化对象不相关。实例方法的可调用时机是创建实例化对象后，类方法和静态方法的可调用时机是创建模板对象后。可以根据本原则判断方法应该声明为实例方法,还是类方法或静态方法。

类方法和模板对象相关,静态方法和模板对象不相关,可根据本原则判断方法应该声明为类方法还是静态方法。

上机实践 1　类的定义、模板对象和实例化对象间的关系

场景 1　准备工作

(1) 在 C 盘根目录下创建 py3project 目录,并在该目录下创建 classes 目录。

说明 1:本章的所有 Python 程序都保存在 C:\py3project\classes 目录下。

说明 2:class 是 Python 的关键字,避免使用 class 作为目录名,这里使用 classes。

(2) 确保显示文件的扩展名。

场景 2　类的定义用于创建模板对象

知识提示 1:类的定义主要用于创建模板对象,运行类的定义即可创建模板对象。

知识提示 2:int、float、str 等本质都是模板对象,它们属于 Python 内置的模板对象,内置的模板对象由 Python 解释器启动时自动创建。

上机实践 1-
场景 2

(1) 自定义 Triangle 类。

创建 Python 程序,输入以下代码,定义 Triangle 类,将 Python 程序命名为 hello_class.py。

```
class Triangle:
    """
    最简单的类
    """
    pass
```

(2) 单击"Run 菜单"按钮→单击"Run Module 菜单项"按钮(或者直接按 F5 键),即可运行 Python 程序,在弹出的 Python Shell 中显示运行结果,如图 11-5 所示。

(3) 使用"dir()"查看当前 Python Shell 的所有对象,如图 11-6 所示。

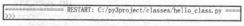

图 11-5　创建模板对象　　　　　　图 11-6　查看当前 Python Shell 的所有对象

说明 1:hello_class.py 程序存储于外存,是一段静态代码。该程序定义了 Triangle 类,类的定义是一段静态代码。

说明 2:运行 hello_class.py 程序后,类的定义被运行,创建了类对象(本书将类对象称作模板对象),并且对象名是类名(此处是 Triangle)。

(4) 在 Python Shell 上执行下列代码,查看模板对象的数据类型,观察运行结果。

```
type(Triangle)          #输出<class 'type'>
```

说明 1:Triangle 是模板对象,模板对象的数据类型是 type,意味着模板对象是一种数据类型。

说明 2:class 语句的执行流程与赋值语句"对象名 = 对象"的执行流程非常相似。模板对象的对象名是类名(此处是 Triangle),模板对象的数据类型是"type",模板对象的值是一个字典,该字典以"键值对"的方式记录了模板对象的内部结构,如图 11-7 所示。模板对象主要由类属性(例如 __doc__)、实例方

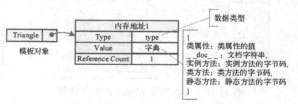

图 11-7　模板对象的内存使用情况

法、类方法、静态方法构成。

场景 3 模板对象用于创建实例化对象

知识提示 1：int、float、str 等本质都是模板对象，5、5.0、'你好'等是这些模板对象的实例化对象。

知识提示 2：模板对象主要用于创建实例化对象，模板对象名后加上"()"表示创建该模板对象的实例化对象。

（1）接场景 2 的步骤（4），在 Python Shell 上执行下列代码，创建模板对象 Triangle 的实例化对象 t。

```
t = Triangle()
```

（2）使用"dir()"查看当前 Python Shell 的所有对象，如图 11-8 所示。

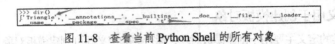

图 11-8 查看当前 Python Shell 的所有对象

（3）在 Python Shell 上执行下列代码，查看实例化对象 t 的数据类型，观察运行结果。

```
type(t)    #输出<class '__main__.Triangle'>
```

说明：t 是模板对象 Triangle 的实例化对象，t 的数据类型是 Triangle（作为对比模板对象 Triangle 的数据类型是 type）。实例化对象的值是一个字典，该字典以"键值对"的方式记录了实例化对象的内部结构，如图 11-9 所示。实例化对象主要由实例属性构成。

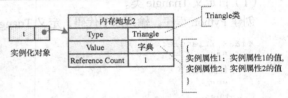

图 11-9 实例化对象的内存使用情况

场景 4 查看模板对象和实例化对象的内部结构

（1）查看模板对象 object 的内部结构。在 Python Shell 上执行下列代码，执行结果如图 11-10 所示。

```
dir(object)
object.__dict__
```

说明 1：object（对象）是 Python 的内置数据类型，是所有模板对象的父类。其他模板对象是模板对象 object 的子类，会继承模板对象 object 的属性和方法。

说明 2：dir(object)返回的属性列表与 object.__dict__返回的属性列表相同。

（2）查看模板对象 Triangle 的内部结构。在 Python Shell 上执行下列代码，执行结果如图 11-11 所示。

```
dir(Triangle)
Triangle.__dict__
```

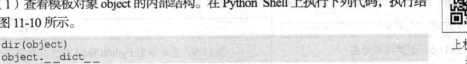

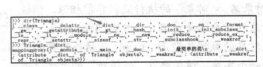

图 11-10 模板对象 object 的内部结构　　　图 11-11 模板对象 Triangle 的内部结构

说明 1：模板对象 Triangle 是模板对象 object 的子类（模板对象 object 是模板对象 Triangle 的父

类),模板对象 Triangle 继承了模板对象 object 的属性和方法。推理可知,模板对象 Triangle 的属性和方法包含模板对象 object 的属性和方法。

说明2:如果 obj 是模板对象,dir(obj)函数返回的属性和方法中包含"父"模板对象的属性和方法。

说明3:模板对象 Triangle 存在__dict__属性,它以"键值对"的方式记录了独属于模板对象的属性和方法。模板对象的__dict__属性的数据类型是 mappingproxy,它是一个"只读"字典(像一扇"被关闭的窗户",如图11-12所示)。通过模板对象的__dict__属性可以访问模板对象的内部结构,但不可以修改模板对象的内部结构(在场景5中证明)。

图11-12　模板对象的__dict__属性像一扇"被关闭的窗户"

(3)查看实例化对象 t 的内部结构。在 Python Shell 上执行下列代码,执行结果如图11-13所示。

```
dir(t)
t.__dict__
```

说明1:如果 obj 是实例化对象,dir(obj)函数返回的属性和方法中包含模板对象的属性和方法。通过实例化对象可以访问模板对象的属性和方法(在步骤(5)中证明)。

说明2:实例化对象 t 存在__dict__属性,它以"键值对"的方式记录了独属于实例化对象的属性(或方法)。实例化对象的__dict__属性的数据类型是字典(就像一扇"被打开的窗户",如图11-14所示)。通过实例化对象的__dict__属性,不仅可以访问实例化对象的内部结构,还可以修改实例化对象的内部结构(在场景6中证明)。

图11-13　实例化对象 t 的内部结构

图11-14　实例化对象的__dict__属性像一扇"被打开的窗户"

说明3:本步骤中,实例化对象 t 的__dict__属性值是空字典{},没有包含模板对象的属性,这是因为实例化对象的__dict__属性记录了独属于实例化对象的属性和方法。

(4)在 Python Shell 上执行下列代码,通过模板对象 Triangle 访问它的文档字符串属性__doc__,观察运行结果。

```
Triangle.__doc__  #输出'\n    最简单的类\n    '
```

说明:文档字符串属性__doc__属于模板对象,是模板对象的属性。

(5)在 Python Shell 上执行下列代码,通过实例化对象 t 访问模板对象 Triangle 的文档字符串属性__doc__,观察运行结果。

```
t.__doc__  #输出'\n    最简单的类\n    '
```

说明:本步骤证明了通过实例化对象可以访问模板对象的属性(或方法)。

(6)在 Python Shell 上执行下列代码,查看模板对象 Triangle 和实例化对象 t 的帮助文档。

```
help(Triangle)
help(t)
```

场景5　类的定义不能决定模板对象的内部结构

知识提示1:类的定义用于创建模板对象,但不能决定模板对象的内部结构。

知识提示2:可以通过"."操作符向模板对象添加属性(或方法)、修改属性(或方法)或删除属性(或方法)。

上机实践1-场景5

知识提示3:不能通过__dict__属性向模板对象添加属性(或方法)、修改属性(或方法)或删除属性（或方法）。

（1）接场景4的步骤（6），在Python Shell上执行以下代码，向模板对象Triangle添加属性A。

```
Triangle.A = 65
```

（2）在Python Shell上执行以下代码，尝试向模板对象Triangle添加属性B，执行结果如图11-15所示。

```
Triangle.__dict__['B'] = 66
```

说明：模板对象的__dict__属性的数据类型是mappingproxy，它是一个"只读"字典，通过模板对象的__dict__属性可以访问模板对象的内部结构，但不可以修改模板对象的内部结构。

（3）在Python Shell上执行以下代码，定义函数PRINT_TYPE。

```
def PRINT_TYPE(x):
    print(type(x))
```

（4）在Python Shell上执行以下代码，向模板对象Triangle添加方法PRINT。

```
Triangle.PRINT = PRINT_TYPE
```

（5）重新查看模板对象Triangle的内部结构。在Python Shell上执行以下代码，执行结果如图11-16所示。

```
Triangle.__dict__
```

```
>>> Triangle.__dict__['B'] = 66
Traceback (most recent call last):
  File "<pyshell#15>", line 1, in <module>
    Triangle.__dict__['B'] = 66
TypeError: 'mappingproxy' object does not support item assignment
```

图11-15 不可以通过模板对象的__dict__属性修改模板对象的内部结构

```
>>> Triangle.__dict__
mappingproxy({'__module__': '__main__', '__doc__': '\n    最简单的类\n    ', '__dict__': <attribute '__dict__' of 'Triangle' objects>, '__weakref__': <attribute '__weakref__' of 'Triangle' objects>, 'A': 65, 'PRINT': <function PRINT_TYPE at 0x000000000C2FDC0>})
```

图11-16 模板对象Triangle的内部结构

说明1：和类的定义相比，模板对象Triangle新增了属性A和方法PRINT。类的定义用于创建模板对象，但不能决定模板对象的内部结构。

说明2：属性A属于模板对象Triangle，属于模板对象的属性称为类属性，属性A是模板对象Triangle的类属性。

▶注意：方法PRINT属于模板对象Triangle，是模板对象Triangle的实例方法（不是类方法）。

场景6 模板对象不能决定实例化对象的内部结构

知识提示1：模板对象用于创建该模板对象的实例化对象，但不能决定实例化对象的内部结构。

上机实践1-场景6

知识提示2：可以通过"."操作符向实例化对象添加属性（或方法）、修改属性（或方法）或删除属性（或方法）。

知识提示3：可以通过__dict__属性向实例化对象添加属性（或方法）、修改属性（或方法）或删除属性（或方法）。

（1）接场景5的步骤（5），在Python Shell上执行下列代码，向实例化对象t添加属性a。

```
t.a = 97
```

（2）在Python Shell上执行下列代码，向实例化对象t添加属性b。

```
t.__dict__['b'] = 98
```

说明：实例化对象的__dict__属性的数据类型是字典。通过实例化对象的__dict__属性，不仅可以访问实例化对象的属性（或方法），还可以向实例化对象添加属性（或方法）、修改属性（或方法）、删除属性（或方法）。

（3）在 Python Shell 上执行下列代码，定义函数 print_type。

```
def print_type(x):
    print(type(x))
```

（4）在 Python Shell 上执行下列代码，向实例化对象 t 添加方法 print。

```
t.print = print_type
```

（5）重新查看实例化对象 t 的内部结构。在 Python Shell 上执行下列代码，执行结果如图 11-17 所示。

```
dir(t)
```

图 11-17　实例化对象 t 的内部结构

说明 1：dir(t)函数返回实例化对象 t 的属性和方法中，包含模板对象 Triangle 的属性 A 和方法 PRINT。通过实例化对象可以访问模板对象的属性（或方法）。

说明 2：和模板对象 Triangle 的内部结构相比，实例化对象 t 新增了属性 a、属性 b 和方法 print。模板对象用于创建实例化对象，但不能决定实例化对象的内部结构。

说明 3：属性 a 和属性 b 属于实例化对象 t，属于实例化对象的属性称为实例属性，属性 a 和属性 b 是实例化对象 t 的实例属性。实例属性建议通过 __init__ 方法添加，不建议使用本场景的方法添加。

▶注意：方法 print 独属于实例化对象 t，不属于模板对象 Triangle，因此方法 print 并不是模板对象 Triangle 的实例方法。不建议将某个函数绑定到实例化对象上。

场景 7　属性的命名空间

知识提示 1：场景 5 向模板对象 Triangle 添加了属性 A 和方法 PRINT，场景 6 向实例化对象 t 添加了属性 a、属性 b 和方法 print。

知识提示 2：对象的 __dict__ 属性以"键值对"的方式记录了独属于对象的属性和方法，对象的 __dict__ 属性用于记录属性的命名空间。

上机实践 1-场景 7

知识提示 3：属于模板对象的属性称为类属性，属于实例化对象的属性称为实例属性，属于模板对象的方法称为实例方法（也可能是类方法或静态方法）。

（1）在 Python Shell 上执行下列代码，观察运行结果。

```
t.A#输出 65
Triangle.A#输出 65
```

说明：通过实例化对象可以访问模板对象的属性（或方法）。

（2）在 Python Shell 上执行下列代码，观察运行结果。

```
t.A = 1
t.A#输出 1
Triangle.A#输出 65
```

说明 1：第 1 行代码向实例化对象 t 添加了属性 A，并不是修改了模板对象的属性 A 的值，如图 11-18 所示。如果实例化对象的属性名和模板对象的属性名相同，通过实例化对象访问属性时，优先在实例化对象中查找；如果查找不到从模板对象中查找。

说明 2：第 1、3 行代码印证了通过实例化对象不能修改模板对象的属性。

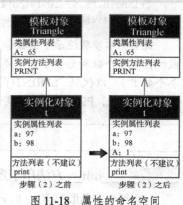

图 11-18　属性的命名空间

（3）在 Python Shell 上执行下列代码，观察运行结果。

```
Triangle.a#输出 AttributeError: type object 'Triangle' has no attribute 'a'
```

说明：通过模板对象无法访问实例化对象的属性。

（4）在 Python Shell 上执行下列代码，执行结果如图 11-19 所示。

```
Triangle.__dict__
t.__dict__
```

图 11-19　__dict__ 属性记录了属性的命名空间

说明 1：对象的 __dict__ 属性以"键值对"的方式记录了独属于对象的属性和方法，对象的 __dict__ 属性记录了属性的命名空间。

说明 2：模板对象和实例化对象之间存在某种联系，模板对象的属性和实例化对象的属性的命名空间并不相同，具体描述如下（方法是一种可调用 callable 的属性）。

① 通过实例化对象可以访问模板对象的属性，却不能修改模板对象的属性。

② 如果实例化对象的属性名和模板对象的属性名相同，通过实例化对象访问属性时，优先在实例化对象中查找；如果查找不到，从模板对象中查找。通过模板对象访问属性时，只在模板对象中查找（通过模板对象无法访问实例化对象的属性）。

③ 如果没有找到属性，则抛出 AttributeError 异常。

场景 8　函数和方法的关系

知识提示 1：结构化编程认为函数和参数是两个单独的事物，它们应该单独存放，因此函数一经定义，便可直接调用。

上机实践 1-场景 8

知识提示 2：面向对象编程中属性和方法相互依存，它们是一个不可分割的整体，不能单独存放，方法能够"隐式地"访问属性。属性和方法只有依附于对象才能存在，因此方法是不能直接被调用的，必须先创建对象，再通过对象调用方法。

（1）接场景 7 的步骤（2），在 Python Shell 上执行下列代码，观察运行结果。

```
type(Triangle.PRINT)    #输出<class 'function'>
type(t.PRINT) #输出<class 'method'>
```

说明 1：第 1 行代码用于查看模板对象 Triangle 的 PRINT 的数据类型（注意此处是 function，表示函数）；第 2 行代码用于查看实例化对象 t 的 PRINT 的数据类型（注意此处是 method，表示方法）。

说明 2：本步骤演示了实例方法在模板对象中表现为函数，在实例化对象中表现为方法。

（2）在 Python Shell 上执行下列代码，观察运行结果。

```
Triangle.PRINT(100)#输出 int
t.PRINT()#输出<class '__main__.Triangle'>
```

说明：本步骤演示了函数和方法被调用时的区别。模板对象 Triangle 的 PRINT 是函数，调用函数时，实参个数和形参个数必须相同。实例化对象 t 的 PRINT 是方法，调用方法时，实参个数比形参个数少 1。以代码"t.PRINT()"为例，实例化对象 t 将"自己"作为实参"隐式地"传递给 PRINT 方法的形参 x，PRINT 方法将实例化对象 t 的数据类型打印出来。

上机实践 2　构造方法、实例属性和实例方法

场景 1　__init__ 方法用于定义实例属性

（1）每个三角形都有 a、b、c 三条边，a、b、c 是三角形实例化对象的实例属性。在 hello_class.py 程序的所有代码后面添加以下代码，重新定义 Triangle 类时，为三角形实例化对象定义 a、b、c 三个实例属性。

```
class Triangle:
    def __init__(self, a,b,c):
        print(id(self))
        self.a = a
        self.b = b
        self.c = c
```

说明：hello_class.py 程序定义了两个 Triangle 类，后者将覆盖前者的定义。这就类似于依次执行两条赋值语句 "a=1" 和 "a=2" 后，a 的值是 2 而不是 1。

（2）运行 hello_class.py 程序，在弹出的 Python Shell 中创建模板对象 Triangle。

（3）在 Python Shell 上执行下列代码，创建模板对象 Triangle 的实例化对象 t，然后查看实例化对象 t 的内存地址。

```
t = Triangle(3,4,5)      #输出 46695472
id(t)                    #输出 46695472
```

说明1：可以看到 t 和 self 的内存地址相同，这是因为 t 和 self 指向同一个实例化对象。

说明2：代码"t = Triangle(3,4,5)"的大致执行流程如图 11-20 所示，图中的虚线表示"隐式地"参数传递。①__new__方法创建一个空白实例化对象。②__init__(self)方法的 self 参数接收该空白实例化对象。③__init__(self)方法通过 self 向空白实例化对象添加 a、b、c 三个实例属性（值分别是 3、4、5）。④__new__方法返回初始化后的实例化对象，再由赋值语句将初始化后的实例化对象赋值给对象名 t。

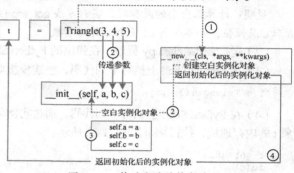

图 11-20 构造方法的执行流程

说明3：self 仅仅是一个形参的参数名，主要用于表示实例化对象自己，可以被修改为其他标识符。

（4）在 Python Shell 上执行下列代码，查看实例化对象 t 的数据类型以及属性 a、b、c 的值，观察运行结果。

```
type(t)      #输出<class '__main__.Triangle'>
print(t.a,t.b,t.c)#输出 3 4 5
```

（5）在 Python Shell 上执行下列代码，查看实例化对象 t 和模板对象 Triangle 的属性，执行结果如图 11-21 所示。

```
t.__dict__
Triangle.__dict__
```

```
>>> t.__dict__
{'a': 3, 'b': 4, 'c': 5}
>>> Triangle.__dict__
mappingproxy({'__module__': '__main__', '__init__': <function Triangle.__init__ at 0x0000000002C9B8
B0>, '__dict__': <attribute '__dict__' of 'Triangle' objects>, '__weakref__': <attribute '__weakref
__' of 'Triangle' objects>, '__doc__': None})
```

图 11-21 查看实例化对象 t 和模板对象 Triangle 的属性

（6）在 Python Shell 上执行下列代码，观察运行结果。

```
Triangle.a#输出 AttributeError: type object 'Triangle' has no attribute 'a'
```

说明：实例属性属于实例化对象，不属于模板对象。因此，不能通过模板对象访问实例属性。

场景 2 **def 语句用于定义实例方法**

（1）以计算三角形的面积为例。在 hello_class.py 程序的所有代码后面添加以下代码，定义 3 个实例属性 a、b、c，并且定义了实例方法 get_area。

```python
class Triangle:
    def __init__(self, a,b,c):
        self.a = a
        self.b = b
        self.c = c
    def get_area(self):
        print(id(self))
        a = self.a
        b = self.b
        c = self.c
        s = (a + b + c) / 2 # 计算半周长
        area = (s*(s-a)*(s-b)*(s-c)) ** 0.5
        return area
```

说明：计算三角形的面积时，实例方法 get_area(self) 通过 "self" 获取 "实例化对象自己" 的 a、b 和 c 属性值，而不必将 a、b 和 c 作为参数。

（2）运行 hello_class.py 程序，在弹出的 Python Shell 中创建模板对象 Triangle。

（3）在 Python Shell 上执行下列代码，创建模板对象 Triangle 的实例化对象 t。

```python
t = Triangle(3,4,5)
```

（4）在 Python Shell 上执行下列代码，通过实例化对象 t 调用 get_area 方法，然后查看实例化对象 t 的内存地址，执行结果如图 11-22 所示。

```python
t.get_area()
id(t)
```

说明：执行代码 "t.get_area()" 时，实例化对象 t "隐式地" 作为实参被传递给了实例方法 get_area(self) 中的形参 self，因此实例化对象 t 和 self 的内存地址相同。

（5）在 Python Shell 上执行下列代码，查看实例化对象 t 和模板对象 Triangle 的属性，执行结果如图 11-23 所示。

```python
t.__dict__
Triangle.__dict__
```

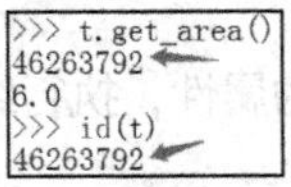

```
>>> t.get_area()
46263792
6.0
>>> id(t)
46263792
```

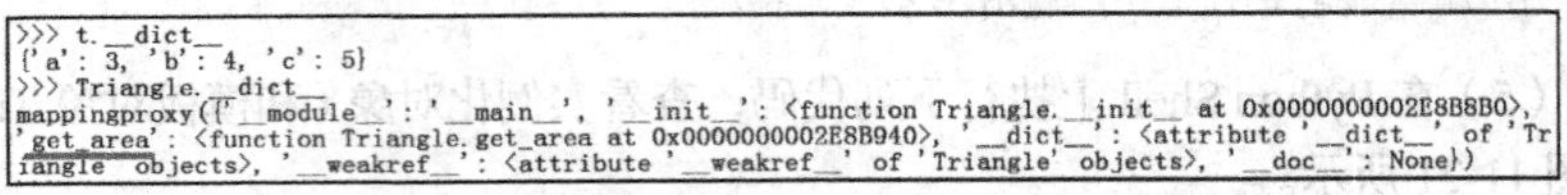

```
>>> t.__dict__
{'a': 3, 'b': 4, 'c': 5}
>>> Triangle.__dict__
mappingproxy({'__module__': '__main__', '__init__': <function Triangle.__init__ at 0x0000000002E8B8B0>, 'get_area': <function Triangle.get_area at 0x0000000002E8B940>, '__dict__': <attribute '__dict__' of 'Triangle' objects>, '__weakref__': <attribute '__weakref__' of 'Triangle' objects>, '__doc__': None})
```

图 11-22 理解 self　　　图 11-23 查看实例化对象 t 和模板对象 Triangle 的属性

说明：实例方法属于模板对象，前面曾经提到，实例化对象可以访问模板对象的属性（或方法）。因此既可以通过实例化对象调用实例方法（建议），又可以通过模板对象调用实例方法（虽然可以但不建议）。

（6）在 Python Shell 上执行下列代码，查看实例化对象 t 和模板对象 Triangle 的 get_area 属性的数据类型，观察运行结果。

```python
type(Triangle.get_area)     #输出<class 'function'>
type(t.get_area)            #输出<class 'method'>
```

说明：通过模板对象调用实例方法时，实例方法表现为 function 函数。通过实例化对象调用实例方法时，实例方法表现为 method 方法。实例方法存在函数和方法两种表现形式，存在两种调用方式。步骤（4）演示了通过实例化对象调用实例方法；步骤（7）演示了通过模板对象调用实例方法。

（7）在 Python Shell 上执行下列代码，通过模板对象 Triangle 调用 get_area 方法，执行结果如图 11-24 所示。

```
Triangle.get_area(t)
```

说明 1：实例方法表现为 function 函数时，实参个数必须和形参个数匹配。本步骤将实例化对象 t 作为实参"显式地"传递给形参 self。

说明 2：实例方法存在两种表现形式。通过实例化对象调用实例方法时表现为 method 方法，实例化对象将"对象自己"作为实参"隐式地"传递给实例方法的第 1 个形参 self，继而实例方法可以"隐式地"访问实例属性（避免了参数的传递），如图 11-25 所示，图 11-25 中的虚线表示"隐式地"参数传递。通过模板对象调用实例方法时表现为 function 函数，需要"显式地"将"实例化对象"作为实参传递给实例方法的第 1 个形参 self，图 11-25 中的实线表示"显式地"参数传递。

图 11-24 通过模板对象 Triangle 调用实例方法   图 11-25 实例方法存在两种表现形式

说明 3：切记，实例方法属于模板对象。调用实例方法时，建议通过实例化对象调用，不建议通过模板对象调用（虽然可以但不建议）。

场景 3 理解 __new__ 方法的工作流程

知识提示：Python 的构造方法由 __new__ 方法和 __init__ 方法共同构成。

（1）在 hello_class.py 程序的所有代码后面添加以下代码，定义 Triangle 类时，为三角形实例化对象定义 a、b、c 三个"属性"。

```
class Triangle:
    def __init__(self, a,b,c):
        print(11111)
        self.a = a
        self.b = b
        self.c = c
    def __new__(cls,*args,**kwargs):
        print(id(cls))
        print(args)
        print(22222)
        instance = super().__new__(cls)
        print(33333)
        return instance
```

（2）运行 hello_class.py 程序，在弹出的 Python Shell 中创建模板对象 Triangle。

（3）在 Python Shell 上执行下列代码，执行结果如图 11-26 所示。

```
t = Triangle(3,4,5)
id(Triangle)
```

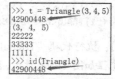

图 11-26 理解 cls

说明 1：cls 的内存地址和模板对象 Triangle 的内存地址相同，这是因为执行代码"Triangle(3,4,5)"时，模板对象 Triangle "自己"作为实参"隐式地"传递给了 __new__ 方法的第 1 个形参 cls，如图 11-27 所示。图中的虚线表示"隐式地"参数传递，实线表示"显式地"参数传递。

说明 2：__new__ 方法的第 1 个形参通常被命名为 cls，

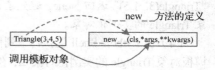

图 11-27 理解 __new__ 方法的工作流程

这是因为该形参通常接收模板对象。cls 是单词 class 的缩写，仅仅是一个名字而已，可以被修改为其他标识符。

说明 3：执行代码 "Triangle(3,4,5)" 时，参数(3,4,5)以元组形式传递给 __new__ 方法的第二个形参 args。args 是元组变长参数。

说明 4：super()函数是 Python 的内置函数，该函数用于获取 "父模板对象" 的一个临时对象，通过该临时对象可以调用 "父模板对象" 的方法。注意，一个子类可能有多个父类，super()函数可以计算出 "排名第一的父模板对象"。本场景中，由于 Triangle 类只有一个父类 object，因此 super()指的是模板对象 object 的一个临时对象。

说明 5：__new__ 方法执行到代码 "super().__new__(cls)" 后，空白实例化对象才 "真正地" 被创建。

说明 6：__new__ 方法和 __init__ 方法共同构成了实例化对象的构造方法。

上机实践 3　类方法和静态方法

场景 1　使用 "@classmethod" 装饰器定义类方法

（1）在 hello_class.py 程序的所有代码后面添加以下代码。

```
class Triangle:
    def __init__(self, a,b,c):
        self.a = a
        self.b = b
        self.c = c
    def __new__(cls,*args,**kwargs):
        a = args[0]
        b = args[1]
        c = args[2]
        if cls.is_valid(a) and cls.is_valid(b) and cls.is_valid(c):
            instance = super().__new__(cls)
            return instance
        else:
            return None
    @classmethod
    def is_valid(cls,num):
        result = False
        if type(num) in {int,float} and num > 0:
            result = True
        return result
```

（2）运行 hello_class.py 程序，在弹出的 Python Shell 中创建模板对象 Triangle。

（3）在 Python Shell 上执行下列代码，创建模板对象 Triangle 的实例化对象 t1，然后查看 t1 的数据类型，观察运行结果。

```
t1 = Triangle(3,-1,5)
type(t1)#输出<class 'NoneType'>
```

说明：执行代码 "Triangle(3,-1,5)" 后，参数的传递过程如图 11-28 所示，图中的虚线表示 "隐式地" 参数传递。由于-1 不是有效数据，代码 "Triangle(3,-1,5)" 返回 None，避免了创建模板对象 Triangle 的实例化对象。

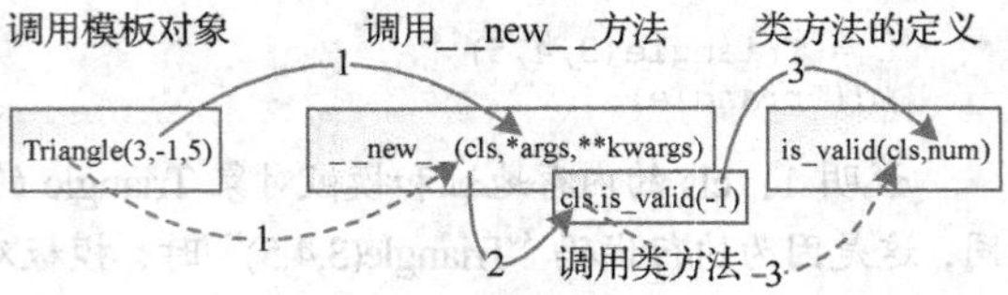

图 11-28　类方法的调用

（4）在 Python Shell 上执行下列代码，创建模板对象 Triangle 的实例化对象 t2，然后查看 t2 的数据类型，观察运行结果。

```
t2 = Triangle(3,4,5)
print(type(t2))    #输出<class '__main__.Triangle'>
```

（5）在 Python Shell 上执行下列代码，查看实例化对象 t2 和模板对象 Triangle 的属性，执行结果如图 11-29 所示。

```
t2.__dict__
Triangle.__dict__
```

```
>>> t2.__dict__
{'a': 3, 'b': 4, 'c': 5}
>>> Triangle.__dict__
mappingproxy({'__module__': '__main__', '__init__': <function Triangle.__init__ at 0x0000000002C9B8B0>,
'__new__': <staticmethod object at 0x0000000002C90670>, 'is_valid': <classmethod object at 0x0000000002
C90580>, '__dict__': <attribute '__dict__' of 'Triangle' objects>, '__weakref__': <attribute '__weakref
__' of 'Triangle' objects>, '__doc__': None})
```

图 11-29　查看实例化对象 t2 和模板对象 Triangle 的属性

说明：类方法属于模板对象。实例化对象可以访问模板对象的方法，因此既可以通过实例化对象调用类方法（虽然可以但不建议），又可以通过模板对象调用类方法（建议使用）。

（6）在 Python Shell 上执行下列代码，查看实例化对象 t2 和模板对象 Triangle 的 is_valid 属性的数据类型，观察运行结果。

```
type(t2.is_valid)           #输出<class 'method'>
type(Triangle.is_valid)     #输出<class 'method'>
```

说明：类方法的表现形式永远是 method 方法。步骤（7）演示了通过模板对象调用类方法；步骤（8）演示了通过实例化对象调用类方法。

（7）在 Python Shell 上执行下列代码，通过模板对象 Triangle 调用 is_valid 类方法，观察运行结果。参数的传递过程如图 11-30 所示，图中的虚线表示"隐式地"参数传递。

```
Triangle.is_valid(0)    #输出 False
```

（8）在 Python Shell 上执行下列代码，通过实例化对象 t2 调用 is_valid 类方法，观察运行结果。参数的传递过程如图 11-31 所示，图中的虚线表示"隐式地"参数传递。

```
t2.is_valid(0)          #输出 False
```

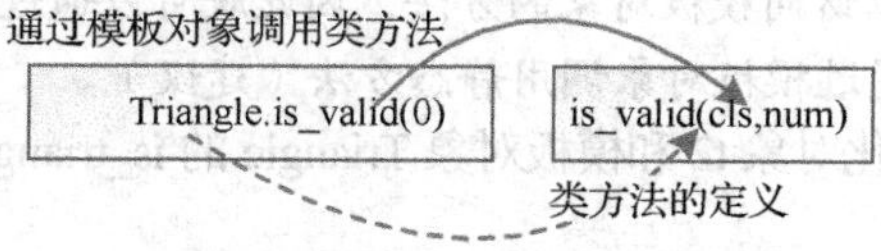

图 11-30　模板对象调用类方法 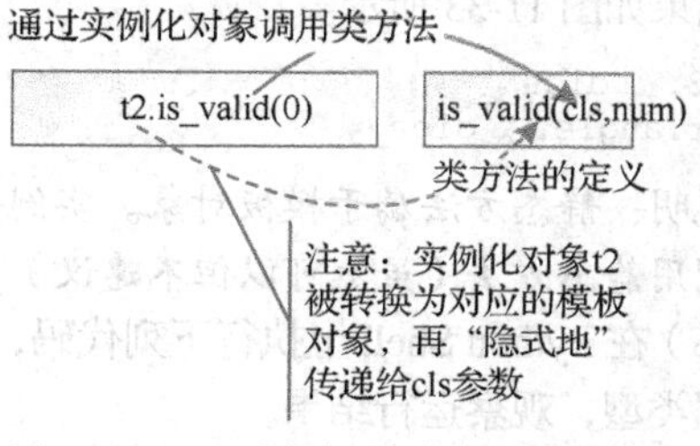　　图 11-31　通过实例化对象调用类方法

说明：类方法的表现形式永远是方法 method。可以通过模板对象调用类方法（建议使用），也可以通过实例化对象调用类方法（虽然可以但不建议）。

场景 2　使用"@staticmethod"装饰器定义静态方法

（1）在 hello_class.py 程序的所有代码后面添加以下代码。

```python
class Triangle:
    def __init__(self, a,b,c):
        self.a = a
        self.b = b
        self.c = c
    def __new__(cls,*args,**kwargs):
        a = args[0]
```

```
            b = args[1]
            c = args[2]
            if cls.is_triangle(a,b,c):
                instance = super().__new__(cls)
                return instance
            else:
                return None
    @staticmethod
    def is_triangle(a,b,c):
        result = False
        if a + b > c and a + c > b and b + c > a:
            result = True
        return result
```

（2）运行 hello_class.py 程序，在弹出的 Python Shell 中创建模板对象 Triangle。

（3）在 Python Shell 上执行下列代码，创建模板对象 Triangle 的实例化对象 t1，然后查看 t1 的数据类型，观察运行结果。

```
t1 = Triangle(1,4,5)
type(t1)#输出<class 'NoneType'>
```

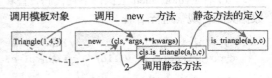

说明：执行代码 "Triangle(1,4,5)" 后，参数的传递过程如图 11-32 所示，由于(1,4,5)不满足"任意两条边之和必须大于第三条边"的条件，代码 "Triangle(1,4,5)" 返回 None，避免了创建模板对象 Triangle 的实例化对象。

图 11-32 调用静态方法

（4）在 Python Shell 上执行下列代码，创建模板对象 Triangle 的实例化对象 t2，然后查看 t2 的数据类型，观察运行结果。

```
t2 = Triangle(3,4,5)
type(t2) #输出<class '__main__.Triangle'>
```

（5）在 Python Shell 上执行下列代码，查看实例化对象 t2 和模板对象 Triangle 的属性，执行结果如图 11-33 所示。

图 11-33 查看实例化对象 t2 和模板对象 Triangle 的属性

```
t2.__dict__
Triangle.__dict__
```

说明：静态方法属于模板对象。实例化对象可以访问模板对象的方法，因此既可以通过实例化对象调用静态方法（虽然可以但不建议），又可以通过模板对象调用静态方法（建议）。

（6）在 Python Shell 上执行下列代码，查看实例化对象 t2 和模板对象 Triangle 的 is_triangle 属性的数据类型，观察运行结果。

```
type(t2.is_triangle)        #输出<class 'function'>
type(Triangle.is_triangle)  #输出<class 'function'>
```

说明：静态方法的表现形式永远是 function 函数。步骤（7）演示了通过模板对象调用静态方法；步骤（8）演示了通过实例化对象调用静态方法。

（7）在 Python Shell 上执行下列代码，通过模板对象 Triangle 调用 is_triangle 静态方法，观察运行结果。

```
Triangle.is_triangle(1,2,3)    #输出 False
```

（8）在 Python Shell 上执行下列代码，通过实例化对象 t2 调用 is_triangle 静态方法，观察运行结果。

```
t2.is_triangle(1,2,3)          #输出 False
```

说明1：静态方法本质是"函数"。如若需要，可以将静态方法"剪切"到"类定义的外面"。
说明2：静态方法虽然是"函数"，但静态方法逻辑上依附于模板对象或实例化对象才能存在，因此必须通过模板对象（建议）或实例化对象（虽然可以但不建议）才能调用静态方法。
说明3：调用静态方法时，切记实参个数和形参个数必须一致。

上机实践4　类属性的应用

场景1　类属性的应用

问题描述：π被圆的所有实例化对象共享，记作pi，并将pi定义为圆的类属性，如图11-34所示。

（1）在hello_class.py程序的所有代码后面添加以下代码，定义Circle类。

```python
class Circle:
    pi = 3.14
    def __init__(self, r):
        self.r = r
    def get_area(self):
        return Circle.pi * self.r * self.r
    def get_perimeter(self):
        return 2 * Circle.pi * self.r
```

图11-34　类属性的应用

（2）运行hello_class.py程序，在弹出的Python Shell中创建模板对象Circle。

（3）在Python Shell上执行下列代码，创建模板对象Circle的实例化对象c，然后查看实例化对象c的面积和周长，观察运行结果。

```python
c = Circle(2)
c.get_area()        #输出12.56
c.get_perimeter()   #输出12.56
```

（4）在Python Shell上执行下列代码，查看实例化对象c和模板对象Circle的内部结构，执行结果如图11-35所示。

```python
c.__dict__
Circle.__dict__
```

```
>>> c.__dict__
{'r': 2}
>>> Circle.__dict__
mappingproxy({'__module__': '__main__', 'pi': 3.14, '__init__': <function Circle.__init__ at 0x00000000
02D4B8B0>, 'get_area': <function Circle.get_area at 0x0000000002D4B940>, 'get_perimeter': <function Cir
cle.get_perimeter at 0x0000000002D4B9D0>, '__dict__': <attribute '__dict__' of 'Circle' objects>, '__we
akref__': <attribute '__weakref__' of 'Circle' objects>, '__doc__': None})
```

图11-35　类属性和实例属性

说明：pi是类属性，r是实例属性。

（5）在Python Shell上执行下列代码，通过实例化对象c和模板对象Circle访问类属性，观察运行结果。

```python
c.pi#输出3.14
Circle.pi#输出3.14
```

场景2　重温"属性的命名空间"

（1）在Python Shell上执行下列代码，通过实例化对象c和模板对象Circle访问类属性，观察运行结果。

```python
Circle.pi = 3
```

```
c.pi#输出3
Circle.pi#输出3
```

说明：类属性属于模板对象，可以通过模板对象访问类属性（建议），也可以通过实例化对象访问类属性（虽然可以但不建议）。

（2）在 Python Shell 上执行下列代码，观察运行结果。

```
c.pi = 3.1415926
c.pi#输出 3.1415926
Circle.pi#输出 3
```

说明1：第1行代码向实例化对象c添加了属性pi，并不是修改了模板对象的类属性pi的值。第1、3行代码印证了：通过实例化对象不能修改模板对象的属性值。

说明2：如果实例化对象的属性名和模板对象的属性名相同，通过实例化对象访问属性时，优先在实例化对象中查找；如果查找不到，从模板对象中查找。

（3）在 Python Shell 上执行下列代码，重新查看实例化对象c的属性，观察运行结果。

```
c.__dict__ #输出{'r': 2,'pi': 3.1415926}
```

（4）在 Python Shell 上执行下列代码，观察运行结果。

```
Circle.r#输出 AttributeError: type object 'Circle' has no attribute 'r'
```

说明：通过模板对象无法访问实例化对象的属性。

上机实践 5　方法的链式调用

（1）创建 method_chains.py 程序，输入以下代码。

```python
class Chains:
    def method1(self,a):
        self.a = a
        print("第1个方法，参数是",a)
        return self
    def method2(self,b):
        self.b = b
        print("第2个方法，参数是",b)
        return self
```

（2）运行 method_chains.py 程序，在弹出的 Python Shell 中创建 Chains 模板对象。

（3）在 Python Shell 上执行下列代码，执行结果如图 11-36 所示。

```
chains = Chains()
chains.method1(1).method2(2)
print(chains.a)
print(chains.b)
```

```
>>> chains = Chains()
>>> chains.method1(1).method2(2)
第1个方法 1
第2个方法 2
<__main__.Chains object at 0x0000000002C45520>
>>> chains.a
1
>>> chains.b
2
```

图 11-36　方法的链式调用

说明：代码"chains.method1(1).method2(2)"等效于下面的代码片段。

```
chains = chains.method1(1)
chains = chains.method2(2)
```

第 12 章 文件管理和路径管理

本章主要讲解文本文件、字符流和二进制流、缓存机制、读文件和写文件、字符流的字符编码、绝对路径和相对路径、文件管理和路径管理等理论知识，以文本文件为例演示了打开文件、读文件、写文件、刷新文件、关闭文件等文件管理的实践操作，利用 pathlib 标准模块演示了路径对象的创建、拼接，文件路径的遍历，文件基本信息的查看，目录的创建、移动、删除等路径管理的实践操作。通过本章的学习，读者将具备利用 Python 管理文件和路径的能力。

12.1 文件、目录和路径

文件是存储数据的容器，目录是存储文件或其他目录的容器，路径记录了从一个目录（或者文件）到另一个目录（或者文件）所经过的所有节点。

12.1.1 文件管理概述

内存的最大优势是数据的读、写速度快，然而系统一旦断电，内存中的数据即刻消失。内存仅仅是数据的临时住所，外存才是数据永久的家，外存中的数据存储在文件（file）中。也就是说，外存是存储文件的容器，文件是存储数据的容器。管理了文件，就可以管理外存中的数据，这就是文件管理。文件管理侧重于文件内容的管理，具体包括创建、打开、读、写、刷新、关闭文件等一系列操作。

文件管理概述

12.1.2 文件的分类

数据分为文本（text）数据和二进制（binary）数据。同样的道理，文件也分为文本文件（text file）和二进制文件（binary file）。文本文件存储的是文本数据，可以被人直接阅读。二进制文件存储的是二进制数据（也叫字节数据），需要借助音频播放器、视频播放器、图片查看器等软件才能被人"阅读"。

文件的分类

本章主要讲解文本文件的管理，如不作特殊说明，本章所提到的文件均指的是文本文件。处理文本文件时，只需借助 Python 的内置函数；处理二进制文件时，通常需要借助 Python 的第三方模块。

12.1.3 文本文件的分类

按照文本文件的应用场景，可将文本文件分为普通文本文件、数据文件和程序文件。如扩展名是.csv、.json 的文本文件称作数据文件；如扩展名是.html、.css、.js、.py、.java 的文本文件是程序文件；扩展名是.txt 的文件是普通文本文件。

文本文件的分类

▶注意 1：扩展名是.doc 的 Word 文件、.ppt 的 PPT 文件、.xls 的 Excel 文件、.pdf 的 PDF 文件，虽然可以储存文字，但还可以嵌入图片、设置文字颜色，这些文件不是文本文件，而是二进制文件。

▶ 注意2：数据文件未必是文本文件，例如扩展名是.db 的 SQLite 数据库文件是二进制文件，但不是文本文件。

▶ 注意3：文件的扩展名是为了方便标记文件的类型，但扩展名并不是必需的。

12.1.4 目录和路径

目录（directory）也称作文件夹（folder），是存储文件或者其他目录的容器，目录分为根目录和非根目录。从一个目录（或者文件）到另一个目录（或者文件）所经过的所有节点称作文件路径，简称路径（path）。路径主要用于定位目的资源，路径分为绝对路径（absolute path）和相对路径（relative path）。

目录和路径

在 Windows 操作系统中，"C:\a\aa\aaa\"表示一个路径，该路径途经 4 个目录，分别是 C:、a、aa、aaa，目录与目录之间使用路径分隔符"\"分隔。目录"C:"是根目录，表示 C 盘，Windows 中的盘符是根目录；a 是根目录的子目录，aa 是 a 的子目录，aaa 是 aa 的子目录。该路径的含义是从 C:出发，途经 a 目录、aa 目录，到达 aaa 目录，该路径最终指向 aaa 目录。

在 Linux 操作系统中，"/a/aa/aaa/"表示一个路径，该路径途经 4 个目录，分别是/、a、aa、aaa，目录与目录之间使用路径分隔符"/"分隔。第一个"/"是根目录，a 是根目录的子目录，aa 是 a 的子目录，aaa 是 aa 的子目录。该路径的含义是从"/"出发，途经 a 目录、aa 目录，到达 aaa 目录，该路径最终指向 aaa 目录。

说明 1：Windows 路径的根目录是盘符，Linux 路径的根目录是"/"。

说明 2：Windows 的路径分隔符是"\"或者"/"，Linux 的路径分隔符是"/"。编程时，统一使用路径分隔符"/"，可以屏蔽不同操作系统中路径分隔符的差异。

说明 3：有关路径的建议。路径"C:\x\y\z\"中 z 肯定是目录，原因是 z 后存在路径分隔符。路径"x\y\z"中 z 可能是目录也可能是文件（没有扩展名的文件）。为了"显式地"区分路径中的文件和目录，本书建议在"所有"目录后添加路径分隔符。按照这个原则，路径"a\b\c\d.txt"中的 d.txt 是文件，路径"a\b\c\d.txt\"中的 d.txt 是目录。

12.1.5 绝对路径和相对路径

路径分为绝对路径和相对路径。从根目录出发的路径是绝对路径。例如 Windows 路径"C:\a\aa\aaa\test.txt"是一个绝对路径，表示从 C 盘根目录出发。Linux 路径"/a/aa/aaa/test.txt"是一个绝对路径，表示从 Linux 根目录出发。无论从哪里出发，绝对路径都能够唯一标记计算机的一个目的资源。

不从根目录出发的文件路径是相对路径。需要强调，同一个相对路径，起始路径不同，所定位的目的资源不相同。因此，要想使用相对路径定位一个目的资源，必须指明"起始路径"，并且"起始路径"必须是绝对路径，"起始路径"指明了从哪里出发。

图 12-1 所示的目录结构中，目的资源 test.txt 的路径是 C:\a\aa\aaa\test.txt，1.py 程序、2.py 程序以及 3.py 程序分别以"自己"作为起始路径访问目的资源时，可以使用的相对路径如表 12-1 所示。

绝对路径和相对路径

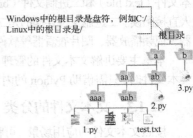

图 12-1 相对路径示例

表 12-1 相对路径示例

程序名	程序所在的路径	要访问的目的资源路径	可以使用的相对路径	可选相对路径
1. py 程序	C:\a\aa\aaa\3.py	C:\a\aa\aaa\test.txt	test.txt	.\\test.txt
2. py 程序	C:\a\aa\2.py		aaa\\test.txt	.\aaa\\test.txt
3. py 程序	C:\b\1.py		..\a\aa\aaa\\test.txt	

说明1：字符串"\t"表示制表符。为了防止路径分隔符"\"和"t"组合成制表符，需要使用转义字符"\"对路径分隔符"\"转义。

说明2：路径中的"."表示当前工作目录，".."表示父目录。

说明3：相对路径通常从当前工作目录出发，大部分编程语言提供了获取"当前工作目录"的方法，Python也不例外。

说明4：为了更好地理解相对路径和绝对路径，我们可以想象一下平时是如何拨打电话的。以广州为例，一个完整的电话号码是区号+号码（020-66666666），该号码是一个"绝对路径"，在中国的任何地方拨打 020-66666666，拨打的都是同一个号码，访问的是同一个资源。而到了广州后，无须区号，只需拨打 66666666 即可，此时 66666666 号码是一个"相对路径"。中国不同的城市，66666666 号码所代表的"目的资源"各不相同，若在上海拨打 66666666，则访问的是 021-66666666 "目的资源"。因此，要想使用相对路径，必须指明起始路径。

12.1.6 路径管理概述

判断文件是否存在时只需判断该文件的路径是否存在，删除文件时只需删除该文件的路径，修改文件名时只需修改该文件的路径，这就是路径管理。

文件管理和路径管理之间的关系是：文件管理更侧重于管理文件的内容，例如向文件写入数据、从文件中读取读数据；路径管理侧重于管理文件自身，并不管理文件的内容，例如移动文件、删除文件、判断文件是否存在、修改文件名等都是路径管理的操作。

路径管理概述

12.2 文件管理

文件管理主要包括打开文件（open）、读文件（read）、写文件（write）和关闭文件（close）。

12.2.1 理解打开文件

只有先打开文件，才能对文件进行读、写操作。open 是 Python 的内置函数，负责打开文件，open 函数语法格式如下。open 函数负责打开一个文件流，并返回持有该文件流的文件句柄（file handle）。

理解打开文件

```
open(file, mode='r', encoding=None, newline=None)
```

说明1：如果将文件流看作一根对接到文件上的"水管"，文件句柄则表示为这根"水管"命名，并持有这根"水管"。由于文件句柄可以唯一标记一个文件流，为便于描述，本书谈及文件句柄时，本质是指文件流。

说明2：文件流是有数据流向的，并且还有"开/关"等状态信息。文件句柄是一个结构化数据，记录了"文件流"的状态信息，具体包括开/关状态、缓存大小、被打开的文件路径、被打开的文件描述符、文件流的数据流向（读文件还是写文件）、文件流是字符流还是二进制流、字符流的字符编码等信息。图 12-2 所示的 fh1 和 fh2 是两个文件句柄，它们各持有一根"水管"，两根"水管"的流向不同。文件句柄提供了读、写文件的接口，通过文件句柄 fh1 可以向"水管"加"水"，继而实现写文件操作；通过文件句柄 fh2 可以从"水管"中取"水"，继而实现读文件操作。

图 12-2 持有文件流的文件句柄

说明 3：参数 file 是文件路径，指明了要打开的文件。文件路径可以是绝对路径，也可以是相对路径。

说明 4：参数 mode（模式），默认值是'r'，表示以"读文本"方式打开文件。mode 的合法取值有 r、rb、r+、rb+、w、wb、w+、wb+、a、ab、a+、ab+等。mode 不仅设置了数据流向（是读文件还是写文件），还设置了数据的读取单位（是字符流还是二进制流），如表 12-2 所示。其中 r 是 read 的首字母，w 是 write 的首字母，a 是 append 的首字母，t 是 text 的首字母，b 是 binary 的首字母，x 是 exclusive（排他）的第 2 个字母。

表 12-2 参数 mode 的含义

3 种类型搭配	字符	描述
设置了数据的流向	'r'	只读模式，默认值（如果文件不存在将抛出 FileNotFoundError 异常）
	'w'	只写模式（无论文件是否已经存在，永远新建 0KB 的文件）
	'x'	排他写模式（如果文件不存在，则新建 0KB 的文件）（如果文件已经存在，则抛出 FileExistsError 异常）
	'a'	追加模式（如果文件不存在，则新建 0KB 的文件）（如果文件已经存在，追加数据，不会清除原来的数据）
设置了数据的读取单位	't'	以字符为单位，可省略
	'b'	以字节为单位
附加	'+'	附加写功能或者附加读功能（不能单独使用，需要和 r、w、x、a 搭配使用），例如 rt+、wt+等

说明 5：参数 encoding 仅对字符流有效，对二进制流无效。参数 encoding 设置了字符流的字符编码，务必确保 encoding 参数值与文本文件已有文本的字符编码相同。

说明 6：参数 encoding 的默认值是 None，表示使用操作系统的首选字符编码（preferred encoding）。每一种操作系统的首选字符编码都不一样，中文简体 Windows 操作系统的首选字符编码是 cp936（等效于 GBK），Linux 的首选字符编码是 UTF-8。不推荐将 encoding 参数设置为 None，建议手动设置 encoding 的参数值。以 encoding 设置为'UTF-8'为例，其表示的含义是：读文件时，文本文件中的文本数据以 UTF-8 码读取，例如英文字母以 1 个字节为单位读取，中文字符以 3 个字节为单位读取；写文件时，Unicode 字符串被编码成 UTF-8 码后再写入文本文件。

说明 7：参数 newline 设置了换行符的转换方式。不同操作系统的文本文件的换行符并不相同，Windows 文本文件的换行符是"\r\n"，macOS 文本文件的换行符是"\r"，Linux 文本文件的换行符是"\n"。

说明 8：默认情况下，执行 open 函数打开文件时，文件指针被定位到文件的最开始处（文件指针类似于光标）。mode 参数设置为'a'时，文件指针被定位到文件的最末尾处。

12.2.2 理解读文件和写文件

理解读文件和写文件

可以从以下 5 个角度理解读文件和写文件。

从文件的角度：读文件表示数据从文件中流出；写文件表示数据流入文件中。

从内存的角度：读文件表示将文件中的数据读入到内存中；写文件表示将内存中的数据写入文件中。

从 Python 程序的角度：读文件程序表示将文本文件中的文本数据读取到内存中形成字符串对象；写文件程序表示将内存中的字符串对象写入文本文件中，如图 12-3 所示。

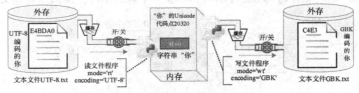

图 12-3 理解读文件和写文件

从数据的读取单位的角度：以字符为单位读、写文件需要借助字符流，字符流主要用于读、写文本文件（一个字符通常占用多个字节）。以字节为单位读、写文件需要借助二进制流（也叫字节流），二进制流主要用于读、写二进制文件。

从字符流的字符编码的角度：以字符为单位读、写文件时，必须合理地指定字符流的字符编码。例如文本文件中"你"的 UTF-8 编码是"E4BDA0"，Python 程序将它从外存读入到内存时，字符流的字符编码必须设置为 UTF-8。如果将字符流的字符编码设置为 GBK，则会以两个字节为单位读取文本数据，将"你"的 UTF-8 码"E4BDA0"拆开读作"E4BD"和"A0"两个字，继而产生乱码问题。有关字符编码的知识可参看第 16.1 节的内容。

说明：有关缓存的说明。想象一下超市购物的场景，货架上摆满了琳琅满目的商品，购买太多商品时，如果没有购物车，顾客需要在货架与收银台之间往返多次。有了购物车，顾客就可以将商品从货架上"写入"到购物车中，去收银台结账时，再从购物车中"读取"到收银台。购物车让顾客"少跑路"，同时让结账方式由原来的以商品为单位变为以购物车为单位。购物结束后，顾客还回购物车以便下一名顾客能够继续使用。购物车缩短了顾客的购物时间，节省了顾客的"体力"，同时提升了结账效率。内存和外存进行数据传输时，频繁地进行输入/输出操作（I/O 操作）会浪费大量时间，缓存就像购物车，可以将内存和外存之间的多次 I/O 操作合并成一次，以字符为单位的交换数据变为以"缓存大小"为单位的交换数据，提升了数据的传输效率。

12.2.3 理解刷新文件

想象一下超市购物的场景，顾客将商品放入购物车后，并不意味着购物成功，购物车中的商品处于"临时"状态。只有将购物车中的商品"刷新"到收银台结账后，才意味着购物成功。

理解刷新文件

同样的道理，写文件时，将数据写入缓存后（类似于商品放入购物车），缓存中的数据处于"临时"状态。只有执行文件句柄的"flush"方法才能将缓存中的数据永久地保存到文件中。

12.2.4 理解关闭文件

文件流就是一根对接到文件上的"水管"，文件流是一种资源，读、写文件结束后，务必关闭文件流。调用文件句柄的 close 方法，可以手动关闭文件句柄，操作系统会"适时"删除处于"关闭"状态的文件流。

理解关闭文件

图 12-4 所示的 fh 是文件句柄，它持有文件流。当执行 fh.close() 的方法后，fh 的 closed 属性变为 True，文件流被关闭。操作系统会"适时"删除处于"关闭"状态的文件流。

▶注意：执行 fh.close() 的方法后，fh 对象名并没有被删除，除非执行"del fh"才能删除 fh 对象名。

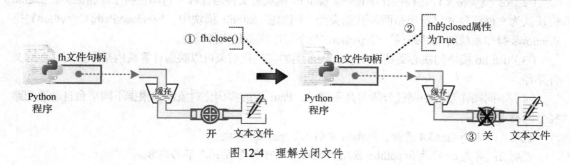

图 12-4 理解关闭文件

12.3 文件管理知识汇总

1. 文件句柄 fh 的读方法汇总

fh.read(n=-1)方法：n 等于-1 时，读取文件全部内容（直到 EOF）。EOF 是 end of file 三个单词的首字母，表示文件结束标记。

fh.readline()方法：从文件指针处读取一行（直到换行符或 EOF），返回带有换行符 '\n' 的字符串。

fh.readlines()方法：以"行"为单位读取全部内容，并返回"行"列表。

另外，文件句柄本身是一个可迭代对象，通过 for 循环以行为单位遍历文件句柄，也可以实现文本文件的读取。

文件管理知识汇总

2. 文件句柄 fh 的写方法汇总

fh.write(str)方法：将字符串写入缓存中。

fh.writelines(lines)方法：以可迭代对象（例如列表）为单位，将可迭代对象（例如列表）中的字符串依次写入缓存中。例如下面的代码。

```
fh = open("UTF-8.txt",'a',encoding='UTF-8')
lines = ['吾生有涯\n','\n','Python无涯\n']
fh.writelines(lines)
fh.close()
```

3. 文件句柄 fh 的刷新方法

fh.flush()方法：文件句柄的写方法只是将字符串写入缓存中，并没有写入文本文件中。文件句柄的刷新方法负责将缓存中的数据"刷新"到文本文件中。

4. 关闭文件句柄 fh

fh.close()方法：文件句柄是一种资源，用过之后务必手工调用 close 方法将它关闭。文件句柄被关闭后，它所持有的文件流会被操作系统"适时"关闭。

说明：文件句柄的 closed 属性用于判断文件句柄是否被关闭。

12.4 使用 pathlib 管理文件路径

使用 pathlib 管理文件路径

路径管理侧重于文件自身的管理，例如重命名文件、删除文件、判断文件是否存在。路径管理还包括目录的管理，例如创建目录、修改目录名称、删除目录、拼接目录、遍历一个目录等。os 和 pathlib 都是 Python 的标准模块，并且都可以用来管理路径，不过一般推荐使用 pathlib，原因如下。

（1）os 模块以结构化编程的方式管理文件路径，pathlib 模块以面向对象编程的方式管理文件路径。

（2）os 模块将文件路径视作字符串。pathlib 模块将文件路径和字符串进行了严格区分，pathlib 模块认为文件路径和字符串是两种数据类型。例如在 pathlib 模块中，WindowsPath('C:/python3')是 Windows 操作系统的文件路径，'C:/python3'是字符串而不是文件路径。

（3）pathlib 模块的核心类是 Path 类，Path 类的实例化对象可以映射计算机内某个真实存在的文件路径。

（4）不同操作系统中路径分隔符是不同的，Path 类的实例化对象能够根据不同平台自动适配路径分隔符。

说明 1：从 Python3.4 开始，Python 才引入了 pathlib 模块。

说明 2：有关 os 模块和 pathlib 模块的使用对比可参看第 16.7 节的内容。

上机实践 1　文件管理和路径管理基础知识

场景 1　准备工作

（1）在 C 盘根目录下创建 py3project 目录，并在该目录下创建 files 目录。

说明：本章 Python 程序以及 Python 程序创建的文本文件都保存在 C:\py3project\files 目录中。

（2）确保显示文件的扩展名。

场景 2　查看 Python Shell 的当前工作目录

知识提示：使用 Windows 记事本程序创建文本文件时，会在当前工作目录（例如计算机桌面）创建文本文件。在 Python Shell 中使用 Python 代码创建文本文件时，如果使用的是相对路径，"起始路径"是 Python Shell 的当前工作目录。

启动 IDLE 打开 Python Shell，依次执行下列代码，观察运行结果。

```
from pathlib import Path
Path.cwd()          #输出 WindowsPath('C:/python3')
```

说明 1：可以看到，Python Shell 的当前工作目录是 C:/python3。使用相对路径创建文本文件时，"起始路径"是 C:/python3。

说明 2：Path.cwd()方法中 cwd（current working directory）表示当前工作目录，有时本书将当前工作目录称作当前目录。

场景 3　修改 Python Shell 的当前工作目录

知识提示 1：由于本章的 Python 代码均在 C:\py3project\files 目录中创建文本文件，因此有必要将 Python Shell 的当前工作目录修改为 C:\py3project\files。

知识提示 2：pathlib 模块的开发者认为应该尽量避免修改当前工作目录，pathlib 模块并没有提供修改当前工作目录的方法。修改当前工作目录可以借助 os 模块的 chdir 函数。

启动 IDLE 打开 Python Shell，依次执行下列代码，观察运行结果。

```
from pathlib import Path
Path.cwd()          #输出 WindowsPath('C:/python3')
import os
os.chdir('C:\py3project\\files')
Path.cwd()          #输出 WindowsPath('C:/py3project/files')
```

说明：字符串"\f"表示换页符。为了防止路径分隔符"\"和"f"组合成换页符，需要使用转义字符"\"对路径分隔符"\"转义。

场景 4　查看 Windows 的首选字符编码

知识提示 1：文本文件中的文本一定是以某种字符编码存在的。

知识提示 2：中文简体 Windows 操作系统的首选字符编码是 cp936（等效于 GBK），Linux 的首选字符编码是 UTF-8。以中文简体 Windows 为例，首选字符编码的作用是使用 Windows 记事本程序创建文本文件，写入文本数据时，文本数据被编码成 GBK 码后再被写入文本文件中。

知识提示 3：使用 open 函数打开字符流时，如果不指定 encoding 的参数值，那么它的值将被设置为操作系统的首选字符编码。

在 Python Shell 中执行下列代码，查看 Windows 的首选字符编码，观察运行结果。

```
import locale
locale.getpreferredencoding()  #输出'cp936'
```

说明 1：Windows 操作系统的代码页（code page 简称为 cp）是字符集的别名。
说明 2：中文简体 Windows 操作系统的默认代码页是 cp936，对应于 GBK 字符集。

上机实践 2　以"写"模式打开文本文件

问题描述：使用 Windows 记事本程序可以新建文本文件、打开文本文件、写入文本数据、保存文本文件、再写入文本数据、关闭文本文件。使用 Python 代码可以模拟 Windows 记事本程序的这些操作。

场景 1　创建文件和打开文件的二合一操作

知识提示 1：使用 Windows 记事本程序创建文本文件的流程是，在当前工作目录（例如计算机桌面）下单击鼠标右键→新建→文本文档→修改文件名→双击文件名打开文本文件→将光标定位到文件最开始处。

知识提示 2：调用 open 函数，将 mode 设置为'w'或者'x'，一行代码即可创建文件并打开文件，并将文件指针定位到文件最开始处。本场景将 mode 设置为'w'，以"写"模式打开文件。

（1）启动 IDLE 打开 Python Shell，执行下列代码，修改 Python Shell 的当前工作目录为 C:\py3project\files。

```
import os
os.chdir('C:\\py3project\\files')
```

（2）在 Python Shell 中执行下列代码。

```
fh = open("UTF-8.txt",'w',encoding='UTF-8')
```

说明 1：open 函数用于打开一个文件流，并返回一个文件句柄。本步骤后，fh 持有了该文件句柄，如图 12-5 所示。本步骤打开的文件流是字符流，且字符流的字符编码是 UTF-8。

说明 2："UTF-8.txt"是相对路径，起始路径是 Python Shell 的当前工作目录 C:\py3project\files。本步骤在 C:\py3project\files 目录下创建 UTF-8.txt 文本文件，如图 12-6 所示。

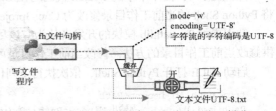

图 12-5　创建文件和打开文件的二合一操作

图 12-6　创建 UTF-8.txt 文本文件

说明 3：使用 Windows 记事本程序新建文本文档和使用 open 函数新建文本文档的不同之处总结如下。

① 使用 Windows 记事本程序新建文本文档时，新文件名不能和已有文件名重名。open 函数的 mode 参数值是'w'时，会清空重名文件的数据。

② 使用 Windows7 记事本程序新建 UTF-8 编码的文本文档时，Windows7 记事本程序会向文本文件头部添加 BOM，导致新建文本文件的大小不是 0KB。使用 open 函数新建的文本文件的大小是 0KB，不会向文本文件头部添加 BOM。有关 BOM 的知识可参看第 16.1 节的内容。

场景 2 查看文件句柄的属性和方法

知识提示：文件句柄是一个结构化数据，记录了字符流的状态信息。使用 Windows 记事本程序操作文本文件时，无须关注字符流的状态信息，这是因为 Windows 记事本程序将字符流封装到了操作界面中。使用 Python 代码操作文本文件时，需要关注字符流的状态信息。

（1）接场景 1 的步骤（2）。在 Python Shell 中执行下列代码，查看文件句柄的属性和方法，执行结果如图 12-7 所示。

```
dir(fh)
```

图 12-7 查看文件句柄的属性和方法

说明 1：文件句柄（读模式）是迭代器对象，可以使用 next 函数或者 for 循环语句对其进行迭代。有关迭代器对象的知识可参看第 16.3 节的内容。

说明 2：请留意 __enter__ 方法和 __exit__ 方法。

（2）在 Python Shell 中执行下列代码，查看文件句柄的模式等信息，并迭代文件句柄，观察运行结果。

```
fh.mode #输出'w'
fh.readable() #输出 False
fh.writable() #输出 True
next(fh) #输出 io.UnsupportedOperation: not readable
```

说明：文件句柄是有方向的，当文件句柄的 readable 方法返回 False 时，表示该文件句柄不可读，对文件句柄"读"操作（例如迭代）时将抛出"io.UnsupportedOperation: not readable"异常；当文件句柄的 writable 方法返回 False 时，表示该文件句柄不可写，对文件句柄进行"写"操作时将抛出"io.UnsupportedOperation: not writable"异常。

（3）在 Python Shell 中执行下列代码，查看文件句柄的其他状态信息，观察运行结果。

```
fh._CHUNK_SIZE #输出 8192
fh.closed #输出 False
fh.encoding #输出 UTF-8
fh.name #输出'UTF-8.txt'
```

说明：_CHUNK_SIZE 属性记录了文件句柄的缓存大小，默认是 8K 字节；closed 属性记录了文件句柄是否关闭；encoding 属性记录了字符流的字符编码；name 属性记录了文件路径。

场景 3 写文件和 flush 操作

知识提示 1：使用 Windows 记事本程序向文本文件写入文本数据的过程非常简单，定位好光标→录入数据→单击记事本程序文件菜单→选择保存即可，使用 Python 代码可以模拟这些操作。以写模式打开文件后，文件指针被定位到文件最开始处；调用文件句柄的 write 方法，在文件的最开始处录入数据；调用文件句柄的 flush 方法，将缓存中的数据永久地保存到文件中。

知识提示 2：write 方法的语法格式是"write(string)"，参数 string 必须是字符串类型的数据。

知识提示 3：write 方法会自动移动文件指针。文件指针类似于 Windows 记事本程序的光标。不同之处在于，Windows 记事本程序的光标是以"字符"为单位移动的，文件句柄的文件指针是以"字节"为单位移动的。

（1）在 Python Shell 中执行下列代码，观察运行结果。

```
fh.write('你好\n')#输出 3
fh.write(1314)#输出 TypeError: write() argument must be str, not int
```

说明 1：Python 字符串的换行符和文本文件的换行符不是同一个概念。Python 字符串的换行符永远是 "\n"。文本文件的换行符依赖于平台，例如 Windows 文本文件的换行符是 "\r\n"；Linux 文本文件的换行符是 "\n"；macOS 文本文件的换行符是 "\r"。

说明 2：场景 1 中 open 函数的 newline 参数为默认值 None，在 Windows 中以"写"模式打开文本文件时，Python 字符串的换行符 "\n" 将被转换成 Windows 文本文件中的 "\r\n"（在 macOS 中被转换成 macOS 文本文件中的 "\r"，在 Linux 中被转换成 Linux 文本文件中的 "\n"）。

说明 3：文件句柄的 write(string) 方法将字符串 string 写入文件句柄持有的缓存中，并返回写入的字符数，参数 string 必须是字符串类型的数据。

（2）观察文本文件的大小依然是 0KB，字符串并未写入文本文件。

说明 1：这是因为字符串"你好\n"被编码成 UTF-8 码后写入文件句柄持有的缓存中了。也就是说，字符串并未写入文本文件中，如图 12-8 所示。

说明 2：字符串的换行符 "\n" 被转换成 Windows 文本文件的换行符 "\r\n"。

（3）在 Python Shell 中执行下列代码。

```
fh.flush()
```

说明：文件句柄的 flush 方法将缓存中的数据写入文本文件中，如图 12-9 所示。

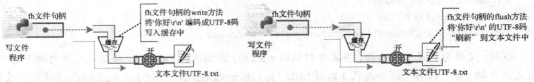

图 12-8　文本数据被写入文件句柄持有的缓存　　　图 12-9　数据从缓存刷新到文本文件

（4）打开文本文件，查看文件内容，字符串已经被写入文本文件中。

说明：文本文件的大小已经变为 1KB。观察光标已经可以定位到文本文件的第 2 行，这是因为第 1 行有一个换行符 "\r\n"。

场景 4　写文件和 close 操作

（1）接场景 3 的步骤（4）。在 Python Shell 中执行下列代码，观察运行结果。

```
fh.write('\n')#输出 1
fh.write('Python\n')#输出 7
```

（2）打开文本文件，查看文件内容，字符串并未写入文本文件。
（3）在 Python Shell 中执行下列代码，关闭文件句柄 fh。

```
fh.close()
```

（4）打开文本文件，查看文件内容，字符串已经被写入文本文件中，如图 12-10 所示。

说明 1：第 2 行只有一个换行符 "\r\n"（不可见字符），观察光标可以定位到文本文件的第 4 行，这是因为第 3 行有一个换行符 "\r\n"。

说明 2：文件句柄的 close 方法用于"手动"关闭文件句柄。文件句柄被关闭前，缓存中的数据被"刷新"到文本文件中。

说明 3：使用 Windows 记事本程序关闭未保存的文本文档和使用 close 方法关闭文件的不同之处

为,使用记事本程序关闭未保存的文本文件时,会弹出图 12-11 所示的对话框,使用 close 方法关闭文件句柄时,缓存中的数据直接被"刷新"到文本文件中。

图 12-10　查看文本文件内容

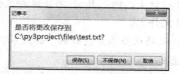
图 12-11　关闭未保存的文本文件

场景 5　查看文件句柄的数据类型

在 Python Shell 中执行下列代码,查看文件句柄 fh 是否被关闭以及 fh 的数据类型,观察运行结果。

```
fh.closed#输出 True
fh#输出<_io.TextIOWrapper name='UTF-8.txt' mode='w' encoding='UTF-8'>
type(fh)#输出<class '_io.TextIOWrapper'>
```

说明 1:执行 fh.close()的方法后,fh 的 closed 属性变为 True,但 fh 对象名并没有被删除(除非执行"del fh"才能删除 fh 对象名)。

说明 2:open 函数以文本方式(mode='wt')打开文件时,open 函数的返回值是 io 模块的 TextIOWrapper 对象。open 函数以二进制方式(mode='wb')打开文件时,open 函数的返回值是 io 模块的 BufferedWriter 对象,读者可以尝试执行下列代码进行验证。

```
fh_bin = open("bin.txt",'wb')
fh_bin#输出<_io.BufferedWriter name='bin.txt'>
```

说明 3:本上机实践的完整 Python 代码如下。

```
import os
os.chdir('C:\py3project\\files')
fh = open("UTF-8.txt",'w',encoding='UTF-8')
fh.write('你好\n')#输出 3
fh.write('\n')#输出 1
fh.write('Python\n')#输出 7
fh.close()
```

场景 6　制作一个 Unicode 字符生成器

知识提示:chr(x)函数的功能是返回 Unicode 代码点 x 对应的 Unicode 字符。本场景将 9312→20000 代码点的字符循环写入 UTF-8 编码的文本文件中,每行写入 10 个字符。

(1)创建 Python 程序,输入以下代码,将 Python 程序命名为 create_unicode.py,保存在 C:\py3project\files 目录下。

```
fh = open('unicode.txt','w',encoding='UTF-8')
i = 0
for code_point in range(9312,20000):
    i = i + 1
    try:
        fh.write(chr(code_point))
    except UnicodeEncodeError:
        continue
    if i%10==0:
        fh.write('\n')
fh.close()
```

说明 1:open('unicode.txt','w',encoding='UTF-8')中的'unicode.txt'是相对路径,由于 Python 程序所在的目录是 C:\py3project\files,该程序会在该目录下创建文本文件。

说明 2：创建文本文件和写文本文件的流程可以描述为，获取一个文件句柄（指定文件的路径、设置 mode 模式为'w'、建议设置 encoding 为'UTF-8'）；调用文件句柄的 write 方法写入数据（write 方法会自动移动文件指针）；调用 flush 方法保存文件；调用 close 方法关闭文件句柄（并保存文件）。

说明 3：Unicode 代码点并不是连续的。如果不存在某个 Unicode 代码点，程序将抛出 UnicodeEncodeError 异常。

（2）运行 Python 程序，打开 unicode.txt 文本文件，部分内容如图 12-12 所示。

说明 1：显示为"□"的 Unicode 字符，对应的代码点被留作他用，例如被用作间隔标记或者表情字符。

说明 2：学有余力的读者可将 Unicode 编码表的全部代码点转换成 Unicode 字符，并写入 UTF-8 编码的文本文件中，需要注意 Unicode 代码点的最大值是 1114111。

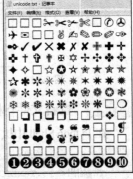

图 12-12 UTF-8 文本文件

上机实践 3　以"读"模式打开文本文件

知识提示 1：使用 Windows 记事本程序"读"文本文件的步骤是首先使用 Windows 记事本程序打开文本文件，接着开始"读"文本文件，常用的"读"方法有 3 种。全部读，按"Ctrl+A"组合键全选→光标被移动到文件的末尾；以行为单位读，读第 1 行→移动光标到第 1 行的末尾→读第 2 行→移动光标到第 2 行的末尾→读第 3 行……；以字符为单位读，从起始处读 x 个字符→移动光标到 x 位置处→读 y 个字符→移动光标到 $x+y$ 位置处→读 z 个字符……。使用 Python 代码可以模拟上述 3 种方法。

知识提示 2：文件句柄的 read 方法、readline 方法、readlines 方法、readexactly 方法以及 readuntil (separator=b'\n')方法都提供了"读"文件功能，这些方法都会自动移动文件指针。本节主要讲解 read、readline 和 readlines 三种方法的使用。

知识提示 3：文件句柄是迭代器对象。以读模式打开文件后，通过迭代文件句柄也可以读文件。

知识提示 4：open 函数的参数 encoding 设置了字符流的字符编码。读文件时，务必确保 encoding 的参数值与被读取文本文件已有文本的字符编码相同。

场景 1　通过迭代文件句柄的方法读文件

知识提示：迭代文件句柄时，以"行"为单位迭代文本文件。

（1）启动 IDLE 打开 Python Shell，执行下列代码，修改 Python Shell 的当前工作目录为 C:\py3project\files。

```
import os
os.chdir('C:\py3project\\files')
```

（2）在 Python Shell 中执行下列代码，执行结果如图 12-13 所示。

```
fh = open("UTF-8.txt",'r',encoding='UTF-8')
next(fh)
next(fh)
next(fh)
next(fh)
fh.close()
```

说明 1：本场景中 open 函数的 newline 参数为默认值 None，使用"读"模式打开文本文件时，Windows 文本文件中的"\r\n"被转换成字符串的换行符"\n"（macOS 文本文件中的"\r"被转换成字符串的换行符"\n", Linux 文本文件中的"\n"被转换成字符串的换行符"\n")。

说明2：注意第 2 行不是空字符串，"\r\n"被转换为 Python 字符串"\n"，"\n"是一个字符的字符串，这一点很重要！

说明3：文件句柄是迭代器对象，next 函数与 StopIteration 异常的组合可以实现文本文件的遍历，代码如下，执行结果如图 12-14 所示。执行结果中行与行之间有两个换行符，这是因为 print 函数每次执行后会自动打印一个"\n"换行符。解决该问题的方法是将"print(line)"修改为"print(line,end='')"。

```
fh = open("UTF-8.txt",'r',encoding='UTF-8')
while(True):
    try:
        print(next(fh))
    except StopIteration:
        break
fh.close()
```

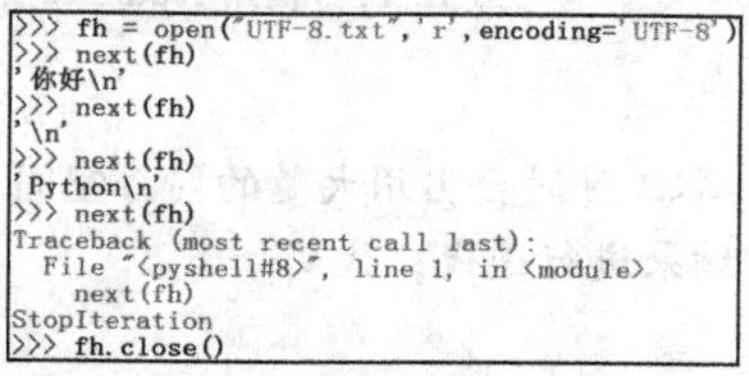

图 12-13 通过迭代文件句柄的方法读文件    图 12-14 执行结果中行与行之间有两个换行符

说明4：也可以使用 for 循环对文件句柄进行迭代，实现文本文件的遍历，代码如下。

```
fh = open("UTF-8.txt",'r',encoding='UTF-8')
for line in fh:
    print(line,end='')
fh.close()
```

场景 2 使用 readline 方法只读取一行

接场景 1 的步骤（2）。在 Python Shell 中执行下列代码，执行结果如图 12-15 所示。

```
fh = open("UTF-8.txt",'r',encoding='UTF-8')
fh.readline()
fh.readline()
fh.readline()
fh.readline()
fh.close()
```

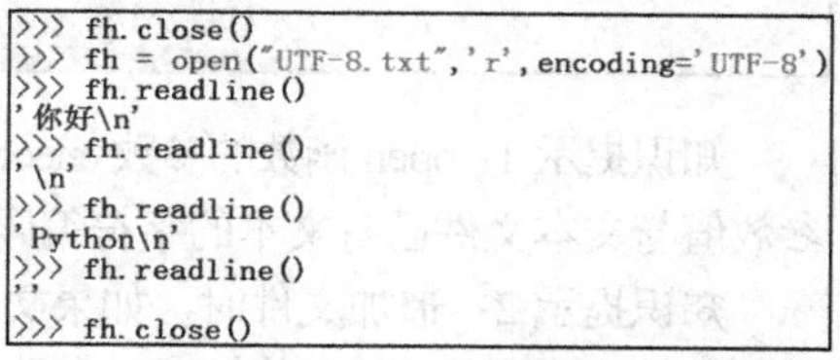

图 12-15 使用 readline 方法只读取一行

说明1：对比场景 1 可以得知，使用 next 函数迭代文件句柄时，可能抛出 StopIteration 异常；使用 readline 方法迭代文件句柄时，不会抛出 StopIteration 异常。

说明2：注意第 5 行代码的执行结果是空字符串""。当 fh.readline()的返回值是空字符串""时，表示读取到文件末尾 EOF 处。readline 方法与 while 循环的组合可以实现文本文件的遍历，代码如下。代码"line!=''"用于判断是否读取到文件末尾 EOF 处。

```
fh = open("UTF-8.txt",'r',encoding='UTF-8')
line = fh.readline()
while line!='':
    print(line,end='')
    line = fh.readline()
fh.close()
```

场景 3 使用 read 方法读文件

知识提示：read 方法的语法格式是"read(n=-1)"。n 表示读取 n 个字节；n 的默认值是-1，表示读取文件全部内容（直到文件末尾 EOF 处）。

接场景 2 的步骤。在 Python Shell 中执行下列代码，执行结果如图 12-16 所示。

```
fh = open("UTF-8.txt",'r',encoding='UTF-8')
fh.read()
fh.close()
```

```
>>> fh = open("UTF-8.txt",'r',encoding='UTF-8')
>>> fh.read()
'你好\n\nPython\n'
>>> fh.close()
```

图 12-16 使用 read 方法读文件

说明：如果文本文件过大，使用 read 方法读取文件全部内容时会占用大量的内存空间。

场景 4 使用 readlines 方法以"行"为单位读取全部内容

知识提示：readlines()方法以"行"为单位读取全部内容，并返回"行"列表。

接场景 3 的步骤。在 Python Shell 中执行下列代码，执行结果如图 12-17 所示。

```
fh = open("UTF-8.txt",'r',encoding='UTF-8')
fh.readlines()
fh.close()
```

```
>>> fh = open("UTF-8.txt",'r',encoding='UTF-8')
>>> fh.readlines()
['你好\n', '\n', 'Python\n']
>>> fh.close()
```

图 12-17 使用 readlines 方法读文件

说明 1：如果文本文件过大，使用 readlines 方法读取文件时会占用大量的内存空间。

说明 2：可以使用 for 循环对 readlines 方法的返回结果进行迭代，代码如下。

```
fh = open("UTF-8.txt",'r',encoding='UTF-8')
lines = fh.readlines()
for line in lines:
    print(line,end='')
fh.close()
```

说明 3：读文本文件的流程可以描述为，获取一个文件句柄（指定文件的路径、设置 mode 模式为'r'、建议设置 encoding 为'UTF-8'），迭代文件句柄或者调用文件句柄的 read*方法读取数据（读取文本数据时会自动移动文件指针），调用 close 方法关闭文件句柄。

上机实践 4　追加模式和排他写模式

知识提示 1：open 函数的参数 encoding 设置了字符流的字符编码，追加文件时，务必确保 encoding 参数值与文本文件已有文本的字符编码相同。

知识提示 2：追加文件时，如果文件不存在则会新建文件。

知识提示 3：之所以能够"追加"，是因为"追加"模式将文件指针移动到了文件末尾。

场景 1 以追加模式打开文本文件

（1）启动 IDLE 打开 Python Shell，执行下列代码，修改 Python Shell 的当前工作目录为 C:\py3project\files。

```
import os
os.chdir('C:\py3project\\files')
```

（2）在 Python Shell 中执行下列代码，观察运行结果。

```
fh = open("UTF-8.txt",'a',encoding='UTF-8')
fh.write('吾生有涯\n')#输出 5
fh.write('\n')#输出 1
fh.write('Python 无涯\n')#输出 8
fh.close()
```

场景 2 以排他写模式打开文本文件

接场景 1 的步骤（2）。在 Python Shell 中执行下列代码，观察运行结果。

```
fh = open("UTF-8.txt",'x',encoding='UTF-8')#输出FileExistsError
```

说明：如果UTF-8.txt文件已经存在，则无法以排他写模式打开该文件，并会抛出FileExistsError异常。如果UTF-8.txt不存在，则创建该文件。

上机实践 5　关闭文件的正确方法

场景 1　错误的代码片段

知识提示：下面的代码片段是错误的。原因是没有手动关闭文件句柄 fh。如果此时尝试手动删除 UTF-8.txt 文件，将弹出图 12-18 所示的对话框。

```
fh = open("UTF-8.txt",'r',encoding='UTF-8')
next(fh)
```

图 12-18　手动删除未被关闭的文件

场景 2　不规范的代码片段

知识提示：下面的代码片段虽然包含手动关闭文件句柄 fh 的代码，然而由于第 3 行代码抛出异常，Python 解释器在第 3 行处终止了程序执行，导致代码 fh.close()没有被执行。

```
fh = open("UTF-8.txt",'r',encoding='UTF-8')
next(fh)
4/0
fh.close()
```

场景 3　改进后的代码仍然不规范

知识提示：下面是改进后的代码片段。为了确保代码 fh.close()能够成功执行，增加了"除零"的异常处理，代码 fh.close()被放置在 finally 代码块中。

```
try:
    fh = open("UTF-8.txt",'r',encoding='UTF-8')
    next(fh)
    4/0
except ZeroDivisionError:
    print("除零")
finally:
    print("关闭文件句柄")
    fh.close()
```

说明：改进后的代码片段依然存在不规范之处。试想如果 UTF-8.txt 文件不存在，open 函数读取一个不存在的文件时将抛出 FileNotFoundError 异常，fh 对象名将不会被定义。执行 finally 代码块中的代码时，由于 fh 对象名不存在，代码 fh.close()将抛出 NameError: name 'fh' is not defined 异常。

场景 4　较为规范的代码片段

知识提示：下面是较为规范的代码片段，但是代码的可读性较差。代码 fh.close()被放置在 finally 代码块中，并且在手动关闭文件句柄 fh 前，使用 if 语句判断 fh 对象名是否被定义。由于 Python 没有提供判断对象名是否被定义的函数，这里借助'fh' in dir()判断 fh 对象名是否被定义。

```
try:
    fh = open("UTF-8.txt",'r',encoding='UTF-8')
    next(fh)
    4/0
except FileNotFoundError:
    print("文件不存在")
except ZeroDivisionError:
```

```
        print("除零")
finally:
    if 'fh' in dir():
        print("关闭文件句柄")
        fh.close()
```

场景 5 最为规范的代码片段

知识提示：为了提升代码的可读性，Python 从 2.6 版本开始引入了上下文管理的 with 语言结构。with 语言结构的语法格式如下。

```
with context as obj:
    pass
```

说明 1：context 是一个 Python 表达式，该表达式的返回值赋值给 obj。

说明 2：with 语言结构本质是不包含 except 的 try…finally…，能确保资源被关闭，但无法捕获异常、处理异常。

说明 3：所谓上下文管理是指"进场"时会自动执行 __enter__ 方法（类似于 try），"离场"时会自动执行 __exit__ 方法（类似于 finally）。由于文件句柄包含 __enter__ 方法和 __exit__ 方法，因此文件句柄适用于上下文管理。

说明 4：with 善于管理资源类的对象，例如文件流的打开和关闭、线程锁的获取和释放。以管理文件句柄为例，代码片段如下。

```
try:
    with open("UTF-8.txt",'r',encoding='UTF-8') as fh:
        try:
            next(fh)
            4/0
            for line in fh:
                print(line)
        except ZeroDivisionError:
            print("除零")
except FileNotFoundError:
    print("文件不存在")
```

场景 6 with 上下文管理的综合练习

问题描述：从 UTF-8 编码的文本文件 source.txt 中读取数据，写入到 GBK 编码的文本文件 destination.txt 中。

（1）创建 Python 程序，输入以下代码，将 Python 程序命名为 utf8_2_gbk.py，保存在 C:\py3project\files 目录下。

```
with open("source.txt",'w',encoding='UTF-8') as fh:
    fh.write('你好Python')
try:
    with open("source.txt",'r',encoding='UTF-8') as source:
        with open('destination.txt','w',encoding='GBK') as destination:
            for line in source:
                destination.write(line)
except FileNotFoundError:
    print("文件不存在")
```

说明：该 Python 程序首先创建一个不包含 BOM 的 UTF-8 编码的文本文件 source.txt，并写入"你好 Python"。然后从 UTF-8 编码的文本文件 source.txt 中读取数据，将其写入 GBK 编码的文本文件 destination.txt 中。

（2）运行 Python 程序。

说明：source.txt 文件中不能包含 BOM，如果包含 BOM，将抛出图 12-19 所示的异常。

```
Traceback (most recent call last):
  File "C:/py3project/files/utf8_2_gbk.py", line 7, in <module>
    destination.write(line)
UnicodeEncodeError: 'gbk' codec can't encode character '\ufeff' in position 0: illegal multibyte sequence
```

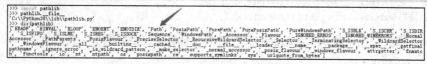

图 12-19　BOM 错误

（3）打开 source.txt 文本文件和 destination.txt 文本文件，两个文本文件的内容是相同的，但两个文本文件中文本数据的二进制编码并不相同。

上机实践 6　pathlib 模块的 Path 类的使用

知识提示：pathlib 是 Python 的标准模块，提供了文件管理和路径管理的方法。通常使用 pathlib 模块实现路径的管理。本上机实践的最后一个场景演示了使用 pathlib 模块实现文件的管理。

场景 1　认识 pathlib 模块

（1）在 Python Shell 中执行下列代码，了解 pathlib 模块的基本信息，执行结果如图 12-20 所示。

```
import pathlib
pathlib.__file__
dir(pathlib)
```

```
>>> import pathlib
>>> pathlib.__file__
'C:\\Python38\\lib\\pathlib.py'
>>> dir(pathlib)
['EBADF', 'EINVAL', 'ELOOP', 'ENOENT', 'ENOTDIR', 'Path', 'PosixPath', 'PurePath', 'PurePosixPath', 'PureWindowsPath', 'S_ISBLK', 'S_ISCHR', 'S_ISDIR', 'S_ISFIFO', 'S_ISLNK', 'S_ISREG', 'S_ISSOCK', 'Sequence', 'WindowsPath', '_Accessor', '_Flavour', '_IGNORED_ERROS', '_IGNORED_WINERRORS', '_NormalAccessor', '_PathParents', '_PosixFlavour', '_PreciseSelector', '_RecursiveWildcardSelector', '_Selector', '_TerminatingSelector', '_WildcardSelector', '_WindowsFlavour', '__all__', '__builtins__', '__cached__', '__doc__', '__file__', '__loader__', '__name__', '__package__', '__spec__', '_getfinalpathname', '_ignore_error', '_is_wildcard_pattern', '_make_selector', '_normal_accessor', '_posix_flavour', '_windows_flavour', 'attrgetter', 'fnmatch', 'functools', 'io', 'nt', 'ntpath', 'os', 'posixpath', 're', 'supports_symlinks', 'sys', 'urlquote_from_bytes']
```

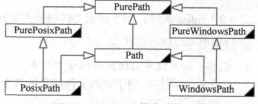

图 12-20　查看 pathlib 模块的基本信息

说明 1：pathlib 模块对应 C:\Python38\lib\pathlib.py 程序。

说明 2：pathlib 模块主要提供了 6 个类来实现文件和路径的管理，如图 12-21 所示。其中最为重要的类是 Path 类。

图 12-21　pathlib 模块的核心类

（2）在 Python Shell 中执行下列代码，查看 pathlib 模块 Path 类的属性和方法，执行结果如图 12-22 所示。

```
dir(pathlib.Path)
```

```
>>> dir(pathlib.Path)
['__bytes__', '__class__', '__delattr__', '__dir__', '__doc__', '__enter__', '__eq__', '__exit__', '__format__', '__fspath__', '__ge__', '__getattribute__', '__gt__', '__hash__', '__init__', '__init_subclass__', '__le__', '__lt__', '__module__', '__ne__', '__new__', '__reduce__', '__reduce_ex__', '__repr__', '__rtruediv__', '__setattr__', '__sizeof__', '__slots__', '__str__', '__subclasshook__', '__truediv__', '_accessor', '_cached_cparts', '_closed', '_cparts', '_drv', '_format_parsed_parts', '_from_parsed_parts', '_from_parts', '_hash', '_init', '_make_child', '_make_child_relpath', '_opener', '_parse_args', '_parts', '_pparts', '_raise_closed', '_raw_open', '_root', '_str', 'absolute', 'anchor', 'as_posix', 'as_uri', 'chmod', 'cwd', 'drive', 'exists', 'expanduser', 'glob', 'group', 'home', 'is_absolute', 'is_block_device', 'is_char_device', 'is_dir', 'is_fifo', 'is_file', 'is_mount', 'is_reserved', 'is_socket', 'is_symlink', 'iterdir', 'joinpath', 'lchmod', 'link_to', 'lstat', 'match', 'mkdir', 'name', 'open', 'owner', 'parent', 'parents', 'parts', 'read_bytes', 'read_text', 'relative_to', 'rename', 'replace', 'resolve', 'rglob', 'rmdir', 'root', 'samefile', 'stat', 'stem', 'suffix', 'suffixes', 'symlink_to', 'touch', 'unlink', 'with_name', 'with_suffix', 'write_bytes', 'write_text']
```

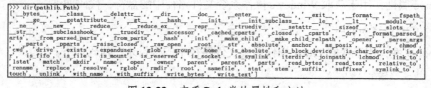

图 12-22　查看 Path 类的属性和方法

场景 2　创建 Path 路径对象和拼接 Path 路径对象

知识提示：本场景的路径并不是计算机上真实存在的路径。

（1）使用 Path 的构造方法创建 Path 路径对象，代码如下。

```
from pathlib import Path
path_a = Path(r"a/aa", r"aaa\a.txt")
path_a         #输出 WindowsPath('a/aa/aaa/a.txt')
print(path_a) #输出 a\aa\aaa\a.txt
```

说明 1：文件路径字符串建议以“r”或“R”作为前缀，防止路径分隔符“\”拥有转义功能。

说明 2：Path 的构造方法可以将多个参数拼接起来组成一个 Path 路径对象。参数不仅可以是字符串，还可以是 Path 路径对象。

说明 3：不同操作系统中路径分隔符是不同的，Path 路径对象能够根据不同平台自动适配路径分隔符。

（2）使用"/"操作符拼接 Path 路径对象，代码如下。

```
path_b = Path(r"b/bb") / r"bbbb\b.txt"
path_b          #输出 WindowsPath('b/bb/bbbb/b.txt')
```

（3）使用 Path 路径对象的 joinpath 方法拼接 Path 路径对象，代码如下。

```
path_c = Path(r"c/cc").joinpath(r"ccc\c.txt")
path_c          #输出 WindowsPath('c/cc/ccc/c.txt')
print(path_c) #输出 c\cc\ccc\c.txt
```

场景 3 Path 路径对象的属性和方法

知识提示：本场景的路径并不是计算机上真实存在的路径。启动 IDLE 打开 Python Shell，执行下列代码，准备一个 Path 路径对象（该路径在计算机上可能不存在）。

```
from pathlib import Path
path_d = Path(r"E:/a/b").joinpath(r"c\d.txt")
path_d#输出 WindowsPath('E:/a/b/c/d.txt')
```

（1）name 属性：用于获取文件路径的文件名或目录名（包括后缀），代码如下。

```
path_d.name#输出'd.txt'
```

（2）stem 属性：用于获取文件路径的文件名或目录名（不包括后缀），代码如下。

```
path_d.stem#输出'd'
```

（3）suffix 属性：用于获取文件路径中文件或目录的后缀名（包括"."），代码如下。

```
path_d.suffix#输出'.txt'
```

说明：如果没有后缀则返回空字符串。

（4）parts 属性：用于获取文件路径的各个组成部分（以元组数据类型返回），代码如下。

```
path_d.parts#输出('E:\\', 'a', 'b', 'c', 'd.txt')
```

（5）drive 属性：用于获取 Windows 操作系统文件路径中的盘符，代码如下。

```
path_d.drive    #输出'E:'
```

（6）root 属性：用于获取 Linux 操作系统文件路径中的根目录，代码如下。

```
path_d.root#输出'\\'
```

（7）parent 属性：用于获取文件路径中的父目录，代码如下。

```
path_d.parent          #输出 WindowsPath('E:/a/b/c')
path_d.parent.parent   #输出 WindowsPath('E:/a/b')
```

（8）parents 属性：用于获取文件路径中的所有祖先目录（是一个不可变的序列），代码如下。

```
path_d.parents         #输出<WindowsPath.parents>
list(path_d.parents)
#输出[WindowsPath('E:/a/b/c'),WindowsPath('E:/a/b'),WindowsPath('E:/a'),WindowsPath('E:/')]
```

（9）is_absolute 方法：用于判断是不是绝对路径，代码如下。

```
path_d.is_absolute()#输出 True
```

▶注意：Windows 操作系统的绝对路径从盘符出发；Linux 操作系统的绝对路径从 "/" 出发。

（10）relative_to(source)方法：用于计算从 source 出发到当前文件路径对象的相对路径，代码如下。

```
path_d.relative_to('E:/a/') #输出 WindowsPath('b/c/d.txt')
path_d.relative_to(path_d)  #输出 WindowsPath('.')
```

（11）with_name(new_name)方法：用于将文件或目录重命名为 new_name，代码如下。

```
path_d                      #输出 WindowsPath('E:/a/b/c/d.txt')
new_path = path_d.with_name("test.txt")
path_d                      #输出 WindowsPath('E:/a/b/c/d.txt')
new_path                    #输出 WindowsPath('E:/a/b/c/test.txt')
```

说明：with_name 方法用于返回新文件名，并不会修改原文件名。

（12）with_suffix(new_suffix)方法：用于将文件的扩展名替换为 new_suffix，代码如下。

```
path_d                      #输出 WindowsPath('E:/a/b/c/d.txt')
new_path = path_d.with_suffix(".json")
path_d                      #输出 WindowsPath('E:/a/b/c/d.txt')
new_path                    #输出 WindowsPath('E:/a/b/c/d.json')
```

说明：with_suffix 方法用于返回新文件名，并不会修改原文件名。

（13）match(pattern)方法：用于将文件路径与指定模式 pattern 进行模式匹配。匹配成功，则返回 True，否则返回 False，代码如下。模式 pattern 常用的通配符请参考 glob(pattern)方法。

```
p = Path('a/b.txt')
p.match('*.txt') #输出 True
```

场景 4　查看计算机上真实存在的文件路径

知识提示：本场景的路径是指计算机上真实存在的路径。启动 IDLE 打开 Python Shell，执行下列代码，修改 Python Shell 的当前工作目录为 C:\py3project\files。

```
import os
os.chdir('C:\py3project\\files')
```

（1）cwd 方法：用于获取当前工作目录，代码如下。

```
from pathlib import Path
Path.cwd()     #输出 WindowsPath('C:/py3project/files')
```

说明：cwd 方法是类方法，无须创建 Path 的实例化对象即可调用。

（2）resolve 方法：用于获取目录（或者文件）的绝对路径。

例如可以使用 resolve 方法获取当前工作目录 "." 的绝对路径，代码如下。

```
p = Path()
p              #输出 WindowsPath('.')
p.resolve()    #输出 WindowsPath('C:/py3project/files')
```

说明：创建 Path 的实例化对象时，如果没有传递参数，表示当前工作目录 "."。

（3）home 方法：用于获取操作系统用户的绝对路径，代码如下。

```
Path.home()    #输出 WindowsPath('C:/Users/Administrator')
```

说明：home 方法是类方法，无须创建 Path 的实例化对象即可调用。

（4）exists 方法：用于判断文件路径是否在计算机上存在，代码如下。

```
p = Path('a/b.txt')
p.exists()#输出False
```

说明：如果参数是相对路径，则在当前工作目录中查找该文件路径是否存在。

（5）is_dir 方法：用于判断计算机上的某个文件路径是否是目录，代码如下。

```
Path.home().is_dir()#输出True
```

（6）is_file 方法：用于判断计算机上的某个文件路径是否是文件，代码如下。

```
Path.home().is_file()#输出False
```

场景 5 遍历路径

知识提示：本场景的路径是指计算机上真实存在的路径。启动 IDLE 打开 Python Shell，执行下列代码，修改 Python Shell 的当前工作目录为 C:\py3project\files。

```
import os
os.chdir('C:\\py3project\\files')
```

（1）iterdir 方法：用于获取某个目录的文件和子目录（不包含孙目录）。

例如获取当前工作目录的所有文件和子目录，代码如下。

```
Path.cwd().iterdir()          #输出<generator object Path.iterdir at 0x2CAAAC0>
```

说明：iterdir()方法用于返回一个生成器对象，可以执行以下代码将生成器对象转换为列表对象。有关生成器对象的知识可参看第 16.4 节的内容。

```
[x for x in Path.cwd().iterdir()]
```

（2）glob(pattern)方法：用于在文件路径中查找所有匹配指定模式 pattern 的文件或目录，函数的返回值是一个生成器。

例如在当前工作目录中查找所有扩展名是 ".txt" 的记事本文件，代码如下。

```
Path.cwd().glob('*.txt')      #输出[<generator object Path.glob at 0x0000000002D7DC80>]
list(Path.cwd().glob('*.txt'))
```

例如在当前工作目录中"递归"查找所有扩展名是 ".txt" 的记事本文件，代码如下。

```
list(Path.cwd().glob('**/*.txt'))
```

说明：glob(pattern)方法支持 "**" 模式，用于在文件路径中"递归"查找所有匹配指定模式的文件或目录。模式 pattern 常用的通配符如表 12-3 所示。

表 12-3 模式 pattern 常用的通配符

通配符	功能	举例
*	匹配 0 或多个字符	list(Path.cwd().glob('*.txt'))
**	递归匹配文件或者目录	list(Path.cwd().glob('**/*.txt'))
?	匹配 1 个字符（不包含 0）	list(Path.cwd().glob('a?.py'))
[]	匹配指定范围内的字符，例如[1-9]是指匹配 1～9 的字符	list(Path.cwd().glob('a[1-9].py'))
[!]	匹配不在指定范围内的字符	list(Path.cwd().glob('a[!1-9].py'))

场景 6 查看文件（目录）的基本信息

知识提示 1：Path 路径对象的 stat()方法用于返回文件（或者目录）的统计信息，该方法的返回值是 os.stat_result 对象，该对象包含以下属性。

① st_size：文件的大小（以字节为单位）。

② st_atime：文件最后一次被访问的时间（UNIX 时间戳），英文为（last）access time。对文件

进行读操作时，该时间会更新。

③ st_mtime：文件最后一次被修改的时间（UNIX 时间戳），英文为（last）modified time。对文件进行写操作时，该时间会更新。

④ st_ctime：英文为（last）changed time，该值和平台相关。在 Windows 中指的是文件的初始创建的时间（UNIX 时间戳）。在 Linux 中指的是最后一次文件的 metadata 被修改的时间（UNIX 时间戳）。基于 UNIX 零时经过的秒数叫作 Unix 时间戳，UNIX 零时指 UTC+0 时区的时间 "1970-01-01 00:00:00"。

知识提示 2：本场景的路径是指计算机上真实存在的路径。启动 IDLE 打开 Python Shell，执行下列代码，修改 Python Shell 的当前工作目录为 C:\py3project\files。

```
import os
os.chdir('C:\py3project\\files')
```

（1）获取当前工作目录的统计信息，代码如下。

```
Path.cwd().stat()
```

（2）获取当前工作目录中所有文件和子目录的统计信息，代码如下。

```
[x.stat() for x in Path.cwd().iterdir()]
```

（3）获取当前工作目录所有文件的修改时间，代码如下。

```
[x.stat().st_mtime for x in Path.cwd().iterdir()]
```

（4）获取当前工作目录中最大的文件，代码如下。

```
max([(f.stat().st_size, f) for f in Path.cwd().iterdir() if f.is_file()])
```

（5）获取当前工作目录中最后修改的文件（显示时间戳），代码如下。

```
max([(f.stat().st_mtime, f) for f in Path.cwd().iterdir() if f.is_file()])
```

（6）获取当前工作目录中最后修改的文件（显示日期时间），代码如下。

```
import time
max([(time.ctime(f.stat().st_mtime), f) for f in Path.cwd().iterdir() if f.is_file()])
```

说明：time 是 Python 的标准模块。time 模块的 ctime 函数将时间戳转换为时间字符串（但该时间字符串不符合我们的使用习惯）。

场景 7　创建目录

知识提示：mkdir(parents=False, exist_ok=False)方法的功能是在指定的文件路径中创建目录。

在操作系统用户目录中创建 a 目录，代码如下。

```
from pathlib import Path
p = Path.home() / r'a'
p       #输出 WindowsPath('C:/Users/Administrator/a')
p.mkdir()
```

说明 1：如果再次执行代码 "p.mkdir()"，由于目录已经存在，将抛出 FileExistsError 异常。将参数 exist_ok 设置为 True 后，即便目录已经存在，也会过滤掉 FileExistsError 异常。可尝试执行代码 "p.mkdir(exist_ok=True)" 再次测试。

说明 2：默认情况下 mkdir 方法一次只能创建一个目录，如果一次创建多个目录，将抛出 FileNotFoundError 异常，例如下列代码。

```
p = Path.home() / r'a/aa/aaa'
p.mkdir()
```

说明 3：参数 parents 被设置为 True 后，可以一次创建多级目录，可尝试执行下列代码再次测试。

```
p = Path.home() / r'a/aa/aaa'
p.mkdir(parents=True)
```

场景 8　移动文件（或目录）和重命名文件（或目录）

知识提示 1：replace(target)方法的功能是移动文件，并将文件重命名，该方法返回指向 target 的 Path 路径对象。

知识提示 2：rename(target)方法的功能是将文件或目录重命名为 target。如果目的文件（或目录）target 已经存在，该方法将抛出 FileExistsError 异常。

（1）将操作系统用户目录中的 hello.txt 记事本文件移动到操作系统用户目录中的/a/aa/aaa/目录，移动后的文件名保持不变，代码如下。

```
from pathlib import Path
target = Path.home() / r'a/aa/aaa/hello.txt'
source = Path.home() / Path('hello.txt')
source.replace(target)#输出 WindowsPath('C:/Users/Administrator/a/aa/aaa/hello.txt')
```

说明：如果目的文件（或目录）已经存在，replace(target)方法会不加提示地覆盖原有文件。使用 replace(target)方法前，建议判断目的文件是否已经存在。

（2）将操作系统用户目录中的 hello.txt 记事本文件重命名为 test.txt，代码如下。

```
source = Path.home() / r'a/aa/aaa/hello.txt'
target = source.with_name('test.txt')
source.rename(target)
```

（3）将操作系统用户目录中的 test.txt 记事本文件扩展名改为 test.json，代码如下。

```
source = Path.home() / r'a/aa/aaa/test.txt'
target = source.with_suffix('.json')
source.rename(target)
```

场景 9　删除文件和目录

知识提示：unlink 方法用于删除文件。rmdir 方法用于删除目录，注意删除目录时，目录中不能存在文件或者子目录，并且一次只删除一级目录。

（1）在 Python Shell 上执行下列代码，代码如下。

```
from pathlib import Path
p = Path.home() / r'a/aa/aaa/test.json'
p.unlink()
```

（2）在 Python Shell 上执行下列代码，代码如下。

```
p = Path.home() / r'a/aa/aaa'
p.rmdir()
p.parent.rmdir()
p.parent.parent.rmdir()
```

场景 10　创建文件、打开文件、读写文件

知识提示 1：touch(exist_ok = True)方法的功能是按照给定的文件路径创建一个文件。

知识提示 2：open 方法的具体用法可参考 open 函数。

知识提示 3：write_text(data, encoding=None)方法的功能是将数据以某种字符编码写入文件路径所指向的文件。

知识提示 4：read_text(encoding=None)方法的功能是以某种字符编码读取文件路径所指向的文件。

（1）在操作系统用户目录中创建 hello.txt 记事本文件，代码如下。

```
from pathlib import Path
p = Path.home() / Path('hello.txt')
p.touch()
p.touch()
```

说明 1：使用 touch 方法创建文件时，若文件已经存在，不会覆盖原有文件，即不进行任何操作。参数 exist_ok 的默认值是 True，表示即便文件已经存在，也会过滤掉 FileExistsError 异常。

说明 2：使用 touch 方法创建文本文件时，无法指定字符流的字符编码，不建议使用 touch 方法创建文本文件。

（2）在操作系统用户目录中创建 hello.txt 记事本文件，代码如下。

```
p = Path.home() / Path('hello.txt')
p.open('w',encoding='UTF-8')
```

（3）向操作系统用户目录中的 hello.txt 记事本文件写入字符串，代码如下。

```
p = Path.home() / Path('hello.txt')
p.write_text('你好\n\nPython\n',encoding='UTF-8')
```

说明：使用 write_text 方法向文件写入字符串时，如果文件已经存在，则会清空原有文件的内容。

（4）读取操作系统用户目录中的 hello.txt 记事本文件内容，代码如下。

```
p = Path.home() / Path('hello.txt')
p.read_text(encoding='UTF-8')#输出'你好\n\nPython\n'
```

说明：Path 对 write_text 方法以及 read_text 方法进行了简单的封装，会自动关闭文件句柄。

中级实战篇

第13章 项目实战：学生管理系统的实现——JSON、CSV 和 pickle

本章主要讲解实现序列化和持久化的方法，包括使用 json 模块实现序列化和持久化、使用 csv 模块实现持久化、使用 pickle 模块实现序列化和持久化等理论知识，演示了 json 模块、csv 模块、pickle 模块的用法等实践操作，并通过 JSON 文本文件+列表、JSON 文本文件+字典、CSV 文本文件+列表、CSV 文本文件+字典、pickle 二进制文件+列表、pickle 二进制文件+字典等 6 种方法实现了学生管理系统。通过本章的学习，读者将具备使用 json 模块、csv 模块和 pickle 模块管理数据的能力。

13.1 序列化和持久化

Python 中一切皆对象，对象存储于内存，内存仅仅是数据的临时住所，外存才是数据永久的家。必须将"内存中的对象"保存到外存文件中，数据才能够被长久保存。文件可以保存文本数据和二进制数据，但无法保存 Python 对象，除非将 Python 对象序列化。

将内存中的对象转换为字符串或者字节串的过程称作序列化（serialization）。将内存中的对象转换为字符串或者字节串后，再将字符串或者字节串通过字符流或者二进制流写入文本文件或二进制文件的过程称作持久化（persistence）。序列化和持久化的关系如图 13-1 所示。

序列化的反操作是反序列化，将字符串或者字节串转换为内存对象的过程称作反序列化。持久化的反操作是反持久化，将文本文件或二进制文件中的数据转换为内存对象的过程称作反持久化。

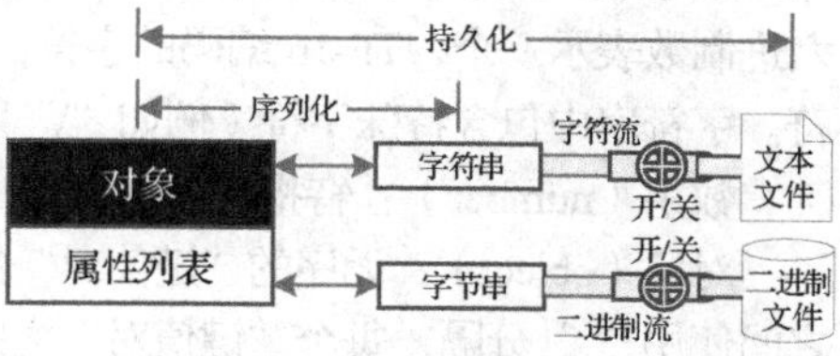

序列化和持久化之间的关系总结如下。

1．目的不同

① 序列化的目的是数据交换。例如序列化可以让对象在两台计算机之间进行网络传输，也可以让对象在内存和外存之间进行数据交换。

② 持久化的目的是将内存中的对象存储到文件中。持久化通常需要借助序列化，但序列化的最终目的不一定是持久化。

2．典型应用不同

① 序列化的典型应用是网络编程和 HTTP 数据传输。例如，计算机 A 将内存中的对象通过网

图 13-1 序列化和持久化的关系

络传递给计算机 B，计算机 A 需要将内存中的对象序列化成字节串，再将字节串通过网络传输给计算机 B；计算机 B 收到字节串后，将字节串反序列化成内存中的对象，继而完成数据的交换，整个过程只包含序列化和反序列化，并不包含持久化。

② 持久化的典型应用是游戏开发。例如退出游戏单击"保存"按钮时，需要将角色的状态信息（例如生命、攻击、防御等）储存到文件中。下次进入游戏时，从文件中加载状态信息即可恢复游戏。

13.2 json 模块的使用

JSON（JavaScript Object Notation）是一种完全独立于编程语言的描述数据的语言。JSON 特点如下。

json 模块的使用

① JSON 独立于任何编程语言，JSON 可独立存在于 C、Java、JavaScript、Perl、Python、PHP 等编程语言。

② JSON 以文本为基础，本质是一个符合特定格式的文本数据（也叫字符串）。

③ JSON 具有自我描述性，易于人类阅读。

④ 与其他描述数据的语言（例如 XML）相比，JSON 是轻量级的。

说明 1：JSON 的独立性、自我描述性以及轻量级等特点，使得同一个 JSON 字符串可以在 C、Java、JavaScript、Perl、Python、PHP 等编程语言之间进行数据交换。目前，JSON 已经成为数据交换的首选。

说明 2：JSON 不是编程语言，是一种描述数据的语言，只负责描述数据，没有 if、for、while 等控制语句。

说明 3：JSON 中的"JS"虽然取自编程语言"JavaScript"，但 JSON 是独立于 JavaScript 的。就像 JavaScript 中的"Java"虽然取自编程语言"Java"，但 JavaScript 和 Java 是两种单独存在的编程语言。

13.2.1 JSON 内置的数据类型

为了描述数据，JSON 提供了 5 种基本数据类型，分别是字符串、数字、true、false、null。除此之外，JSON 还提供了两种数据结构，分别是对象和数组，用于描述结构化数据，对象和数组之间可以相互嵌套。

JSON 内置的数据类型

字符串（string）：字符串是由零个或多个 Unicode 字符组成的序列，用"双引号"括起来。字符串中的字符是大小写敏感的。字符串中的 Unicode 字符可以使用"\u"后跟 4 个十六进制数表示一个 UTF-16 编码的字符，或者"\U"后跟 8 个十六进制数表示一个 UTF-32 编码的字符。字符串中包含特殊字符（例如"\"）时，需要使用"\"转义。

数字（number）：特指十进制数字（不包括八进制数和十六进制数）。

对象（object）：无序的"键值对"集合。外观上，以"{"开始，以"}"结束，"键"和"值"之间使用":"分隔，每个"键值对"之间使用","分隔。

数组（array）：值的有序列表。外观上，以"["开始，以"]"结束，"值"之间使用","分隔。

13.2.2 json 模块的序列化和持久化方法

json 是 Python 的标准模块。json 模块主要提供了表 13-1 所示的 4 个函数，前两个函数用于完成序列化和反序列化操作，后两个函数用于完成持久化和反持久化操作。

json 模块的序列化和持久化方法

表 13-1　json 模块提供的 4 个重要函数

函数	功能	说明
json.dumps(obj)	将内存中的对象 obj 序列化成 JSON 字符串	序列化
json.loads(json_str)	将 JSON 字符串 json_str 反序列化为内存中的对象	反序列化
json.dump(obj,fp)	将内存中的对象 obj 持久化到"写"模式的字符流 fp 中	持久化
json.load(fp)	从"读"模式的字符流 fp 中读取文本数据，反持久化为内存中的对象	反持久化

说明 1：JSON 是字符串。如果一个文本文件中存储的是 JSON 字符串，那么该文本文件称作 JSON 文本文件，JSON 文本文件的扩展名通常是".json"。

说明 2：json 模块提供的 4 个重要函数的总结如图 13-2 所示。

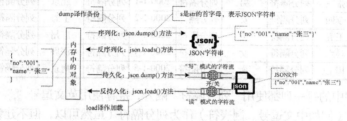

图 13-2　json 模块 4 个重要函数的总结

13.2.3　内存中的对象和 JSON 字符串相互转换

内存中的对象和 JSON 字符串相互转换

json 模块仅仅支持 8 种 Python 内置数据类型的对象与 JSON 字符串实现相互转换，分别是字典、列表、元组、字符串、整数、浮点数、布尔型数据（True 和 False）、None。转换规则如表 13-2 所示。

表 13-2　对象和 JSON 字符串的转换规则

Python 内置数据类型	JSON 字符串
dict（字典）	object（对象）
list（列表），tuple（元组）	array（数组）
str（字符串）	string（字符串）
int（整数），float（浮点数）	number（数字）
True（布尔型数据）	true
False（布尔型数据）	false
None	null

例如，图 13-3 所示的 JSON 字符串（左边）和 Python 对象（右边）可以相互转换。从最外层看，JSON 字符串表示的是一个数组，JSON 数组和 Python 列表是可以相互转换的。该 JSON 数组中有两个 JSON 对象，每个 JSON 对象代表一条学生信息，JSON 对象和 Python 字典可以相互转换。

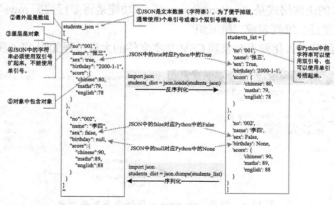

图 13-3　JSON 字符串（左边）和 Python 对象（右边）相互转换

13.3 csv 模块的使用

csv 模块的使用

CSV（comma-separated values）译作"被逗号分隔的多个值"。CSV 文件是一种文本文件，这就意味着 CSV 文件通常只存储文本数据、不存储二进制数据。CSV 文本文件的扩展名是.csv，存储的是表格样式的文本数据，内容格式如表 13-3 所示。

表 13-3 CSV 文本文件的内容格式

学号	列分隔符	姓名	列分隔符	性别	列分隔符	出生日期	列分隔符	籍贯	列分隔符	备注信息	换行符
001	列分隔符	张三	列分隔符	男	列分隔符	2000-1-1	列分隔符	北京	列分隔符	备注 1	换行符
002	列分隔符	李四	列分隔符	女	列分隔符	2000-1-2	列分隔符	上海	列分隔符	备注 2	换行符
003	列分隔符	王五	列分隔符	男	列分隔符	2000-1-3	列分隔符	广州	列分隔符	备注 3	换行符
004	列分隔符	马六	列分隔符	女	列分隔符	2000-1-4	列分隔符	深圳	列分隔符	备注 4	换行符
005	列分隔符	田七	列分隔符	男	列分隔符	2000-1-5	列分隔符	南京	列分隔符	备注 5	换行符

CSV 文本文件中的每一列都使用"列分隔符"隔开，推荐使用英文逗号","作为列分隔符，也可以使用其他字符（例如中文逗号、制表符）作为列分隔符（虽然可以，但不建议）。

CSV 文本文件中的每一行都以"换行符"结尾。需要注意，CSV 文件本质是文本文件，不同平台的文本文件，换行符并不相同。例如 Windows 文本文件的换行符是"\r\n"，Linux 文本文件的换行符是"\n"，macOS 文本文件的换行符是"\r"。

CSV 文件是文本文件，借助 Python 的内置函数（例如 read*和 write 函数）可以实现 CSV 文本文件的读、写操作，但由于涉及数据类型的转换、字符串的分割等操作，实现过程较为复杂。Python 提供的 csv 标准模块可以简化 CSV 文本文件的读、写操作。本章主要利用 csv 模块读、写 CSV 文本文件。

csv 模块提供了两套 CSV 文本文件的读、写方案，分别是"列表对象↔CSV 文本文件"和"字典对象↔CSV 文本文件"。

13.3.1 列表对象到 CSV 文本文件

1. 使用 csv.writer 函数持久化列表对象到 CSV 文本文件

列表对象和 CSV 文本文件

csv.writer 函数的语法格式是"csv.writer(fp)"，参数 fp 是一个"追加"模式或者"写"模式的字符流。csv.writer 函数用于返回一个 writer 对象，该对象提供了 writerow 和 writerows 两个方法。这两个方法可以将列表对象写入 fp 字符流，并将对象持久化到 CSV 文本文件中。

writer.writerow 的语法格式是"writerow(row)"，功能是将一行数据 row 写入到 CSV 文本文件中。参数 row 通常是一维列表或一维元组。

writer.writerows 的语法格式是"writerows(rows)"，功能是将多行数据 rows 写入到 CSV 文本文件中。参数 rows 通常是二维列表或二维元组。

使用 csv.writer 函数持久化列表对象到 CSV 文本文件的大致过程如图 13-4 所示。

图 13-4 使用 csv.writer 函数持久化列表对象

2. 使用 csv.reader 函数遍历 CSV 文本文件

csv.reader 函数的语法格式是"csv.reader(fh)",参数 fh 是一个"读"模式的字符流。csv.reader 函数用于返回一个 reader 对象,reader 对象是一个迭代器对象,通过该迭代器对象可以遍历 CSV 文本文件的内容。使用 csv.reader 函数遍历 CSV 文本文件的大致过程如图 13-5 所示。

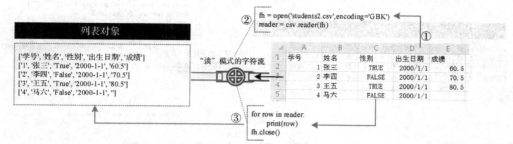

图 13-5 使用 csv.reader 遍历 CSV 文本文件

13.3.2 字典对象到 CSV 文本文件

1. 使用 csv.DictWriter 持久化字典对象到 CSV 文本文件

csv.DictWriter 是一个类,其构造方法是 csv.DictWriter(fp, fieldnames),其中 fp 是一个"追加"模式或者"写"模式的字符流,fieldnames 是一个字段列表。csv.DictWriter 类用于创建一个 DictWriter 对象,通过该对象可将字典对象"持久化"到 CSV 文本文件中。

字典对象和 CSV 文本文件

DictWriter 对象提供了 3 个方法,分别是 writeheader 方法、writerow 方法以及 writerows 方法。

DictWriter.writeheader()方法:该方法没有参数,功能是将预先定义的字段名 fieldnames 写入 CSV 文本文件中。需要注意预先定义的字段名 fieldnames 被定义在 csv.DictWriter 类的构造方法中。

DictWriter.writerow 的语法格式是"writerow(row)",功能是将一行数据 row 写入 CSV 文本文件中,参数 row 是字典。需要注意,字典元素的键与 fieldnames 中定义的字段名一一对应。

DictWriter.writerows 的语法格式是"writerows(rows)",功能是将多行数据 rows 写入 CSV 文本文件中。参数 rows 是列表,列表中的每个元素都是字典。需要注意,字典元素的键与 fieldnames 中定义的字段名一一对应。

使用 csv.DictWriter 持久化字典对象到 CSV 文本文件的大致过程如图 13-6 所示。

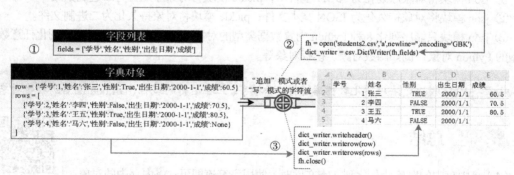

图 13-6 使用 csv.DictWriter 持久化字典对象到 CSV 文本文件

2. 使用 csv.DictReader 遍历 CSV 文本文件

csv.DictReader 是一个类,其构造方法是 csv.DictReader(fh,fieldnames=None),其中 fh 是一个"读"

模式的字符流，fieldnames 用于设置字典元素的键，默认值是 None，表示 CSV 文本文件的第 1 行作为字典元素的键（剩余行作为字典元素的值）。

csv.DictReader 类用于创建一个 DictReader 对象，该对象是一个迭代器对象，通过该迭代器对象可以遍历 CSV 文本文件的内容。使用 csv.DictReader 遍历 CSV 文本文件的大致过程如图 13-7 所示。

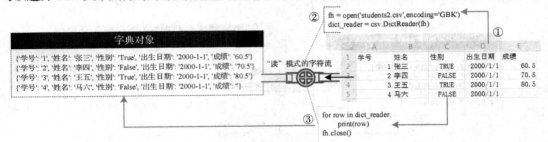

图 13-7 使用 csv.DictReader 遍历 CSV 文本文件

13.4 pickle 模块的使用

pickle 译作泡菜，通过泡菜方式能使蔬菜长时间存放。pickle 是 Python 的标准模块，它能使内存中的对象长时间存放。具体而言，pickle 模块能将内存中的对象转换为字节串，完成对象的序列化；还能将内存中的对象转换为字节串，再将字节串通过二进制流写入二进制文件，完成对象的持久化。pickle 二进制文件的扩展名通常是.pickle 或者.pkl。

pickle 模块主要提供了表 13-4 所示的 4 个函数，前两个函数完成的是序列化和反序列化的操作，后两个函数完成的是持久化和反持久化的操作。

表 13-4 pickle 模块提供的 4 个重要函数

函数	功能	说明
pickle.dumps(obj)	将内存中的对象 obj 序列化成字节串	序列化
pickle.loads(byte_str)	将字节串 byte_str 反序列化为内存中的对象	反序列化
pickle.dump(obj,fp)	将内存中的对象 obj 持久化到"写"模式的二进制流 fp 中	持久化
pickle.load(fp)	从"读"模式的二进制流 fp 中读取字节数据，反持久化为内存中的对象	反持久化

在使用方法上，pickle 模块和 json 模块有许多相似之处，不同之处如下。

① json 模块将对象序列化为 JSON 字符串；pickle 模块将对象序列化为二进制数据。

② json 模块将对象持久化为 JSON 文本文件；pickle 模块将对象持久化为二进制文件。

③ json 模块只能序列化 8 种 Python 内置数据类型的对象；pickle 模块几乎可以序列化任意数据类型的 Python 对象，例如函数对象、模板对象等。

▶注意：pickle 模块无法序列化数据库连接、套接字、正在运行的线程、lambda 匿名函数等对象。

13.5 总结

（1）将内存中的对象持久化到文本文件时，使用字符流即可；将内存中的对象持久化到二进制文件时，需要使用二进制流。

（2）使用 json 模块进行对象的持久化操作时，注意事项如下。

① JSON 文本文件不支持"追加"模式。试想，新增数据一旦被追加到 JSON 文本文件末尾，

新的JSON文本文件的内容将不再遵循JSON字符串的格式。

② JSON文本文件可以存储"多维结构"的数据，例如字典格式的数据。

（3）使用csv模块持久化对象时，注意事项如下。

① CSV文本文件只能存储"二维结构"的表格样式的数据。

② CSV文本文件支持"追加"模式，新增数据以"行"为单位被追加到CSV文本文件末尾。

（4）使用pickle模块进行对象的持久化操作时，注意事项如下。

① pickle二进制文件只能存储一个Python对象，因此pickle二进制文件通常不支持"追加"模式。试想，新增数据一旦被追加到pickle二进制文件末尾，新的pickle二进制文件的内容不再是"一个"Python对象。

② pickle二进制文件可以存储"多维结构"的数据，例如字典格式的数据。

（5）json模块和pickle模块通常用于对象的序列化，很少用于对象的持久化。csv模块只能用于对象的持久化，不能用于对象的序列化。

上机实践1　json模块的使用

场景1　准备工作

（1）在C盘根目录下创建py3project目录，并在该目录下创建data目录。

说明：本章的所有Python程序都保存在C:\py3project\data目录下。

（2）确保显示文件的扩展名。

场景2　认识json模块

在Python Shell上执行下列代码，执行结果如图13-8所示。

```
import json
type(json)
dir(json)
json.__author__
json.__file__
```

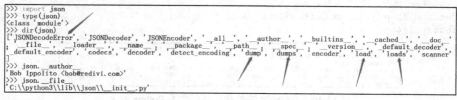

图13-8　认识json模块

说明：json模块的创始人是Bob Ippolito，该模块是一个包，对应于目录C:\python3\lib\json。json模块提供的dumps函数以及loads函数用于序列化和反序列化操作，dump函数和load函数用于持久化和反持久化操作。

场景3　JSON字符串被反序列化为内存中的对象

知识提示1：本场景的主要目的是构造一个格式正确的JSON字符串。只有格式正确的JSON字符串才能被反序列化，否则将引发JSONDecodeError异常。

知识提示2：json.loads(json_str)函数负责将JSON字符串json_str反序列化为内存中的对象。

（1）创建Python程序，输入以下代码定义一个JSON字符串students_json，将Python程序命名为serialize1.py。

```
students_json = '''
[
    {
        "no":"001",
        "name": "张三",
        "sex": true,
        "birthday": "2000-1-1",
        "score":{
            "chinese":80,
            "maths":79,
            "english":78
        }
    },
    {
        "no":"002",
        "name": "李四",
        "sex": false,
        "birthday": null,
        "score":{
            "chinese":90,
            "maths":89,
            "english":88
        }
    }
]
'''
```

（2）运行 Python 程序，创建字符串对象 students_json，观察 Python 程序的运行结果。

（3）在 Python Shell 上执行下列代码，执行结果如图 13-9 所示。

```
students_json
```

```
>>> students_json
'\n[                \n  {\n      "no":"001",\n      "name": "张三",\n      "sex": true,\n      "birthday": "2000-1-1",\n
 "score":{\n            "chinese":80,\n            "maths":79,\n            "english":78\n      }\n  },\n  {\n      "no":"002"
,\n      "name": "李四",\n      "sex": false,\n      "birthday": null,\n      "score":{\n            "chinese":90,\n
  "maths":89,\n            "english":88\n      }\n  }\n]\n'
```

图 13-9　查看 JSON 字符串的内容

（4）在 Python Shell 上执行下列代码，执行结果如图 13-10 所示。

```
import json
students_dict = json.loads(students_json)
students_dict
```

```
>>> import json
>>> students_dict = json.loads(students_json)
>>> students_dict
[{'no': '001', 'name': '张三', 'sex': True, 'birthday': '2000-1-1', 'score': {'chinese':
80, 'maths': 79, 'english': 78}}, {'no': '002', 'name': '李四', 'sex': False, 'birthday'
: None, 'score': {'chinese': 90, 'maths': 89, 'english': 88}}]
```

图 13-10　JSON 字符串被反序列化为 Python 对象

说明：students_dict 是列表，列表中的元素是字典。

场景 4　内存中的对象被序列化为 JSON 字符串

知识提示：json.dumps(obj)函数负责将内存中的对象 obj 序列化为 JSON 字符串。

（1）接场景 3 的步骤（4），在 Python Shell 上执行下列代码，执行结果如图 13-11 所示。

```
json_str = json.dumps(students_dict)
json_str
```

```
>>> json_str = json.dumps(students_dict)
>>> json_str
'[{"no": "001", "name": "\\u5f20\\u4e09", "sex": true, "birthday": "2000-1-1", "score": {"chinese":
80, "maths": 79, "english": 78}}, {"no": "002", "name": "\\u674e\\u56db", "sex": false, "birthday":
null, "score": {"chinese": 90, "maths": 89, "english": 88}}]'
```

图 13-11　Python 对象被序列化为 JSON 字符串

说明：默认情况下，json.dumps(obj)函数会将obj对象的非ASCII字符（例如中文字符）转码成UTF-16BE编码（"\u"后跟4个十六进制数）；特殊字符（例如"\"）使用"\"转义。

（2）在Python Shell上执行下列代码，执行结果如图13-12所示。

```
new_json_str = json.dumps(students_dict,ensure_ascii=False)
new_json_str
```

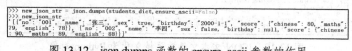

图13-12　json.dumps函数的ensure_ascii参数的作用

说明：json.dumps(obj,ensure_ascii=True)函数的参数ensure_ascii被设置为False时，obj对象的非ASCII字符将不会转码成UTF-16BE编码。

场景5　内存中的对象被持久化到JSON文本文件

知识提示：json.dump(obj, fp)函数将内存中的对象obj持久化到"写"模式的字符流fp中，大致过程如图13-13所示。

（1）接场景4的步骤（2），在Python Shell上执行下列代码。

```
fh = open('students.json','w')
json.dump(students_dict,fh)
```

（2）打开C:\py3project\data目录，可以看到students.json文件的大小是0KB，如图13-14所示。

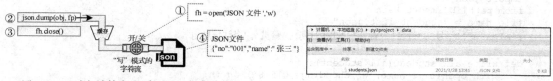

图13-13　对象被持久化到JSON文本文件的大致过程　　图13-14　数据被写入缓存中

（3）在Python Shell上执行下列代码，可以看到students.json文件的大小变为1KB。使用记事本程序打开该JSON文本文件，文件内容如图13-15所示。

```
fh.close()
```

（4）在Python Shell上执行下列代码。重新使用记事本程序打开students.json文件，文件内容如图13-16所示。

```
fh = open('students.json','w')
json.dump(students_dict,fh,ensure_ascii=False)
fh.close()
```

图13-15　缓存中的数据被写入JSON文本文件　　图13-16　json.dump函数ensure_ascii参数的作用

场景6　JSON文本文件被反持久化为Python对象

知识提示：json.load(fp)函数从"读"模式的字符流fp中读取文本数据，将其反持久化为Python对象，大致过程如图13-17所示。

图13-17　JSON文本文件被反持久化为Python对象的大致过程

接场景 5 的步骤（4），在 Python Shell 上执行下列代码，执行结果如图 13-18 所示。

```
fh = open('students.json','r')
new_students_dict = json.load(fh)
fh.close()
new_students_dict
```

```
>>> fh = open('students.json','r')
>>> new_students_dict = json.load(fh)
>>> fh.close()
>>> new_students_dict
[{'no': '001', 'name': '张三', 'sex': True, 'birthday': '2000-1-1', 'score': {'chinese': 80, 'maths': 79, 'english': 78}}, {'no': '002', 'name': '李四', 'sex': False, 'birthday': None, 'score': {'chinese': 90, 'maths': 89, 'english': 88}}]
```

图 13-18　JSON 文本文件被反持久化为 Python 对象

场景 7　使用 JSON 文本文件和列表实现学生管理系统

知识提示 1：可以将列表对象写入 JSON 文本文件，使用 JSON 文本文件永久地保存学生信息。

知识提示 2：学生字段信息 fields 的代码可参看第 8 章上机实践 3 的场景 3 中 fields 的代码。

知识提示 3：学生数据被存储在 all_student 列表中，all_student 的代码同第 8 章上机实践 3 的场景 3 中 all_student 的代码。

知识提示 4：本场景采用 MVC 分层的思想实现学生管理系统。

（1）在 C:\py3project 目录下创建项目的根目录 student_json_list，在项目根目录下创建 views 目录和 models 目录。

（2）在 models 目录下创建 student_model.py 程序，并写入以下代码。

```python
import json
from pathlib import Path
file_name = "student_list.json"
fields = ['学号','姓名','性别','出生日期','籍贯','备注信息']

def write_all_student(all_student):
    with open(file_name,'w',encoding='UTF-8') as fh:
        json.dump(all_student,fh,ensure_ascii=False)

def find_all():
    all_student = []
    if not Path(file_name).exists():
        with open(file_name,'w',encoding='UTF-8') as fh:
            json.dump(all_student,fh,ensure_ascii=False)
    with open(file_name,encoding='UTF-8') as fh:
        all_student = json.load(fh)
    return all_student

def find_by_no(no):
    all_student = find_all()
    no_list = [student[0] for student in all_student]
    students = []
    if no in no_list:
        i = no_list.index(no)
        student = all_student[i]
        students.append(student)
    return students

def insert(student):
    msg='添加成功'
    if(find_by_no(student[0])):
        msg='添加失败'
    else:
        all_student = find_all()
        all_student.append(student)
        write_all_student(all_student)
```

```python
        return msg

    def delete(no):
        msg='删除成功'
        students = find_by_no(no)
        if(students):
            all_student = find_all()
            all_student.remove(students[0])
            write_all_student(all_student)
        else:
            msg='删除失败'
        return msg

    def update(student):
        msg='修改成功'
        if(find_by_no(student[0])):
            all_student = find_all()
            no_list = [student[0] for student in all_student]
            if student[0] in no_list:
                i = no_list.index(student[0])
                all_student[i] = student
                write_all_student(all_student)
        else:
            msg='修改失败'
        return msg
```

（3）在 views 目录下创建 student_view.py 程序，并写入以下代码。

```python
import models.student_model
from models.student_model import fields

def print_field():
    for field in fields:
        print(field,end='\t')
    print('')

def print_student(student):
    for value in student:
        print(value,end='\t')
    print('')

def print_students():
    print_field()
    all_student = models.student_model.find_all()
    if all_student:
        for student in all_student:
            print_student(student)
    else:
        print('暂无学生信息！')

def print_student_by_no():
    no = input("请输入" + fields[0] + ": ")
    students = models.student_model.find_by_no(no)
    print_field()
    if(students):
        print_student(students[0])
    else:
        print('暂无学生信息！')

def add_student():
    student = []
    for field in fields:
```

```
                value = input("请输入" + field + ": ")
                student.append(value)
        msg = models.student_model.insert(student)
        print(msg)

    def delete_student():
        no = input("请输入" + fields[0] + ": ")
        msg = models.student_model.delete(no)
        print(msg)

    def change_student():
        no = input("请输入" + fields[0] + ": ")
        old_student = models.student_model.find_by_no(no)
        if(old_student):
            print('要修改的学生信息如下！')
            print_field()
            print_student(old_student[0])
            print('请修改！')
            new_student = []
            new_student.append(no)
            for field in fields[1:]:
                value = input("请输入" + field + ": ")
                new_student.append(value)
            msg = models.student_model.update(new_student)
            print(msg)
        else:
            print('暂无学生信息！')
```

（4）将第 8 章上机实践 3 的场景 3 的主程序 main.py 复制到本场景的项目根目录下。

（5）运行主程序 main.py，测试学生管理系统的增、删、改、查功能。观察项目根目录下 JSON 文本文件中数据的变化情况。

场景 8 使用 JSON 文本文件和字典实现学生管理系统

知识提示 1：可以将字典对象写入 JSON 文本文件，使用 JSON 文本文件永久地保存学生信息。

知识提示 2：学生字段信息 fields 的代码同第 8 章上机实践 3 的场景 3 中 fields 的代码。

知识提示 3：学生数据存储在 all_student 列表中（列表的每个元素是字典），all_student 的代码同第 8 章上机实践 4 的场景 3 中 all_student 的代码。

知识提示 4：本场景采用 MVC 分层的思想实现学生管理系统。

（1）在 C:\py3project 目录下创建项目的根目录 student_json_dict，在项目根目录下创建 views 目录和 models 目录。

（2）在 models 目录下创建 student_model.py 程序，并写入以下代码。

```
import json
from pathlib import Path
file_name = "student_dict.json"
fields = ['学号','姓名','性别','出生日期','籍贯','备注信息']

def write_all_student(all_student):
    with open(file_name,'w',encoding='UTF-8') as fh:
        json.dump(all_student,fh,ensure_ascii=False)

def find_all():
    all_student = []
    if not Path(file_name).exists():
        with open(file_name,'w',encoding='UTF-8') as fh:
            json.dump(all_student,fh,ensure_ascii=False)
```

```python
        with open(file_name,encoding='UTF-8') as fh:
            all_student = json.load(fh)
        return all_student

    def find_by_no(no):
        all_student = find_all()
        no_name = fields[0]
        no_list = [student[no_name] for student in all_student]
        students = []
        if no in no_list:
            i = no_list.index(no)
            student = all_student[i]
            students.append(student)
        return students

    def insert(student):
        msg='添加成功'
        no_name = fields[0]
        if(find_by_no(student[no_name])):
            msg='添加失败'
        else:
            all_student = find_all()
            all_student.append(student)
            write_all_student(all_student)
        return msg

    def delete(no):
        msg='删除成功'
        students = find_by_no(no)
        if(students):
            all_student = find_all()
            all_student.remove(students[0])
            write_all_student(all_student)
        else:
            msg='删除失败'
        return msg

    def update(student):
        msg='修改成功'
        no_name = fields[0]
        if(find_by_no(student[no_name])):
            all_student = find_all()
            no_list = [student[no_name] for student in all_student]
            if student[no_name] in no_list:
                i = no_list.index(student[no_name])
                all_student[i] = student
                write_all_student(all_student)
        else:
            msg='修改失败'
        return msg
```

（3）在 views 目录下创建 student_view.py 程序，并写入以下代码。

```python
import models.student_model
from models.student_model import fields

def print_field():
    for field in fields:
        print(field,end='\t')
    print('')

def print_student(student):
    for key in fields:
```

```python
            print(student.get(key),end='\t')
        print('')

def print_students():
    print_field()
    all_student = models.student_model.find_all()
    if all_student:
        for student in all_student:
            print_student(student)
        else:
            print('暂无学生信息！')

def print_student_by_no():
    no = input("请输入" + fields[0] + ": ")
    students = models.student_model.find_by_no(no)
    print_field()
    if(students):
        print_student(students[0])
    else:
        print('暂无学生信息！')

def add_student():
    student = {}
    for field in fields:
        value = input("请输入" + field + ": ")
        student[field] = value
    msg = models.student_model.insert(student)
    print(msg)

def delete_student():
    no = input("请输入" + fields[0] + ": ")
    msg = models.student_model.delete(no)
    print(msg)

def change_student():
    no = input("请输入" + fields[0] + ": ")
    old_student = models.student_model.find_by_no(no)
    if(old_student):
        print('要修改的学生信息如下！')
        print_field()
        print_student(old_student[0])
        print('请修改！')
        new_student = {}
        no_name = fields[0]
        new_student[no_name] = no
        for field in fields[1:]:
            value = input("请输入" + field + ": ")
            new_student[field] = value
        msg = models.student_model.update(new_student)
        print(msg)
    else:
        print('暂无学生信息！')
```

（4）将第 8 章上机实践 3 的场景 3 的主程序 main.py 复制到本场景的项目根目录下。

（5）运行主程序 main.py，测试学生管理系统的增、删、改、查功能。观察项目根目录下 JSON 文本文件中数据的变化情况。

上机实践 2　csv 模块的使用

场景 1　认识 csv 模块

（1）在 Python Shell 上执行下列代码，执行结果如图 13-19 所示。

```
import csv
dir(csv)
```

（2）在 Python Shell 上执行下列代码，观察运行结果。

```
type(csv.reader)#输出<class 'builtin_function_or_method'>
type(csv.writer)#输出<class 'builtin_function_or_method'>
type(csv.DictReader)#输出<class 'type'>
type(csv.DictWriter)#输出<class 'type'>
```

说明：csv.reader 和 csv.writer 是 csv 模块的两个函数。csv.DictReader 和 csv.DictWriter 是 csv 模块的两个类。

（3）在 Python Shell 上执行下列代码，执行结果如图 13-20 所示。

```
fh = open('students1.csv','w')
writer = csv.writer(fh)
type(writer)
dir(writer)
fh.close()
```

图 13-19　认识 csv 模块　　　　图 13-20　_csv.writer 对象的 writerow 和 writerows 方法

说明：csv.writer 函数的返回值是一个 writer 对象，该对象主要提供 writerow 和 writerows 两个方法。

（4）在 Python Shell 上执行下列代码，执行结果如图 13-21 所示。

```
fh = open('students1.csv')
reader = csv.reader(fh)
type(reader)
dir(reader)
fh.close()
```

说明：csv.reader 函数的返回值是一个 reader 对象，该对象是一个迭代器对象。

（5）在 Python Shell 上执行下列代码，执行结果如图 13-22 所示。

```
fh = open('students1.csv','w')
dict_writer = csv.DictWriter(fh,fieldnames=['测试列'])
type(dict_writer)
dir(dict_writer)
fh.close()
```

图 13-21　_csv.reader 对象是一个迭代器对象　　　图 13-22　csv.DictWriter 对象的 writeheader、writerow 和 writerows 方法

说明：csv.DictWriter 类的实例化对象主要提供 writeheader、writerow 和 writerows 三个方法。

（6）在 Python Shell 上执行下列代码，执行结果如图 13-23 所示。

```python
fh = open('students1.csv')
dict_reader = csv.DictReader(fh)
type(dict_reader)
dir(dict_reader)
fh.close()
```

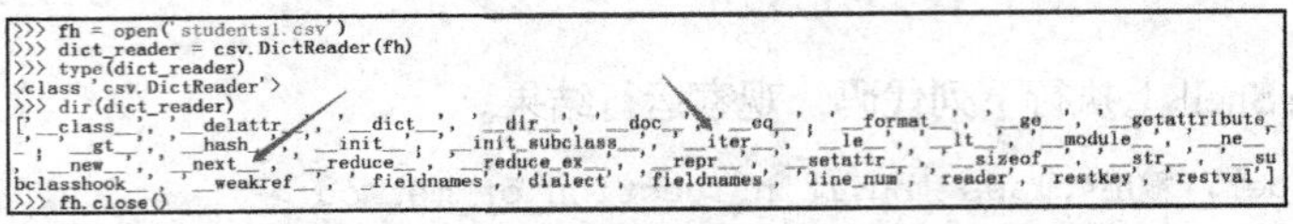

图 13-23　csv.DictReader 类的实例化对象是一个迭代器对象

场景 2　使用 csv.writer 将列表对象持久化到 CSV 文本文件

（1）创建 Python 程序，输入以下代码，将 Python 程序命名为 write_csv_v1.py。

```python
import csv
fields = ['学号','姓名','性别','出生日期','成绩']
row = [1,'张三',True,'2000-1-1',60.5]
rows = [
    [2,'李四',False,'2000-1-1',70.5],
    [3,'王五',True,'2000-1-1',80.5],
    [4,'马六',False,'2000-1-1',None]
]
with open('students1.csv','a',newline='',encoding='GBK') as fh:
    writer = csv.writer(fh)
    writer.writerow(fields)
    writer.writerow(row)
    writer.writerows(rows)
```

（2）执行 Python 程序。使用记事本程序打开 CSV 文本文件时的内容如图 13-24 所示。使用 Excel 类软件打开 CSV 文本文件时的内容如图 13-25 所示。

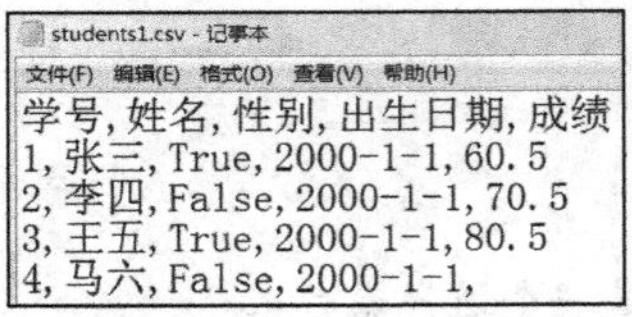

图 13-24　使用记事本程序查看 CSV 文件 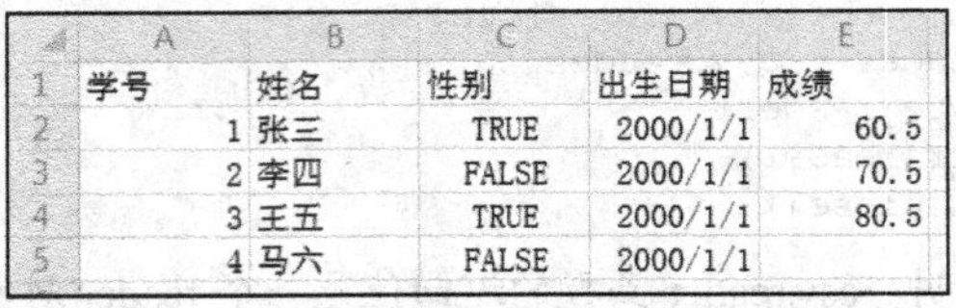　　图 13-25　使用 Excel 类软件查看 CSV 文件

（3）删除 open 函数中的参数 newline=''，再次执行 Python 程序。

使用记事本程序打开 CSV 文本文件时的内容如图 13-26 所示。使用 Excel 类软件打开 CSV 文本文件时的内容如图 13-27 所示，追加的数据中，多了 5 个空行（灰色底纹所在的行）。

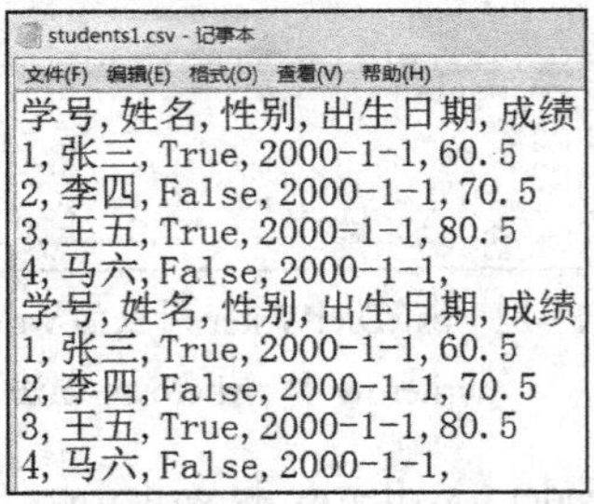

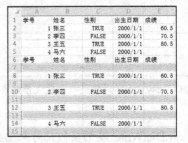

图 13-26　使用记事本程序再次查看 CSV 文件　　图 13-27　使用 Excel 类软件再次查看 CSV 文件

说明1：writerow方法和writerows方法会在每行的末尾自动添加Windows文本文件的换行符"\r\n"。

说明2：如果在open函数中添加参数newline=""，"\r\n"将被直接写入到CSV文本文件中。如果删除参数newline=""，"\r\n"将被转换为"\r\r\n"再写入到CSV文本文件中，那么将导致使用Excel类软件打开CSV文本文件时行与行之间存在空行。

说明3：使用open函数以"追加"模式或者"写"模式打开CSV文本文件时，建议将参数encoding的值设置为GBK。如果设置为'UTF-8'，使用Excel类软件打开CSV文本文件时，将产生乱码问题，具体原因和解决方案可参看第16.1节的内容。

场景3 使用csv.reader遍历CSV文本文件

（1）创建Python程序，输入以下代码，将Python程序命名为read_csv_v1.py。

```
import csv
with open('students1.csv',encoding='GBK')as fh:
    reader = csv.reader(fh)
    for row in reader:
        print(row)
```

说明：使用open函数以"读"模式打开CSV文本文件时，通常无须设置newline参数。

（2）执行Python程序，执行结果如图13-28所示。

图13-28 使用csv.reader遍历CSV文本文件

场景4 使用csv.DictWriter将字典对象持久化到CSV文本文件

（1）创建Python程序，输入以下代码，将Python程序命名为write_csv_v2.py。

```
import csv
fields = ['学号','姓名','性别','出生日期','成绩']
row = {'学号':1,'姓名':'张三','性别':True,'出生日期':'2000-1-1','成绩':60.5}
rows = [
    {'学号':2,'姓名':'李四','性别':False,'出生日期':'2000-1-1','成绩':70.5},
    {'学号':3,'姓名':'王五','性别':True,'出生日期':'2000-1-1','成绩':80.5},
    {'学号':4,'姓名':'马六','性别':False,'出生日期':'2000-1-1','成绩':None}
]
with open('students2.csv','a',newline='',encoding='GBK') as fh:
    dict_writer = csv.DictWriter(fh,fields)
    dict_writer.writeheader()
    dict_writer.writerow(row)
    dict_writer.writerows(rows)
```

（2）执行Python程序，使用Excel类软件打开CSV文本文件，观察CSV文本文件。

场景5 使用csv.DictReader遍历CSV文本文件

（1）创建Python程序，输入以下代码，将Python程序命名为read_csv_v2.py。

```
import csv
with open('students2.csv',encoding='GBK') as fh:
    dict_reader = csv.DictReader(fh)
    for row in dict_reader:
        print(row)
```

说明：使用open函数以"读"模式打开CSV文本文件时，通常无须设置newline参数。

（2）执行Python程序，执行结果如图13-29所示。

图13-29 使用csv.DictReader遍历CSV文本文件

场景6 使用CSV文本文件和列表实现学生管理系统

知识提示1：可以将列表对象写入CSV文本文件，使用CSV文本文件永久地保存学生信息。

知识提示2：学生字段信息fields的代码可参看第8章上机实践3的场景3中fields的代码。

知识提示3：学生数据被存储在all_student列表中，all_student的代码可参看第8章上机实践3的场景3中all_student的代码。

知识提示4：本场景采用MVC分层的思想实现学生管理系统。

（1）在C:\py3project目录下创建项目的根目录student_csv_list，在项目根目录下创建views目录和models目录。

（2）在models目录下创建student_model.py程序，并写入以下代码。

```python
import csv
from pathlib import Path
file_name = "student_list.csv"
fields = ['学号','姓名','性别','出生日期','籍贯','备注信息']
def write_all_student(all_student):
    with open(file_name,'w',newline='',encoding='GBK') as fh:
        writer = csv.writer(fh)
        writer.writerow(fields)
        writer.writerows(all_student)

def find_all():
    all_student = []
    if not Path(file_name).exists():
        with open(file_name,'w',newline='',encoding='GBK') as fh:
            writer = csv.writer(fh)
            writer.writerow(fields)
    with open(file_name,encoding='GBK') as fh:
        reader = csv.reader(fh)
        all_student = list(reader)[1:]
    return all_student

def find_by_no(no):
    all_student = find_all()
    no_list = [student[0] for student in all_student]
    students = []
    if no in no_list:
        i = no_list.index(no)
        student = all_student[i]
        students.append(student)
    return students

def insert(student):
    msg='添加成功'
    if(find_by_no(student[0])):
        msg='添加失败'
    else:
        all_student = find_all()
        all_student.append(student)
        write_all_student(all_student)
    return msg

def delete(no):
    msg='删除成功'
    students = find_by_no(no)
    if(students):
        all_student = find_all()
        all_student.remove(students[0])
        write_all_student(all_student)
```

```
        else:
            msg='删除失败'
    return msg

def update(student):
    msg='修改成功'
    if(find_by_no(student[0])):
        all_student = find_all()
        no_list = [student[0] for student in all_student]
        if student[0] in no_list:
            i = no_list.index(student[0])
            all_student[i] = student
            write_all_student(all_student)
    else:
        msg='修改失败'
    return msg
```

说明：CSV 文本文件支持"追加"模式，将新增数据以"行"为单位追加到 CSV 文本文件末尾。insert 函数的定义也可以修改为以下代码（注意粗体字的代码）。

```
def insert(student):
    msg='添加成功'
    if(find_by_no(student[0])):
        msg='添加失败'
    else:
        with open(file_name,'a',newline='',encoding='GBK') as fh:
            writer = csv.writer(fh)
            writer.writerow(student)
    return msg
```

（3）在 views 目录下创建 student_view.py 程序，并写入以下代码。

```
import models.student_model
from models.student_model import fields

def print_field():
    for field in fields:
        print(field,end='\t')
    print('')

def print_student(student):
    for value in student:
        print(value,end='\t')
    print('')

def print_students():
    print_field()
    all_student = models.student_model.find_all()
    if all_student:
        for student in all_student:
            print_student(student)
    else:
        print('暂无学生信息！')

def print_student_by_no():
    no = input("请输入" + fields[0] + ": ")
    students = models.student_model.find_by_no(no)
    print_field()
    if(students):
        print_student(students[0])
    else:
        print('暂无学生信息！')
```

```python
def add_student():
    student = []
    for field in fields:
        value = input("请输入" + field + ": ")
        student.append(value)
    msg = models.student_model.insert(student)
    print(msg)

def delete_student():
    no = input("请输入" + fields[0] + ": ")
    msg = models.student_model.delete(no)
    print(msg)

def change_student():
    no = input("请输入" + fields[0] + ": ")
    old_student = models.student_model.find_by_no(no)
    if(old_student):
        print('要修改的学生信息如下! ')
        print_field()
        print_student(old_student[0])
        print('请修改! ')
        new_student = []
        new_student.append(no)
        for field in fields[1:]:
            value = input("请输入" + field + ": ")
            new_student.append(value)
        msg = models.student_model.update(new_student)
        print(msg)
    else:
        print('暂无学生信息! ')
```

（4）将第 8 章上机实践 3 的场景 3 的主程序 main.py 复制到本场景的项目根目录下。

（5）运行主程序 main.py，测试学生管理系统的增、删、改、查功能。观察项目根目录下 CSV 文本文件中数据的变化情况。

场景 7　使用 CSV 文本文件和字典实现学生管理系统

知识提示 1：可以将字典对象写入 CSV 文本文件，使用 CSV 文本文件永久地保存学生信息。

知识提示 2：学生字段信息 fields 的代码可参看第 8 章上机实践 3 的场景 3 中 fields 的代码。

知识提示 3：学生数据被存储在 all_student 列表中（列表的每个元素是字典），all_student 的代码同第 8 章上机实践 4 的场景 3 中 all_student 的代码。

知识提示 4：本场景采用 MVC 分层的思想实现学生管理系统。

（1）在 C:\py3project 目录下创建项目的根目录 student_csv_dict，在项目根目录下创建 views 目录和 models 目录。

（2）在 models 目录下创建 student_model.py 程序，并写入以下代码。

```python
import csv
from pathlib import Path
file_name = "student_dict.csv"
fields = ['学号','姓名','性别','出生日期','籍贯','备注信息']

def write_all_student(all_student):
    with open(file_name,'w',newline='',encoding='GBK') as fh:
        dict_writer = csv.DictWriter(fh,fields)
        dict_writer.writeheader()
        dict_writer.writerows(all_student)
```

```python
def find_all():
    all_student = []
    if not Path(file_name).exists():
        with open(file_name,'w',newline='',encoding='GBK') as fh:
            dict_writer = csv.DictWriter(fh,fields)
            dict_writer.writeheader()
    with open(file_name,encoding='GBK') as fh:
        dict_reader = csv.DictReader(fh)
        all_student = list(dict_reader)
    return all_student

def find_by_no(no):
    all_student = find_all()
    no_name = fields[0]
    no_list = [student[no_name] for student in all_student]
    students = []
    if no in no_list:
        i = no_list.index(no)
        student = all_student[i]
        students.append(student)
    return students

def insert(student):
    msg='添加成功'
    no_name = fields[0]
    if(find_by_no(student[no_name])):
        msg='添加失败'
    else:
        all_student = find_all()
        all_student.append(student)
        write_all_student(all_student)
    return msg

def delete(no):
    msg='删除成功'
    students = find_by_no(no)
    if(students):
        all_student = find_all()
        all_student.remove(students[0])
        write_all_student(all_student)
    else:
        msg='删除失败'
    return msg

def update(student):
    msg='修改成功'
    no_name = fields[0]
    if(find_by_no(student[no_name])):
        all_student = find_all()
        no_list = [student[no_name] for student in all_student]
        if student[no_name] in no_list:
            i = no_list.index(student[no_name])
            all_student[i] = student
            write_all_student(all_student)
    else:
        msg='修改失败'
    return msg
```

说明：CSV 文本文件支持"追加"模式，将新增数据以"行"为单位追加到 CSV 文本文件末尾。insert 函数的定义也可以修改为以下代码（注意粗体字的代码）。

```python
def insert(student):
    msg='添加成功'
    no_name = fields[0]
    if(find_by_no(student[no_name])):
        msg='添加失败'
    else:
        with open(file_name,'a',newline='',encoding='GBK') as fh:
            dict_writer = csv.DictWriter(fh,fields)
            dict_writer.writerow(student)
    return msg
```

(3) 在 views 目录下创建 student_view.py 程序，并写入以下代码。

```python
import models.student_model
from models.student_model import fields

def print_field():
    for field in fields:
        print(field,end='\t')
    print('')

def print_student(student):
    for key in fields:
        print(student.get(key),end='\t')
    print('')

def print_students():
    print_field()
    all_student = models.student_model.find_all()
    if all_student:
        for student in all_student:
            print_student(student)
    else:
        print('暂无学生信息！')

def print_student_by_no():
    no = input("请输入" + fields[0] + ": ")
    students = models.student_model.find_by_no(no)
    print_field()
    if(students):
        print_student(students[0])
    else:
        print('暂无学生信息！')

def add_student():
    student = {}
    for field in fields:
        value = input("请输入" + field + ": ")
        student[field] = value
    msg = models.student_model.insert(student)
    print(msg)

def delete_student():
    no = input("请输入" + fields[0] + ": ")
    msg = models.student_model.delete(no)
    print(msg)

def change_student():
    no = input("请输入" + fields[0] + ": ")
    old_student = models.student_model.find_by_no(no)
    if(old_student):
        print('要修改的学生信息如下！')
```

```
            print_field()
            print_student(old_student[0])
            print('请修改！')
            new_student = {}
            no_name = fields[0]
            new_student[no_name] = no
            for field in fields[1:]:
                value = input("请输入" + field + ": ")
                new_student[field] = value
            msg = models.student_model.update(new_student)
            print(msg)
        else:
            print('暂无学生信息！')
```

（4）将第 8 章上机实践 3 的场景 3 的主程序 main.py 复制到本场景的项目根目录下。

（5）运行主程序 main.py，测试学生管理系统的增、删、改、查功能。观察项目根目录下 CSV 文本文件中数据的变化情况。

上机实践 3　pickle 模块的使用

场景 1　认识 pickle 模块

在 Python Shell 上执行下列代码，运行结果如图 13-30 所示。

```
import pickle
type(pickle)
dir(pickle)
pickle.__file__
```

```
>>> import pickle
>>> type(pickle)
<class 'module'>
>>> dir(pickle)
['ADDITEMS', 'APPEND', 'APPENDS', 'BINBYTES', 'BINBYTES8', 'BINFLOAT', 'BINGET', 'BININT', 'BININT1', 'BININT2', 'BINPERSID'
, 'BINPUT', 'BINSTRING', 'BINUNICODE', 'BINUNICODE8', 'BUILD', 'BYTEARRAY8', 'DEFAULT_PROTOCOL', 'DICT', 'DUP', 'EMPTY_DICT'
, 'EMPTY_LIST', 'EMPTY_SET', 'EMPTY_TUPLE', 'EXT1', 'EXT2', 'EXT4', 'FALSE', 'FLOAT', 'FRAME', 'FROZENSET', 'FunctionType',
'GET', 'GLOBAL', 'HIGHEST_PROTOCOL', 'INST', 'INT', 'LIST', 'LONG', 'LONG1', 'LONG4', 'LONG_BINGET', 'LONG_BINPUT', 'MARK',
'MEMOIZE', 'NEWFALSE', 'NEWOBJ', 'NEWOBJ_EX', 'NEWTRUE', 'NEXT_BUFFER', 'NONE', 'OBJ', 'PERSID', 'POP', 'POP_MARK', 'PROTO',
'PUT', 'PickleBuffer', 'PickleError', 'Pickler', 'PicklingError', 'PyStringMap', 'READONLY_BUFFER', 'REDUCE', 'SETITEM', 'SE
TITEMS', 'SHORT_BINBYTES', 'SHORT_BINSTRING', 'SHORT_BINUNICODE', 'STACK_GLOBAL', 'STOP', 'STRING', 'TRUE', 'TUPLE', 'TUPLE1
', 'TUPLE2', 'TUPLE3', 'UNICODE', 'Unpickler', 'UnpicklingError', '_Framer', '_HAVE_PICKLE_BUFFER', '_Pickler', '_Stop', '_U
nframer', '_Unpickler', '__all__', '__builtins__', '__cached__', '__doc__', '__file__', '__loader__', '__name__', '__package
__', '__spec__', '_compat_pickle', '_dump', '_dumps', '_extension_cache', '_extension_registry', '_getattribute', '_inverted
_registry', '_load', '_loads', '_test', '_tuplesize2code', 'bytes_types', 'codecs', 'compatible_formats', 'decode_long', 'di
spatch_table', 'dump', 'dumps', 'encode_long', 'format_version', 'io', 'islice', 'load', 'loads', 'maxsize', 'pack', 'partia
l', 're', 'sys', 'unpack', 'whichmodule']
>>> pickle.__file__
'C:\\python3\\lib\\pickle.py'
```

图 13-30　认识 pickle 模块

说明：pickle 模块对应的 Python 程序是 C:\python3\pickle.py。该模块提供的 dumps 函数以及 loads 函数用于序列化和反序列化操作，dump 函数和 load 函数用于持久化和反持久化操作。

场景 2　使用 pickle 实现对象的序列化和反序列化

知识提示 1：pickle.dumps(obj)函数负责将内存中的对象 obj 序列化为 pickle 字节串。

知识提示 2：pickle.loads(pickle_byte)函数负责将 pickle 字节串 pickle_byte 反序列化为内存中的对象。

（1）在 Python Shell 上执行下列代码，执行结果如图 13-31 所示。

```
import pickle
fields = ['学号','姓名','性别','出生日期','籍贯','备注信息']
fields_bytes = pickle.dumps(fields)
fields_bytes
```

```
>>> import pickle
>>> fields = ['学号','姓名','性别','出生日期','籍贯','备注信息']
>>> fields_bytes = pickle.dumps(fields)
>>> fields_bytes
b'\x80\x04\x95G\x00\x00\x00\x00\x00\x00\x00]\x94(\x8c\x06\xe5\xad\xa6\xe5\x8f\xb7\x94
\x8c\x06\xe5\xa7\x93\xe5\x90\x8d\x94\x8c\x06\xe6\x80\xa7\xe5\x88\xab\x94\x8c\x0c\xe5\
x87\xba\xe7\x94\x9f\xe6\x97\xa5\xe6\x9c\x9f\x94\x8c\x06\xe7\xb1\x8d\xe8\xb4\xaf\x94\x
8c\x0c\xe5\xa4\x87\xe6\xb3\xa8\xe4\xbf\xa1\xe6\x81\xaf\x94e.'
```

图 13-31　pickle 模块的序列化操作

说明：经 pickle 模块序列化后产生的字节串本质是字节码，该字节码中不仅包含了对象的值，还包含了对象的数据类型等信息。

（2）在 Python Shell 上执行下列代码，观察运行结果。

```
new_fields1 = pickle.loads(fields_bytes)
new_fields1#输出['学号', '姓名', '性别', '出生日期', '籍贯', '备注信息']
```

场景3 使用 pickle 模块实现对象的持久化和反持久化

知识提示 1：pickle.dump(obj, fp)函数将内存中的对象 obj 持久化到"写"模式的二进制流 fp 中，如图 13-32 所示。

知识提示 2：pickle.load(fp)函数从"读"模式的字节流 fp 中读取二进制数据，将其反持久化为内存中的对象，如图 13-33 所示。

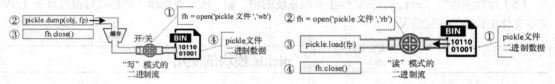

图 13-32 使用 pickle 模块实现对象的持久化　　图 13-33 使用 pickle 模块实现对象的反持久化

（1）接场景 2 的步骤（2），在 Python Shell 上执行下列代码。

```
fh = open('students.pickle','wb')
pickle.dump(fields,fh)
fh.close()
```

（2）打开 C:\py3project\data 目录，可以看到 students.pickle 文件的大小是 1KB，如图 13-34 所示。

图 13-34 pickle 文件是二进制文件

说明：students.pickle 是二进制文件，该文件存储的不是文本数据。如果使用记事本打开，将出现乱码。

（3）在 Python Shell 上执行下列代码，观察运行结果。

```
fh = open('students.pickle','rb')
new_filelds2 = pickle.load(fh)
fh.close()
new_filelds2#输出['学号', '姓名', '性别', '出生日期', '籍贯', '备注信息']
```

场景4 使用 pickle 二进制文件和列表实现学生管理系统

知识提示 1：可以将列表对象写入 pickle 二进制文件，使用 pickle 二进制文件永久地保存学生信息。

知识提示 2：学生字段信息 fields 的代码同第 8 章上机实践 3 的场景 3 中 fields 的代码。

知识提示 3：学生数据存储在 all_student 列表中，all_student 的代码同第 8 章上机实践 3 的场景 3 中 all_student 的代码。

知识提示 4：本场景采用 MVC 设计模式实现学生管理系统。

（1）在 C:\py3project 目录下创建项目的根目录 student_pickle_list。

（2）将上机实践 1 的场景 7 中 student_json_list 目录下的所有目录和所有 Python 程序复制到

student_pickle_list 目录下。

（3）修改 models 目录下的 student_model.py 程序（注意粗体字的代码）。

```python
import pickle
from pathlib import Path
file_name = "student_list.pickle"
fields = ['学号','姓名','性别','出生日期','籍贯','备注信息']

def write_all_student(all_student):
    with open(file_name,'wb') as fh:
        pickle.dump(all_student,fh)

def find_all():
    all_student = []
    if not Path(file_name).exists():
        with open(file_name,'wb') as fh:
            pickle.dump(all_student,fh)
    with open(file_name,'rb') as fh:
        all_student = pickle.load(fh)
    return all_student
```

（4）运行主程序 main.py，测试学生管理系统的增、删、改、查功能。

场景 5 使用 pickle 二进制文件和字典实现学生管理系统

知识提示 1：可以将字典对象写入 pickle 二进制文件，使用 pickle 二进制文件永久地保存学生信息。

知识提示 2：学生字段信息 fields 的代码可参看第 8 章上机实践 3 的场景 3 中 fields 的代码。

知识提示 3：学生数据存储在 all_student 列表中（列表的每个元素是字典），all_student 的代码同第 8 章上机实践 4 的场景 3 中 all_student 的代码。

知识提示 4：本场景采用 MVC 设计模式实现学生管理系统。

（1）在 C:\py3project 目录下创建项目的根目录 student_pickle_dict。

（2）将上机实践 1 的场景 8 中 student_json_dict 目录下的所有目录和所有 Python 程序复制到 student_pickle_dict 目录下。

（3）修改 models 目录下的 student_model.py 程序（注意粗体字的代码）。

```python
import pickle
from pathlib import Path
file_name = "student_dict.pickle"
fields = ['学号','姓名','性别','出生日期','籍贯','备注信息']

def write_all_student(all_student):
    with open(file_name,'wb') as fh:
        pickle.dump(all_student,fh)

def find_all():
    all_student = []
    if not Path(file_name).exists():
        with open(file_name,'wb') as fh:
            pickle.dump(all_student,fh)
    with open(file_name,'rb') as fh:
        all_student = pickle.load(fh)
    return all_student
```

（4）运行主程序 main.py，测试学生管理系统的增、删、改、查功能。

目前，学生管理系统的交互界面全部在 Python Shell 中完成。通过 Python Shell 管理学生信息非常不方便，有必要为学生管理系统开发图形用户界面（Graphical User Interface，GUI，又称图形用户接口）。

综合实战篇

第 14 章 项目实战：学生管理系统的实现——Web

本章讲解了 Web 开发的相关知识、FORM 表单的相关知识以及 Bottle 第三方模块的使用，并以学生管理系统为例，借助 FORM 表单构造该系统的图形用户界面，借助 Bottle 实现了基于 Web 的学生管理系统。通过本章的学习，读者将具备使用 FORM 表单和 Bottle 开发简单 Web 应用程序的能力。

14.1 Web 开发概述

Web 开发也叫基于 B/S 架构的软件开发。B/S（Browser/Server）架构，译为浏览器/服务器架构。

B/S 中的 B 表示浏览器，也称为 Web 浏览器。浏览器是一款可以运行在计算机主机或者智能手机的软件。浏览器种类繁多，常见的有 Edge、Chrome、Firefox、Safari、Opera 等。没有浏览器，我们甚至无法打开百度首页；有了浏览器，我们打开网页将变得如此简单：只需在浏览器地址栏输入 URL 网址或点击超链接。有了浏览器，我们无须了解 HTTP、TCP/IP 等复杂的网络知识，就可以畅游网络。

B/S 中的 S 表示 Web 服务器，也称为 WWW（World Wide Web）服务器。对于初学者而言，Web 服务器遥远而又陌生，本章将利用 Bottle 快速搭建一个 Web 服务器。

浏览器与 Web 服务器之间的交互过程如图 14-1 所示，描述如下。

① 浏览器用户打开浏览器，输入 URL 网址或者点击超链接后，实际上是浏览器请求访问 Web 服务器的某个资源。这个过程称为浏览器向 Web 服务器发出 HTTP 请求数据。

② Web 服务器接收浏览器发出的 HTTP 请求数据后，根据 HTTP 请求数据中的 URL 网址，通过路由系统触发运行相应的 Python 程序。

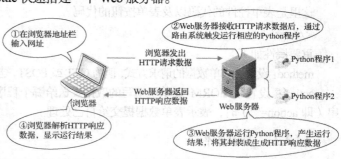

图 14-1 浏览器与 Web 服务器的交互过程

③ Web 服务器运行 Python 程序，将运行结果封装成 HTTP 响应数据，返回给浏览器。这个过程称为 Web 服务器向浏览器返回 HTTP 响应数据。

④ 浏览器接收 Web 服务器返回的 HTTP 响应数据，将其渲染到浏览器窗口。

总之，浏览器是一款能够发出 HTTP 请求数据、接收 HTTP 响应数据的软件；而 Web 服务器是一款负责接收 HTTP 请求数据、返回 HTTP 响应数据的软件。HTTP 是浏览器与 Web 服务器之间交互的核心。

说明：最常用的 HTTP 请求是 GET 请求和 POST 请求。GET 请求主要用于从 Web 服务器上获取数据，POST 请求主要用于将浏览器端的数据提交给 Web 服务器。

14.2 Bottle 概述

Bottle 概述

常用的 Python Web 框架有 Django、Flask、Tornado、Bottle 以及 webpy，这些 Web 框架都可以部署一个基于 Python 的 Web 服务器。本书之所以选择 Bottle，是因为 Bottle 的下列特点。

① 简单：Bottle 是一个轻量级 Python Web 框架，只有一个 bottle.py 程序，并且不依赖任何第三方模块。

② 易学：Bottle 的官方文档不到 100 页，非常便于初学者学习。

③ 易用：短短几行代码即可快速搭建一个简易的 Web 服务器。

④ 遵循 WSGI 规范：Bottle 是一个遵循 WSGI 规范的 Python Web 框架。WSGI（Web Server Gateway Interface）译作 Web 服务器网关接口，定义了 Web 服务器和 Web 应用之间的接口规范。

⑤ 与 Flask 一脉相承：可将 Bottle 看作迷你版的 Flask，学好 Bottle 可以轻松进阶 Flask。

14.3 初识 FORM 表单

初识 FORM 表单

FORM 表单已经成为 Web 开发人员知识图谱中的标配，Web 开发人员应该熟练掌握 FORM 表单的使用。FORM 表单由表单标签、表单控件和表单按钮 3 个部分组成。

14.3.1 表单标签

外观上，表单标签类似于 Excel 表的虚框，虽无法显示在浏览器上，但它是表单控件和表单按钮的容器，定义了表单的边界。功能上，表单标签定义了表单数据的请求方式、表单数据的处理程序。表单标签像编剧，虽然默默存在却能决定剧情。表单标签的语法格式如下。

```
<form method="post" action="处理程序">
```

这里是表单控件的代码以及表单按钮的代码。

```
</form>
```

重要属性如下。

method：设置了表单数据的请求方式，值为 GET 或 POST，建议设置为 POST，若不设置默认为 GET。

action：设置了 FORM 表单里填写的数据发送给哪个程序处理。若不设置，或者设置为空字符串（即 action=""）时，表示表单数据提交给自己处理。

14.3.2 表单控件

外观上，表单控件在浏览器上可见。功能上，它允许浏览器用户填写数据或者选择数据。表单控件像演员，总是能够在观众面前华丽现身。表单控件包括单行文本框、单选框、多行文本框和下拉选择框等。

（1）单行文本框，示例代码及显示效果如下。

示例代码	用户名：<input type="text" name="name" value="victor" id='ID值'/>
显示效果	用 户 名： victor

重要属性如下。

type="text"：定义了单行文本输入框。

name：定义了表单控件的名字，绝大多数表单控件有 name 属性，Python 程序通过 name 属性的值区分各个表单控件。

value：定义了初始值（或者默认值）。

id：设置了唯一标识符，唯一标记 HTML 页面上的元素。在同一个 HTML 页面上，必须确保 id 值唯一，不能重复。

说明：input 标签如果没有设置 type 属性，那么 type 的默认值是 text。

（2）单选框：像单选题一样，为浏览器用户提供一个选项，示例代码及显示效果如下。

示例代码	`<input name="sex" type="radio" value="男" checked />男生` `<input name="sex" type="radio" value="女" />女生`
显示效果	◉男生 ○女生

重要属性如下。

type="radio"：定义了单选框。

name：定义了表单控件的名字。要想保持单选框之间相互排斥，必须保证单选框的 name 值相同。

checked：表示该单选框默认被选中，该属性无须设置值。

（3）多行文本框：能够编辑多行内容的文本框，示例代码及显示效果如下。

示例代码	备注：`<textarea name="remark" cols="30" rows="4">示例代码</textarea>`
显示效果	示例代码 备注：

语法格式：`<textarea name="…" cols="…" rows="…">content</textarea>`

重要属性如下。

cols：定义了多行文本框的宽度（单位是像素）。

rows：定义了多行文本框的高度（单位是像素）。

content：多行文本框默认显示的文字内容。

（4）下拉选择框：像单选按钮，示例代码及显示效果如下。

示例代码	`<select name="address">`
	    `<option value="北京">北京市</option>`
	    `<option value="上海" selected>上海市</option>`
	    `<option value="广州">广州市</option>`
	    `<option value="深圳">深圳市</option>`
	`</select>`

显示效果	上海市 ⌄ 北京市 上海市 广州市 深圳市

语法格式如下。

```
<select name="…">
    <option value="…" selected>…</option>
    <option value="…">…</option>
    ……
</select>
```

select 标签用于定义下拉选择框，重要属性如下。

name：下拉选择框的名字。

option 子标签：用于定义下拉选择框的某个选项，重要属性如下。
- value：指定某个选项的值。若没有指定，则选项的值为<option>和</option>之间的内容。
- selected：表示该选项默认被选中，该属性无须设置值。selected 单词来源于 select 标签。

14.3.3 表单按钮

外观上，表单按钮在浏览器上可见。功能上，单击表单按钮后，触发执行 FORM 表单 action 属性指定的处理程序。常用的表单按钮有提交按钮（submit）和重置按钮（reset）。

1．提交按钮

提交按钮用于将 FORM 表单填写的数据发送到 FORM 标签 action 属性指定的处理程序。下面两种示例代码都可以创建提交按钮。

示例代码 1	`<input type="submit" value="普通提交按钮" />`
示例代码 2	`<button type="submit">普通提交按钮</button>`
显示效果	普通提交按钮

重要属性如下。

type="submit"：定义了提交按钮。

value：定义了提交按钮上的显示文字。

2．重置按钮

重置按钮并不是将表单控件输入的信息清空，而是将表单控件恢复到初始值状态（或者默认状态），初始值由表单控件的 value 值决定（类似于恢复到出厂设置）。下面两种示例代码都可以创建重置按钮。

示例代码 1	`<input type="reset" name="cancel" value="重新填写" />`
示例代码 2	`<button type="reset">重新填写</button>`
显示效果	重新填写

重要属性如下。

type="reset"：定义重置按钮。

上机实践 1　初识 Bottle 和认识 GET 请求

场景 1　准备工作

知识提示 1：Bottle 只有一个 bottle.py 程序，最新版本是 0.13，可以使用 pip 包管理工具下载、安装 Bottle，也可以单独下载 bottle.py 程序。

知识提示 2：本场景使用 pip 下载、安装 Bottle，切记计算机联网后才能使用 pip 命令从 PyPI 官网下载 Bottle。有关 pip 包管理工具以及 PyPI 的更多知识，可参看第 16.5 节的内容。

（1）打开 cmd 命令窗口，输入命令"pip install bottle"即可下载、安装 bottle.py 程序。

说明：如果出现了"不是内部或外部命令"的错误，这是因为 cmd 命令窗口无法找到 pip.exe 可执行程序。配置 Path 环境变量可以避免出现此类问题。

（2）在 Python Shell 上执行下列代码，观察 bottle 模块定义的对象。

```
import bottle
dir(bottle)
```

（3）在 Python Shell 上执行下列代码，查看 bottle.py 程序的安装路径。

```
bottle.__file__  #输出'C:\\python3\\lib\\site-packages\\bottle.py'
```

（4）在 C 盘根目录下创建 py3project 目录，并在该目录下创建 bottle_web 目录。

说明：本章的所有程序都保存在 C:\py3project\bottle_web 目录下。

（5）将 bottle.py 程序复制到 bottle_web 目录下。

（6）确保显示文件的扩展名。

场景 2　快速上手 Bottle

（1）创建 Python 程序，输入以下代码，将 Python 程序命名为 app1.py。

```python
import bottle
@bottle.route('/hello')
def hello():
    print("你好 Python")
    return "你好 Bottle"
#在此处新增代码
bottle.run(host='localhost', port=8080, debug=True)
```

说明 1：装饰器"@bottle.route"用于定义一个路由，路由记录了"请求地址 ——请求方式→ 处理请求的函数"的映射关系。本场景的路由记录了"/hello ——GET请求→ hello()"的映射关系。只有接收到 GET 请求，并且请求地址是"/hello"时，才会匹配该路由，触发 hello 函数运行。

说明 2："bottle.run(host='localhost', port=8080, debug=True)"用于启动 Bottle 后台服务进程，快速搭建一个 Web 服务器。host 参数设置了 Web 服务器的主机名（此处是 localhost）。port 参数设置了 Web 服务器占用的端口号（此处是 8080）。参数 debug=True 时表示开启 Web 服务器的调试模式，Web 项目处于开发阶段时建议开启调试模式，Web 项目上线运营后建议关闭调试模式。

说明 3：一台计算机的端口号可以有 65536 个，网络程序都是通过端口号来识别的（例如 QQ 聊天程序）。读者可以将计算机看作一部"多卡多待"的手机，将计算机的每个端口号看作一个 SIM 卡槽，将计算机上运行的每个服务看作一张 SIM 卡。bottle 这张 SIM 卡被安装在第 8080 个 SIM 卡槽上。浏览器访问第 8080 个 SIM 卡槽如同访问 bottle 这张 SIM 卡。

（2）运行 Python 程序，启动 Bottle 后台服务进程，执行结果如图 14-2 所示。

说明 1：启动 Bottle 后台服务进程就意味着启动了 Web 服务器（主机名是 localhost，端口号是 8080）。Web 服务器将等待接收来自浏览器的 HTTP 请求。

图 14-2　启动 Bottle 后台服务进程

说明 2：常见的 HTTP 请求是 GET 请求和 POST 请求，GET 和 POST 对大小写不敏感。

（3）打开浏览器，输入网址"http://127.0.0.1:8080/hello"或者"http://localhost:8080/hello"并按"Enter"键，执行结果如图 14-3 所示，Bottle 后台服务进程打印的信息如图 14-4 所示。

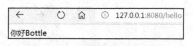

图 14-3　浏览器显示的信息

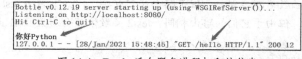

图 14-4　Bottle 后台服务进程打印的信息

说明 1：本步骤通过浏览器向 Web 服务器（主机名是 localhost，端口号是 8080）发送 GET 请求，请求的 URL 地址是"http://localhost:8080/hello"。由于该请求匹配路由"/hello ——GET请求→ hello()"触发"hello()"函数的运行。"hello()"函数中的 print 函数在 Bottle 后台服务进程打印"你好 Python"后，return 语句将字符串"你好 Bottle"封装成 HTTP 响应数据返回给浏览器。浏览器接收到 HTTP 响应数据显示"你好 Bottle"。至此完成了浏览器与 Web 服务器之间的一次"GET 请求和 HTTP 响应"，浏览器向 Web 服务器发送 GET 请求的过程如图 14-5 所示。

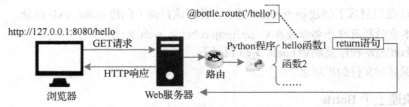

图 14-5 浏览器向 Web 服务器发送 GET 请求的过程

说明 2：localhost 和 127.0.0.1 都表示本地机器，就像口语中使用"我"代表自己，书面语中使用"本人"代表自己。

说明 3：本机既充当了浏览器角色，又充当了 Web 服务器角色，就像练就了"左右互搏之术"，左手浏览器、右手 Web 服务器，左手向右手发送 HTTP 请求，右手接收 HTTP 请求，并将运行结果以 HTTP 响应返回给左手，最后由左手显示运行结果。但是真实环境中的 Web 服务器离我们非常遥远。

（4）关闭 Bottle 后台服务进程，为下一场景做准备。

说明：本步骤关闭 Bottle 后台服务进程，释放端口号和主机名，为下一场景做准备。

场景 3 认识 GET 请求

知识提示：GET 译作"获取、获得"，浏览器向 Web 服务器发送 GET 请求的主要目的是从 Web 服务器上获取数据。浏览器向 Web 服务器发送 GET 请求的方法主要有两种：在浏览器地址栏输入网址并按"Enter"键（参见场景 2，不再赘述）；单击超链接。

（1）向 app1.py 程序添加粗体字的代码。

```
import bottle
@bottle.route('/hello')
def hello():
    print("你好 Python")
    return "你好 Bottle"
@bottle.route('/create_a')
def hello():
    return "<a href='/send_get'>这是超链接，单击我发送新的 GET 请求</a>"
@bottle.route('/send_get')
def hello():
    return "你好，超链接"
#在此处新增代码
bottle.run(host='localhost', port=8080, debug=True)
```

说明：该 Python 程序中定义了 3 个 hello 函数。按照前面讲解的知识，最后一个 hello 函数"貌似"会覆盖前面两个 hello 函数的定义。事实上并不会，这是因为被路由装饰器@bottle.route 装饰后的函数名不再重要，但是路由非常重要。例如下面的 test1 函数和 test2 函数，即便它们的函数名不同，但由于它们的路由相同，test2 函数依然会覆盖 test1 函数的定义。

```
@bottle.route('/test')
def test1():
    return "你好 test1"
@bottle.route('/test')
def test2():
    return "你好 test2"
```

（2）运行 Python 程序，启动 Bottle 后台服务进程。

（3）打开浏览器，输入网址"http://127.0.0.1:8080/create_a"并按"Enter"键，执行结果如图 14-6 所示。

说明：本步骤演示了通过浏览器地址栏发送 GET 请求。

（4）单击超链接，执行结果如图14-7所示。

图14-6　第1次GET请求的结果 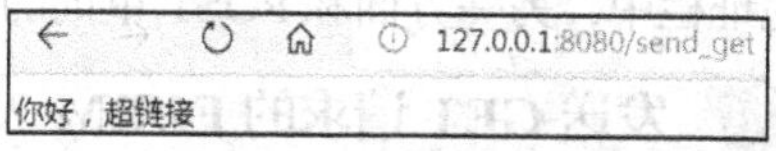　　　图14-7　第2次GET请求的结果

说明1：本步骤演示了通过超链接发送GET请求。

说明2：代码"<a href='/send_get'>这是……</a>"显示在浏览器上时，将以超链接的形式显示。单击超链接时，浏览器向网址"http://127.0.0.1:8080/send_get"发送GET请求。

说明3：本步骤等效于直接在浏览器地址栏输入网址http://127.0.0.1:8080/send_get并按"Enter"键。

（5）关闭Bottle后台服务进程，为下一场景做准备。

场景4　获取GET请求中的请求参数

知识提示1：GET请求的主要目的是从Web服务器上获取数据，有时需要指定获取数据的"查询条件"（例如获取男生的学生数据还是女生的学生数据），这里的"查询条件"称作GET请求参数。GET请求参数以"查询字符串"的方式存在。

知识提示2：查询字符串格式形如"?param1=value1&param2=value2"，并附加到URL网址后面。注意查询字符串以英文问号"?"开头。

（1）向app1.py程序添加以下代码。

```python
@bottle.route('/query_string')
def query_string():
    print(bottle.request.query.name)
    print(bottle.request.query.hobby)
    print(bottle.request.query.getall('hobby'))
    print(bottle.request.query.decode().getall('hobby'))
    return "观察Bottle后台服务进程的打印信息，注意乱码问题和解决方案"
```

（2）运行Python程序，启动Bottle后台服务进程。

（3）打开浏览器，输入以下网址并按"Enter"键，获取GET请求中的查询字符串如图14-8所示。

图14-8　获取GET请求中的查询字符串

```
http://127.0.0.1:8080/query_string?name=张三&hobby=学习&hobby=游戏
```

说明1：本步骤的查询字符串中存在3个GET请求参数信息，其中name参数出现一次，hobby参数出现两次。

说明2：bottle.request.query.param用于获取查询字符串中参数名是param的参数值。

说明3：如果某个参数出现多次，可以使用bottle.request.query.getall()方法获取该参数的所有值。出现乱码问题时，可以借助bottle.request.query.decode().getall()方法解决，这里用到了方法的链式调用。

（4）关闭Bottle后台服务进程，为下一场景做准备。

上机实践2　认识POST请求

知识提示1：POST译作"邮寄、投递"，浏览器向Web服务器发送POST请求的主要目的是将浏览器的数据提交到Web服务器。

知识提示2：FORM表单既可以提交GET请求（参看场景1），也可以提交POST请求（参看场景2）。当FORM表单的method属性是空字符串或GET时，单击FORM表单的提交按钮后，FORM表单向Web服务器发送GET请求（浏览器将表单数据封装到查询字符串中）。当FORM表单的method属性设置为POST时，单击FORM表单的提交按钮后，FORM表单向Web服务器发送POST请求。

知识提示 3：FORM 表单的 method 通常设置为 POST。一方面可以防止用户信息"暴露"在浏览器地址栏中，另一方面和 POST 单词的汉语意思有关。

场景 1 发送 GET 请求的 FORM 表单

（1）向 app1.py 程序添加以下代码。

```
@bottle.route('/my_form')
def my_form():
    my_form = """
<form method="" action="">
用户名：<input type="text" name="name" value="victor"/>
<br/>
性别：
<input name="sex" type="radio" value="男" checked />男生
<input name="sex" type="radio" value="女" />女生
<br/>
备注：<textarea name="remark" cols="30" rows="4">示例代码</textarea>
<br/>
籍贯：
<select name="address">
    <option value="北京">北京市</option>
    <option value="上海" selected>上海市</option>
    <option value="广州">广州市</option>
    <option value="深圳">深圳市</option>
</select>
<br/>
<button type="submit">普通提交按钮</button>
<button type="reset">重新填写</button>
</form>
"""
    print(bottle.request.query.name or '第一次访问时，没有提交用户名数据')
    print(bottle.request.query.sex or '第一次访问时，没有提交性别数据')
    print(bottle.request.query.remark or '第一次访问时，没有提交备注数据')
    print(bottle.request.query.address or '第一次访问时，没有提交籍贯数据')
    return my_form
```

说明：代码"
"用于在浏览器中渲染一个换行符。

（2）运行 Python 程序，启动 Bottle 后台服务进程。

（3）打开浏览器，输入网址"http://127.0.0.1:8080/my_form"并按"Enter"键，执行结果如图 14-9 所示，Bottle 后台服务进程的打印信息如图 14-10 所示。

（4）单击"普通提交按钮"，Bottle 后台服务进程的打印信息如图 14-11 所示。

图 14-9 第 1 次 GET 请求的结果是
　　　　 FORM 表单

图 14-10 第 1 次 GET 请求的打印
　　　　　信息

图 14-11 Bottle 处理 FORM
　　　　　表单发出的第 2 次 GET 请求

说明 1：注意观察浏览器地址栏变为以下网址。

```
http://127.0.0.1:8080/my_form?name=victor&sex=male&remark=示例代码&address=上海
```

说明 2：当 FORM 表单的 action 属性设置为空字符串时，单击 FORM 表单的提交按钮后，FORM 表单将表单数据提交给自己处理（此处是/my_form）。

说明 3：步骤（3）和步骤（4）等效于直接在浏览器地址栏输入以下网址并按"Enter"键。

```
http://127.0.0.1:8080/my_form?name=victor&sex=male&remark=示例代码&address=上海
```

（5）关闭 Bottle 后台服务进程，为下一场景做准备。

场景 2 发送 POST 请求的 FORM 表单

向 app1.py 程序添加以下代码（注意粗体字代码）。

```
@bottle.route('/my_post')
def my_form():
    my_form = """
<form method="post" action="send_post">
用户名:<input type="text" name="name" value="victor"/>
<br/>
性别:
<input name="sex" type="radio" value="男" checked />男生
<input name="sex" type="radio" value="女" />女生
<br/>
备注:<textarea name="remark" cols="30" rows="4">示例代码</textarea>
<br/>
籍贯:
<select name="address">
    <option value="北京">北京市</option>
    <option value="上海" selected>上海市</option>
    <option value="广州">广州市</option>
    <option value="深圳">深圳市</option>
</select>
<br/>
<button type="submit">普通提交按钮</button>
<button type="reset">重新填写</button>
</form>
"""
    return my_form
```

说明：上述代码的主要功能是返回一个能发送 POST 请求的 FORM 表单，并将 action 设置为 "/send_post"。

场景 3 获取 POST 请求 FORM 表单中的请求参数

（1）向 app1.py 程序添加以下代码。

```
@bottle.route('/send_post',method='POST')
def process_post():
    print(bottle.request.forms.name)
    print(bottle.request.forms.sex)
    print(bottle.request.forms.remark)
    print(bottle.request.forms.address)
    return "成功接收 POST 提交的表单数据"
```

说明 1：本步骤的路由记录了"/send_post ——POST请求→ process_post()"的映射关系。只有接收到 POST 请求，并且请求地址是"/send_post"时，才会匹配该路由，触发 process_post 函数运行。

说明 2：bottle.request.forms 用于获取 POST 请求的表单数据。

（2）运行 Python 程序，启动 Bottle 后台服务进程。

（3）打开浏览器，输入网址"http://127.0.0.1:8080/my_post"并按"Enter"键，单击"普通提交按钮"，注意浏览器地址栏变为网址"http://127.0.0.1:8080/send_post"，Bottle 后台服务进程的打印信息如图 14-12 所示。

图 14-12　Bottle 处理 POST 请求

上机实践 3　Bottle 内置模板引擎的使用

知识提示 1：Python 程序中不应该包含 FORM 表单代码，应该将 FORM 表单代码单独存放在另一个文本文件中，将 Python 代码与 FORM 表单代码分离，模板引擎可以实现这一功能。

知识提示 2：Bottle 内置了一个快速、强大的模板引擎 SimpleTemplate（stpl），可以将 Python 代码与 FORM 表单代码分离。

场景 1　初识 SimpleTemplate 模板引擎

（1）向 app1.py 程序添加以下代码。

```
@bottle.route('/my_template')
def my_form():
    return bottle.template('my_form.txt')
```

说明 1：bottle 模块的 template 函数负责渲染一个模板文件，模板文件是一个文本文件，默认情况下模板文件的扩展名是.tpl。

说明 2：为了便于编辑模板文件，本步骤将模板文件的扩展名设置为.txt。

（2）创建文本文件 my_form.txt，写入以下代码，切记将文本文件的字符编码设置为 UTF-8。

```
<form method="post" action="send_post">
用户名:<input type="text" name="name" value="victor"/>
<br/>
性别:
<input name="sex" type="radio" value="男" checked />男生
<input name="sex" type="radio" value="女" />女生
<br/>
备注:<textarea name="remark" cols="30" rows="4">示例代码</textarea>
<br/>
籍贯:
<select name="address">
    <option value="北京">北京市</option>
    <option value="上海" selected>上海市</option>
    <option value="广州">广州市</option>
    <option value="深圳">深圳市</option>
</select>
<br/>
<button type="submit">普通提交按钮</button>
<button type="reset">重新填写</button>
</form>
```

（3）运行 Python 程序，启动 Bottle 后台服务进程。
（4）打开浏览器，输入网址"http://127.0.0.1:8080/my_template"并按"Enter"键。
（5）单击"普通提交按钮"，可以观察到浏览器地址栏变为网址"http://127.0.0.1:8080/send_post"。

场景 2　在模板文件中处理 Python 对象

知识提示 1：有时模板文件需要显示或者处理 Python 对象。SimpleTemplate 模板引擎提供了"专门的"语法，模板文件能够显示或者处理 Python 对象。

知识提示 2：template 函数的关键字参数可以向模板文件传递 Python 对象。

（1）向 app1.py 程序添加以下代码。

```
@bottle.route('/')
def index():
    fields = ['no','name','sex','birthday','address','remark']
    students = students = [
    ['001','张三','男','2000-1-1','北京','备注'],
    ['002','李四','女','2000-1-1','上海','备注'],
    ['003','王五','男','2000-1-1','深圳','备注'],
    ['004','马六','女','2000-1-1','广州','备注'],
    ]
    return bottle.template('index.txt',students=students,fields=fields,msg='这是首页')
```

说明1：只有接收到 GET 请求，并且请求地址是"/"时，才会匹配该路由，触发 index 函数运行。
说明2：最后 1 行代码向模板文件 index.txt 传递了 students、fields 以及 msg 三个关键字参数。

（2）创建文本文件 index.txt，写入以下代码，切记将文本文件的字符编码设置为 UTF-8。

```
{{msg}}
<hr/>
{{opt if defined('opt') else '暂无操作'}}
<hr/>
字段名有：<br/>
% for value in fields:
    {{value}}<br/>
% end
<hr/>
学生信息有：<br/>
% for student in students:
    % for value in student:
        {{value}}   
    % end
    <br/>
% end
<hr/>
<%
print('你好')
print('Python')
%>
```

说明1：模板文件 index.txt 用于接收 msg、fields 以及 students 三个关键字参数。
说明2：模板文件中的{{obj}}用于在浏览器上显示 obj 对象。此处的{{msg}}用于在浏览器上显示 msg 对象。
说明3：第 3 行代码使用模板引擎内置的 defined 函数判断是否存在 opt 参数。
说明4：模板文件中的"%"用于标记"单行 Python 代码"，"% end"用于标记 Python 代码的结束。
说明5：开始标记"<%"以及结束标记"%>"中间可以包含若干行 Python 代码。最后 4 行代码用于在 Bottle 后台服务进程打印 2 个字符串。
说明6：模板文件中的 Python 代码可以不遵循 Python 的代码缩进原则。
说明7：代码" "用于在浏览器中渲染一个空格，代码"<hr/>"用于在浏览器中渲染一个长横线。

（3）运行 Python 程序，启动 Bottle 后台服务进程。

（4）打开浏览器，输入网址"http://127.0.0.1:8080/"并按"Enter"键，执行结果如图14-13所示，Bottle后台服务进程的打印信息如图14-14所示。

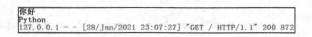

图14-13　在模板文件中处理Python对象　　　图14-14　模板文件中多行Python代码的打印信息

场景3　认识table表格标签

知识提示：<table></table>标签用于定义一个表格。<tr></tr>是<table></table>标签的子标签，用于定义表格的一行。<td></td>标签是<tr></tr>的子标签，用于定义"某行"的"一列"。<th></th>标签也是<tr></tr>标签的子标签，用于定义表格的"列标题"。

（1）向模板index.txt的末尾添加以下代码。

```
<table border="1">
  <tr><th>学号</th><th>姓名</th></tr>
  <tr><td>001</td><td>张三</td></tr>
  <tr><td>002</td><td>李四</td></tr>
</table>
```

（2）打开浏览器，输入网址"http://127.0.0.1:8080/"并按"Enter"键，添加的代码执行结果如图14-15所示。

（3）向模板index.txt的末尾添加以下代码。

图14-15　认识table表格标签

```
<hr/>
<table border="1">
  <tr>
        % for value in fields:
            <th>{{value}}</th>
        % end
  </tr>
    %for student in students:
    <tr>
            % for value in student:
                <td>{{value}}</td>
            % end
        </tr>
        % end
</table>
```

（4）打开浏览器，输入网址"http://127.0.0.1:8080/"并按"Enter"键，添加的代码执行结果如图14-16所示。

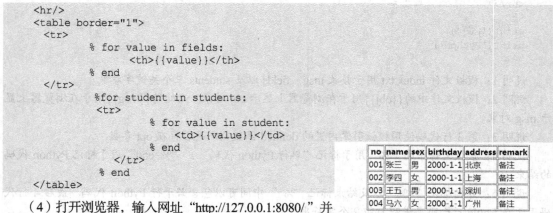

图14-16　table表格标签和for循环的结合

上机实践4　学生管理系统的实现——Web

知识提示1：可以将列表写入CSV文本文件，使用CSV文本文件永久地保存学生信息。

知识提示 2：学生字段信息 fields 的代码同第 8 章上机实践 3 的场景 3 中 fields 的代码。

知识提示 3：学生数据存储在 all_student 列表中，all_student 的代码同第 8 章上机实践 3 的场景 3 中 all_student 的代码。

知识提示 4：本场景采用 MVT（Mode-View-Template）分层思想实现基于 Web 的学生管理系统。MVT 是一种特殊的 MVC，MVT 中的"M"通常指的是模型层代码（对应于 MVC 中的"M"）。MVT 中的"V"通常指的是路由层代码，负责接受 HTTP 请求，然后返回 HTTP 响应。MVT 中的"T"是 template 单词的首字母，通常指的是模板文件（对应于 MVC 中的"V"）。MVT 中的控制器（controller）由框架自身提供（此处是 Bottle），不再由编程人员提供。

场景 1　准备工作

（1）在 C:/py3project 目录下创建 student_web_csv 目录，该目录是项目根目录。

（2）在项目根目录下依次创建 models 目录、routes 目录、templates 目录和 libs 目录，分别存放模型层代码、路由层代码、模板层代码（此处是模板文件）和第三方模块（此处是 bottle.py）。项目的目录结构如图 14-17 所示。

（3）将 bottle.py 程序复制到 libs 目录下。

（4）将第 13 章上机实践 2 的场景 6 的 student_model.py 程序复制到 models 目录下。

说明：student_model.py 程序负责创建和管理 student.csv 文件，实现学生数据的增、删、改、查功能。student_model.py 程序在 MVT 分层思想中承担模型层的角色。

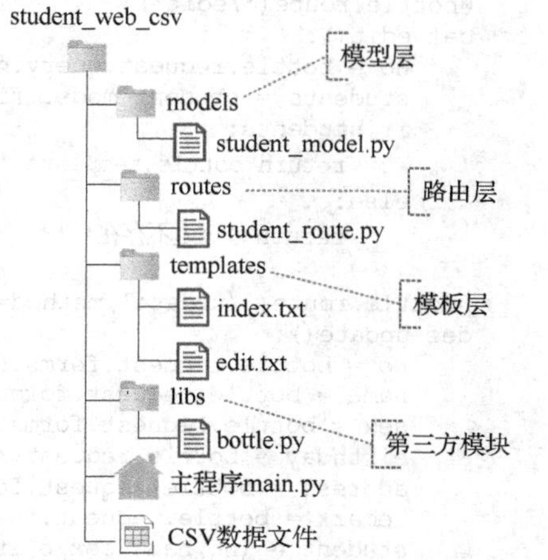

场景 2　student_route.py 程序的实现

知识提示：student_route.py 程序在学生管理系统扮演着承上启下的作用，它接收来自浏览器的 GET 请求和 POST 请求，调用模型层的代码（管理学生数据），将处理结果返回给浏览器。student_route.py 程序在 MVT 分层思想中承担路由层的角色。

图 14-17　基于 Web 学生管理系统的目录结构

在 routes 目录下创建 student_route.py 程序，并输入以下代码。

```
from libs import bottle
from models.student_model import fields
from models import student_model
@bottle.route('/')
def index():
    students = student_model.find_all()
    return bottle.template('templates/index.txt',students=students,fields=fields,msg='这是首页')

@bottle.route('/find_by_no')
def find_by_no():
    no = bottle.request.query.no.strip()
    students = student_model.find_by_no(no)
    return bottle.template('templates/index.txt',students=students,fields=fields,msg='这是按学号查询页面')

@bottle.route('/save',method="post")
def save():
    no = bottle.request.forms.no.strip()
    name = bottle.request.forms.name.strip()
    sex = bottle.request.forms.sex.strip()
```

```python
        birthday = bottle.request.forms.birthday.strip()
        address = bottle.request.forms.address.strip()
        remark = bottle.request.forms.remark.strip()
        student = (no,name,sex,birthday,address,remark)
        print(student)
        msg = student_model.insert(student)
        students = student_model.find_all()
        return bottle.template('templates/index.txt',students=students,fields=fields,msg=msg)

@bottle.route('/delete')
def delete():
        no = bottle.request.query.no.strip()
        msg = student_model.delete(no)
        students = student_model.find_all()
        return bottle.template('templates/index.txt',students=students,fields=fields,msg=msg)

@bottle.route('/edit')
def edit():
        no = bottle.request.query.no.strip()
        students = student_model.find_by_no(no)
        if students:
            return bottle.template('templates/edit.txt',student=students[0],msg='编辑页面')
        else:
            return '该生不存在'

@bottle.route('/update',method="post")
def update():
        no = bottle.request.forms.no.strip()
        name = bottle.request.forms.name.strip()
        sex = bottle.request.forms.sex.strip()
        birthday = bottle.request.forms.birthday.strip()
        address = bottle.request.forms.address.strip()
        remark = bottle.request.forms.remark.strip()
        student = (no,name,sex,birthday,address,remark)
        msg = student_model.update(student)
        students = student_model.find_all()
        return bottle.template('templates/index.txt',students=students,fields=fields,msg=msg)
```

说明：字符串对象的 strip 方法的功能是移除字符串头、尾的空格字符。

场景 3 index.txt 首页的实现

知识提示：模板文件 index.txt 是学生管理系统的首页，页面效果如图 14-18 所示。首页由上、中、下三部分构成，上面显示"提示信息"和"返回首页"超链接，中间显示"添加学生 FORM 表单"，下面显示"按学号查询的 FORM 表单"和"table 表格"。模板文件 index.txt 在 MVT 分层思想中承担模板层的角色。

在 templates 目录下创建 index.txt 文本文件，并输入以下代码。切记将文本文件的字符编码设置为 UTF-8。

图 14-18 学生管理系统的首页

```
{{msg}} | <a href='/'>返回首页</a>
<hr>
<form method="post" action="/save">
学号：<input type="text" placeholder="学号" name="no"/>
<br/>
姓名：<input type="text" placeholder="姓名" name="name"/><br/>
性别：<input type="radio" name="sex" value="男" checked>男
<input type="radio" name="sex" value="女">女<br/>
```

```
出生日期：<input type="text" placeholder="出生日期" name="birthday"><br/>
籍贯：<select name="address">
<option value="北京">北京市</option>
<option value="上海">上海市</option>
<option value="广州">广州市</option>
<option value="深圳">深圳市</option>
</select><br>
备注：<textarea placeholder="备注" name="remark"></textarea><br/>
<button type="submit">提交</button>
<button type="reset">重置</button>
</form>
<hr>

<form action="/find_by_no">
<input type="text" placeholder="学号" name="no"/>
<button type="submit">查询</button>
</form>

<table border=1>
<tr>
%for field in fields:
<th>{{field}}</th>
%end
<th colspan=2>操作</th></tr>
%if students:
    %for student in students:
    <tr>
        %for value in student:
            <td>{{value}}</td>
        %end
        <td><a href='/edit?no={{student[0]}}'>编辑</a></td>
        <td><a href='/delete?no={{student[0]}}' onclick='return confirm("确认删除吗？")'>删除</a></td>
    </tr>
    %end
%else:
<tr><td colspan=8>暂无学生信息！</td></tr>
%end
</table>
```

说明：<a>超链接的 onclick 属性定义了一个单击超链接的"事件"。本场景中单击删除超链接后，将弹出一个确认对话框 confirm("确认删除吗？")。

场景 4 edit.txt 学生编辑页面的实现

知识提示：模板文件 edit.txt 是学生管理系统的学生编辑页面，页面效果如图 14-19 所示。学生编辑页面由上、下两部分构成，上面显示"编辑页面"和"返回首页"超链接，下面显示"被编辑的学生的 FORM 表单"。模板文件 edit.txt 在 MVT 分层思想中承担模板层的角色。

在 templates 目录下创建 edit.txt 文本文件，并输入以下代码。切记将文本文件的字符编码设置为 UTF-8。

图 14-19 学生管理系统的学生编辑页面

```
{{msg}} | <a href='/'>返回首页</a>
<hr>
<form method="post" action="/update">
```

```html
学号:<input type="text" placeholder="学号" name="no" readonly value="{{student[0]}}"/>
<br/>
姓名:<input type="text" placeholder="姓名" name="name" value="{{student[1]}}"/><br/>
性别:<input type="radio" name="sex" value="男" {{'checked' if student[2]=='男' else ''}}>男
<input type="radio" name="sex" value="女" {{'checked' if student[2]=='女' else ''}}>女
<br/>
出生日期:<input type="text" placeholder="出生日期" name="birthday" value="{{student[3]}}">
<br/>
籍贯:<select name="address">
<option value="北京" {{'selected' if student[4]=='北京' else ''}}>北京市</option>
<option value="上海" {{'selected' if student[4]=='上海' else ''}}>上海市</option>
<option value="广州" {{'selected' if student[4]=='广州' else ''}}>广州市</option>
<option value="深圳" {{'selected' if student[4]=='深圳' else ''}}>深圳市</option>
</select><br/>
备注:<textarea placeholder="备注" name="remark">{{student[5]}}</textarea><br/>
<button type="submit">提交</button>
</form>
```

场景5 主程序 main.py 的实现

在项目根目录下创建主程序 main.py,并输入以下代码。

```python
from routes import student_route
if '__main__'==__name__:
    student_route.bottle.run(host='localhost', port=8080, debug=True)
```

场景6 测试

(1)运行主程序,启动 Bottle 后台服务进程。

(2)打开浏览器,输入网址"http://127.0.0.1:8080"或者"http://localhost:8080"并按"Enter"键,测试学生管理系统的各项功能,并观察项目根目录下 CSV 文件中数据的变化情况。

说明1:本章借助 FORM 表单构造了学生管理系统的图形用户界面,并利用 Python 的 Web 框架 Bottle 实现了一个基于 Web 的学生管理系统,但是该系统存在诸多缺陷。UI 设计不美观,借助 CSS 可以让 Web 页面变得美观;没有实现权限管理功能,借助 Cookie 和 Session 可以实现权限管理。学有余力的读者可以查阅 CSS、Cookie、Session 的相关资料,篇幅所限,本书不再赘述。

说明2:使用 Excel 类软件打开 CSV 文本文件后,重新运行学生管理系统添加、删除或者修改学生信息时,会抛出"PermissionError: [Errno 13] Permission denied: 'student.csv'"错误。这是因为同一时刻只能有一个程序对 CSV 文本文件进行"写操作"。事实上,Excel 类软件是以"写保护"的模式打开 CSV 文本文件的,Excel 类软件持有 CSV 文本文件的"写"锁时,期间如果其他程序(包括 Python 程序)以"写模式"打开该 CSV 文本文件,就会出现 PermissionError 异常。引入数据库技术可以提升"并发写数据"的能力。

第 15 章 项目实战：学生管理系统的实现——数据库

本章讲解了数据库的基础知识以及 sqlite3 标准模块的使用，并以学生管理系统为例，借助 SQLite 数据库和 Bottle，实现了基于 Web 的学生管理系统。通过本章的学习，读者将具备使用 SQLite 数据库和 Bottle 开发简单 Web 应用程序的能力。

15.1 SQLite 概述

SQL 是结构化查询语言（Structured Query Language）的简称。和 MySQL、SQL Server、PostgreSQL 一样，SQLite 也是一种支持 SQL 的数据库管理系统。SQLite 中的 lite 译作轻量的，SQLite 是轻量级的数据库管理系统。SQLite 的特点总结如下。

（1）SQLite 是一个无服务器、零配置的数据库管理系统。无服务器意味着无须单独安装即可直接使用 SQLite。零配置意味着无须进行任何配置，SQLite 不需要任何配置文件。

（2）SQLite 是一个单文件数据库管理系统。一个 SQLite 数据库对应一个文件，该文件就是 SQLite 数据库的全部。可以使用 SQLite 代替 Excel 文件或者 CSV 文件存储数据。

（3）SQLite 支持事务操作，支持手动提交事务和手动回滚事务。事务可以将一系列更新操作封装成一个不可分割的逻辑工作单元，事务中的更新操作要么都执行，要么都不执行。

（4）SQLite 是嵌入式数据库。几乎所有的 Android 设备、iOS 设备、Mac 设备都用到了 SQLite 数据库，Firefox、Chrome、Safari 等浏览器也都内置了 SQLite 数据库。

15.2 数据库和数据库表

一个数据库通常包含多个数据库表，"数据库与数据库表"之间的关系可以理解为"Excel 文件与工作簿"之间的关系。数据库类似于 Excel 文件，数据库表类似于 Excel 文件中的工作簿，一个 Excel 文件通常包含多个工作簿，一个数据库通常包含多个数据库表。

数据库表由表结构和表记录构成，一个数据库表有且仅有一个表结构，可以有零条或者多条表记录，如图 15-1 所示。对于数据库表而言，表结构才是数据库表的"精髓"，表结构定义了表的表名、列名（也叫字段名）、列的数据类型以及列的约束条件等信息。

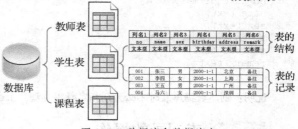

图 15-1 数据库和数据库表

15.3 SQLite 数据类型

MySQL、SQL Server、PostgreSQL 等使用的数据类型是静态的，这就意味着声明列时必须指定列的数据类型，并且该列只能存储该数据类型的数据。

SQLite 使用的数据类型是动态的，存储在列中的值决定了该列的数据类型（和 Python 相似）。即便将某个列声明为整型数据类型，该列依然可以存储其他类型的数据。甚至可以在创建数据库表时不必为列指定数据类型。

SQLite 使用动态数据类型不代表 SQLite 没有数据类型。事实上 SQLite 存在 5 种数据类型，如表 15-1 所示。

表 15-1 SQLite 的 5 种数据类型

数据类型	描述
null	未知
integer	整数
real	小数
text	文本型数据（文本数据的长度可以无限）
blob	二进制数据（二进制数据的长度可以无限）

SQLite 根据以下规则确定值的数据类型。

① 如果被单引号或双引号括起来，则为文本型数据。

② 如果没有被单引号或双引号括起来，并且不带小数点则为整数。

③ 如果没有被单引号或双引号括起来，但是带小数点则为小数。

④ 如果是 null 并且没有被单引号或双引号括起来，则为 null。

⑤ 诸如 X'ABCD'或 x'abcd'的数据是二进制数。

15.4 创建数据库表结构

创建数据库表结构需要使用 create table 语句，语法格式如下。

```
create table table_name (
     column_1 data_type primary key,
     column_2 data_type,
     column_3 data_type,
)
```

说明 1：create table 关键字后跟的是数据库表的表名。一个数据库可以包含多个表，创建数据库表时表名不能相同，否则将抛出"sqlite3.OperationalError: table student already exists"异常。

说明 2：primary key 关键字用于定义该列是表的主键。主键能够唯一标记表中的一行记录。同一个数据库表，主键的值不能重复且不能是 null。

下面的 create table 语句用于创建学生管理系统的 student 学生表，该表一共包含 6 列，分别是 no （学号）、name（姓名）、sex（性别）、birthday（出生日期）、address（籍贯）、remark（备注信息），它们都是文本型数据，其中学号 no 是主键。

```
create table student(
no text primary key,
name text,
sex text,
birthday text,
address text,
remark text
)
```

说明：创建数据库表时不必为列指定数据类型，上述代码中的"text"可以省略。

15.5 表记录的操作

表记录的操作包括表记录的添加、修改、删除和查询等操作，其中表记录的添加、修改和删除统称为表记录的更新。表记录的添加使用 insert 语句，表记录的修改使用 update 语句，表记录的删除使用 delete 语句，表记录的查询使用 select 语句。

（1）使用 insert 语句可以向数据库表添加记录，insert 语句的语法格式如下。

```
insert into 表名 values (值1,值2,…,值m)
```

说明 1：表名后如果没有列名，则意味着向表的所有列添加数据。

说明 2：值列表和表的列名顺序保持一致，值与值之间使用英文单引号隔开。

说明 3：值列表中文本型数据切记使用英文单引号或者双引号括起来（建议使用英文单引号）。

（2）使用 update 语句可以修改数据库表中的记录，update 语句的语法格式如下。

```
update 表名
set 列名1=修改后的值1,列名2=修改后的值2,…,列名n=修改后的值n
[where 条件表达式]
```

说明 1：where 条件表达式用于指定记录的过滤条件。若省略了 where 条件表达式，则表示修改数据库表中的所有记录。

说明 2：set 子句指定了要修改的列以及该列修改后的值。

（3）使用 delete 语句可以删除数据库表中的记录，delete 语句的语法格式如下。

```
delete from 表名 [where 条件表达式]
```

说明：where 条件表达式用于指定记录的过滤条件。如果没有 where 条件表达式，则表示删除所有行的数据。

（4）数据库操作使用频率最高的 SQL 语句是 select 语句。select 语句的语法格式如下。

```
select 列名列表
from 表名
[ where 条件表达式]
```

说明 1：列名列表用于指定检索的列名，多个列名使用英文逗号分隔。可以使用"*"表示数据库表的所有列名。

说明 2：where 条件表达式用于指定记录的过滤条件。若省略了 where 条件表达式，则表示检索数据库表中的所有记录。

上机实践 1　使用 sqlite3 模块操作 SQLite 数据库

知识提示 1：几乎所有的编程语言都支持 SQLite，Python 也不例外。

知识提示 2：SQLite 是无服务器、零配置的数据库管理系统，无须安装即可使用，最新版本是 SQLite3。

知识提示 3：sqlite3 是 Python 的标准模块，使用 sqlite3 模块即可操作 SQLite 数据库。

上机实践 1

场景 1　准备工作

（1）在 C 盘根目录下创建 py3project 目录，并在该目录下创建 test_db 目录。

说明：本章的所有 Python 程序全部保存在 C:\py3project\test_db 目录下。

（2）确保显示文件的扩展名。

（3）按住 Shift 键并右键单击 test_db 目录，选择"在此处打开命令窗口"，打开 cmd 命令窗口后，输入代码"python"或者"py"，然后按 Enter 键，启动 Python Shell。

说明 1：本步骤的目的是将 Python Shell 的当前工作目录修改为 C:/py3project/test_db。也可以在

Python Shell 上执行下列代码,通过 os 模块的 chdir 函数修改当前工作目录。

```
from pathlib import Path
Path.cwd()              #输出 WindowsPath('C:/python3')
import os
os.chdir(r'C:\py3project\test_db')
Path.cwd()              #输出 WindowsPath('C:/py3project/test_db')
```

说明 2:字符串 "\t" 表示制表符。为了防止路径分隔符 "\" 和 "t" 组合成制表符,这里使用 "r" 前缀表示一个原始字符串。

(4)在 Python Shell 上执行下列代码,导入 sqlite3 模块。

```
import sqlite3
```

场景 2 创建并连接数据库

知识提示 1:SQLite 数据库对应单个文件,创建一个 0KB 的文件就创建了 SQLite 数据库,该文件称为 SQLite 数据库文件,SQLite 数据库文件的扩展名通常是.db。

知识提示 2:操作数据库前需要打开 SQLite 数据库文件(类似于打开该文件),这个过程称为连接数据库。

知识提示 3:sqlite3 模块 connect 函数的功能是创建数据库文件并连接数据库。若数据库文件不存在,则创建数据库文件并连接数据库文件;若数据库文件存在,则仅连接数据库文件,不创建数据库文件。

(1)接场景 1 的步骤(4),在 Python Shell 上执行下面的代码,创建数据库文件并连接数据库。

```
con = sqlite3.connect("student.db")
```

(2)打开目录C:\py3project\test_db,可以看到数据库文件已经被创建(大小是 0KB),如图 15-2 所示。

(3)重新执行步骤(1),仅连接数据库(不再创建数据库文件)。

图 15-2 数据库文件被创建

(4)在 Python Shell 上执行下面的代码,观察运行结果。

```
type(con)#输出<class 'sqlite3.Connection'>
```

说明:con 是一个数据库连接对象,通过该对象可以获取游标对象。

场景 3 获取游标对象

知识提示:游标对象用于执行 SQL 语句。成功连接数据库后,只有通过数据库连接对象获取游标对象,才能执行 SQL 语句。

在 Python Shell 上执行下面的代码,观察运行结果。

```
cursor = con.cursor()
type(cursor)#输出<class 'sqlite3.Cursor'>
```

说明:cursor 是一个游标对象,通过该对象可以执行 SQL 语句。

场景 4 创建数据库表

知识提示 1:游标对象用于执行 SQL 语句,调用游标对象的 execute 方法可以执行 SQL 语句。

知识提示 2:游标对象 execute 方法的返回值依然是游标对象自身,游标对象支持方法的链式调用。

(1)在 Python Shell 上执行下面的代码,定义一个 create table 语句。

```
sql = """
create table student(
no text primary key,
name text,
sex text,
```

```
birthday text,
address text,
remark text
)
"""
```

（2）在 Python Shell 上执行下面的代码，观察运行结果。

```
cursor.execute(sql)#输出<sqlite3.Cursor object at 0x2ED86C0>
```

（3）打开目录 C:\py3project\test_db，可以看到数据库文件的大小变为 12KB，如图 15-3 所示。这是因为数据库表的表结构被写入 SQLite 数据库文件中。务必留意该修改时间，场景 7 将通过该时间讲解事务的相关知识。

（4）再次执行步骤（2），运行结果如图 15-4 所示。

图 15-3　数据库表的表结构被写入 SQLite 数据库文件中　　　图 15-4　同一个数据库中表名不能重复

说明：一个数据库可以包含多个数据库表，但数据库表的表名不能重复。

场景 5　提交事务（commit）

知识提示 1：表记录的更新操作包括表记录的添加、修改和删除。表记录的更新操作将数据的更新写入"缓存"中，而不会写入 SQLite 数据库文件中（参见场景 7）。只有手动提交事务，数据的更新才会被写入 SQLite 数据库文件中。

知识提示 2：只有执行数据库连接对象的 commit 方法，手动提交事务，数据的更新才会被写入 SQLite 数据库文件中。

知识提示 3：create table 语句会自动触发事务的提交，使执行结果写入数据库文件中。因此场景 4 无须手动提交事务，表结构就被写入 SQLite 数据库文件中。

在 Python Shell 上执行下面的代码，手动提交事务。

```
con.commit()
```

场景 6　释放资源

知识提示：游标对象和数据库连接对象会占用内存空间，并且可能"锁住"SQLite 数据库文件，导致其他数据库更新操作无法顺利进行，应该尽早地释放这些资源。

在 Python Shell 上执行下面的代码，释放游标对象和数据库连接对象。

```
cursor.close()
con.close()
```

说明：游标依附于数据库连接对象而存在，因此应该先关闭游标对象，再关闭数据库连接对象。

场景 7　向数据库表添加记录

知识提示：只有手动提交事务，"添加"才会被写入 SQLite 数据库文件中。

（1）执行场景 2 和场景 3 的步骤。

（2）在 Python Shell 上执行下面的代码，定义一个 insert 语句。

```
sql = "insert into student values('001','张三','男','2000-1-1','北京','备注')"
```

（3）在 Python Shell 上执行下面的代码，观察运行结果。

```
cursor.execute(sql)#输出<sqlite3.Cursor object at 0x2ED86C0>
```

（4）打开目录 C:\py3project\test_db，可以观察到 SQLite 数据库文件的修改时间并没有变化，如图 15-5 所示。这是因为数据被写入到"缓存"中，没有被写入到数据库文件中。

（5）在 Python Shell 上执行下面的代码，手动提交事务。

```
con.commit()
```

（6）观察 SQLite 数据库文件的修改时间已经发生变化，如图 15-6 所示，数据被写入到数据库文件中。

图 15-5 数据被写入到"缓存"中

图 15-6 数据被写入到数据库文件中

说明 1：将更新写入到数据库文件之前，SQLite3 会创建一个扩展名为.db-journal 的文件，该文件是更新数据期间产生的一个临时事务日志文件，在事务开始时产生，在事务提交或者回滚时删除。该临时事务日志文件主要用于回滚事务，当程序发生崩溃或者系统断电时，该临时事务日志文件将留在硬盘上，下次程序运行时回滚事务，确保数据的一致性。有关事务、事务日志文件的更多知识可参看数据库类的专业书籍。

说明 2：事务提交后，SQLite3 会将数据的更新写入数据库文件中，临时事务日志文件也被随之删除。

（7）执行场景 6 的步骤，释放资源。

场景 8 回滚事务（rollback）

知识提示：执行数据库连接对象的 rollback 方法，可以手动回滚事务。事务回滚后，SQLite3 会撤销所有更新操作。

（1）执行场景 2 和场景 3 的步骤。

（2）在 Python Shell 上执行下面的代码，定义一个 insert 语句。

```
sql = "insert into student values('002','李四','女','2000-1-1','上海','备注')"
```

（3）在 Python Shell 上执行下面的代码，观察运行结果。

```
cursor.execute(sql)#输出<sqlite3.Cursor object at 0x2ED86C0>
```

（4）打开目录 C:\py3project\test_db，可以观察到数据库文件的修改时间并没有变化，数据依然被写入到"缓存"中，没有被写入到数据库文件中，如图 15-7 所示。

（5）在 Python Shell 上执行下面的代码。

```
con.rollback()
```

（6）打开目录 C:\py3project\test_db，可以观察到数据库文件的修改时间并没有变化，如图 15-8 所示，这是因为事务的回滚操作（rollback）会撤销所有更新操作。

图 15-7 数据依然被写入到"缓存"中

图 15-8 数据没有被写入到数据库文件中

说明 1：将更新写入到数据库文件之前，SQLite3 会创建一个扩展名为.db-journal 的临时事务日志文件。事务回滚后，SQLite3 会撤销所有更新操作（insert、update 和 delete），临时事务日志文件也被随之删除。

说明 2：提交事务和回滚事务都可以结束事务。

（7）执行场景6的步骤，释放资源。

场景 9　表记录的检索（检索所有记录）

知识提示1：select语句是表记录的检索操作，多数情况下无须事务操作（无须事务提交或者事务回滚）。

知识提示2：select语句的执行结果是一个结果集，通过游标对象的fetchall方法可以获取结果集中的数据，fetchall方法的返回值是列表对象，列表的每个元素都是元组（每个元组对应表中的一条记录）。

（1）执行场景2和场景3的步骤。

（2）在Python Shell上执行下面的代码，定义一个select语句。

```
sql = "select * from student"
```

（3）在Python Shell上执行下面的代码，观察运行结果。

```
cursor.execute(sql)#输出<sqlite3.Cursor object at 0x2ED86C0>
```

（4）在Python Shell上执行下面的代码，观察运行结果。

```
cursor.fetchall()#输出[('001', '张三', '男', '2000-1-1', '北京', '备注')]
```

（5）执行场景6的步骤，释放资源。

场景 10　表记录的检索（带有where语句）

（1）执行场景2和场景3的步骤。

（2）在Python Shell上执行下面的代码，定义一个select语句。

```
sql = "select * from student where no='001'"
```

说明：注意001两边的单引号。

（3）在Python Shell上执行下面的代码，观察运行结果。

```
cursor.execute(sql)#输出<sqlite3.Cursor object at 0x2ED86C0>
```

（4）在Python Shell上执行下面的代码，观察运行结果。

```
cursor.fetchall()#输出[('001', '张三', '男', '2000-1-1', '北京', '备注')]
```

（5）执行场景6的步骤，释放资源。

场景 11　修改数据库表的记录

知识提示：只有手动提交事务，"修改"才会被写入SQLite数据库文件中。

（1）执行场景2和场景3的步骤。

（2）在Python Shell上执行下面的代码，定义一个update语句。

```
sql = "update student set name='张三丰' where no='001'"
```

（3）在Python Shell上执行下面的代码，观察运行结果。

```
cursor.execute(sql)#输出<sqlite3.Cursor object at 0x2ED86C0>
```

（4）在Python Shell上执行下面的代码，观察运行结果。

```
con.commit()
```

（5）执行场景6的步骤，释放资源。

（6）执行场景9的步骤，验证是否成功修改记录。

场景 12　删除数据库表的记录

知识提示：只有手动提交事务，"删除"才会被写入SQLite数据库文件中。

（1）执行场景 2 和场景 3 的步骤。
（2）在 Python Shell 上执行下面的代码，定义一个 delete 语句。
```
sql = "delete from student where no='001'"
```
（3）在 Python Shell 上执行下面的代码，观察运行结果。
```
cursor.execute(sql)#输出<sqlite3.Cursor object at 0x2ED86C0>
```
（4）在 Python Shell 上执行下面的代码，观察运行结果。
```
con.commit()
```
（5）执行场景 6 的步骤，释放资源。
（6）执行场景 9 的步骤，验证是否成功删除记录。

场景 13 认识 SQL 语句的"?"占位符

知识提示 1：SQL 语句中的英文问号"?"可以作为"值"的占位符。游标对象的 execute 方法的第 2 个参数负责为占位符赋值。需要注意，游标对象的 execute 方法的第 2 个参数必须是元组或者列表，并且元组或者列表的元素个数必须和占位符"?"的个数一致。

知识提示 2：英文问号"?"占位符不能使用英文单引号或者双引号括起来。

（1）执行场景 2 和场景 3 的步骤。
（2）在 Python Shell 上执行下面的代码，定义一个 student 元组和一个 insert 语句。
```
student = ('001','张三','男','2000-1-1','北京','备注')
sql = "insert into student values(?,?,?,?,?,?)"
```
（3）在 Python Shell 上执行下面的代码，观察运行结果。
```
cursor.execute(sql,student)
#输出<sqlite3.Cursor object at 0x2ED86C0>
```
（4）在 Python Shell 上执行下面的代码，手动提交事务。
```
con.commit()
```
（5）执行场景 6 的步骤，释放资源。
（6）执行场景 9 的步骤，验证是否成功添加记录。

上机实践 2 基于 Web 学生管理系统的实现——数据库

知识提示 1：SQLite 数据库表的主键会自动确保主键的值不重复。

知识提示 2：create table 语句会自动提交事务；select 语句多数情况下无须使用事务；insert、update 和 delete 等更新语句必须手动提交事务，"更新"才会被写到数据库文件中。

知识提示 3：数据库操作的完整语法格式如图 15-9 所示。try 语句：负责创建数据库连接对象、获取游标对象、执行 SQL 语句（对?占位符进行初始化）、提交事务（如果 SQL 语句是更新语句）、获得结果集（如果 SQL 语句是 select 语句）。except 语句：如果 SQL 语句是更新语句，回滚事务；如果 SQL 语句是 select 语句，将结果集赋值为空列表。finally 语句：确保关闭游标对象和数据库连接对象。

知识提示 4：本场景在第 14 章上机实践 4 的 student_

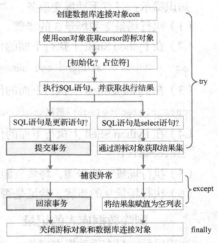

图 15-9 数据库操作的完整语法格式

web_csv 项目的基础上改写程序，使用 SQLite 数据库替代 CSV 文件管理学生数据。

知识提示 5：本场景采用 MVT 分层的思想实现基于 Web 的学生管理系统。

（1）在 C:/py3project 目录下创建 student_web_db 目录作为本项目的根目录。

（2）将第 14 章上机实践 4 的 student_web_csv 项目的所有目录和 Python 程序粘贴到 student_web_db 目录下。

（3）将 models 目录下 student_model.py 程序的代码修改为以下代码。

```python
import sqlite3
file_name = "student.db"
fields = ['学号','姓名','性别','出生日期','籍贯','备注信息']
def create_database_and_table():
    try:
        con = sqlite3.connect(file_name)
        cursor = con.cursor()
        sql = '''
        create table student(
        no text primary key,
        name text,
        sex text,
        birthday text,
        address text,
        remark text
        )
        '''
        cursor.execute(sql)
    except:
        print("数据库表已经存在，无需再次创建")
    finally:
        cursor.close()
        con.close()

def find_all():
    try:
        con = sqlite3.connect(file_name)
        cursor = con.cursor()
        cursor.execute("select * from student")
        students = cursor.fetchall()
    except:
        students = []
    finally:
        cursor.close()
        con.close()
        return students

def find_by_no(no):
    try:
        con = sqlite3.connect(file_name)
        cursor = con.cursor()
        cursor.execute("select * from student where no=?",(no,))
        students = cursor.fetchall()
    except:
        students = []
    finally:
        cursor.close()
        con.close()
        return students

def insert(student):
    msg='添加成功'
    try:
```

```python
            con = sqlite3.connect(file_name)
            cursor = con.cursor()
            sql = "insert into student values(?,?,?,?,?,?)"
            cursor.execute(sql,student)
            con.commit()
        except:
            msg='添加失败'
            con.rollback()
        finally:
            cursor.close()
            con.close()
            return msg

    def delete(no):
        msg='删除成功'
        try:
            con = sqlite3.connect(file_name)
            cursor = con.cursor()
            cursor.execute("delete from student where no=?",(no,))
            con.commit()
        except:
            msg='删除失败'
            con.rollback()
        finally:
            cursor.close()
            con.close()
            return msg

    def update(student):
        msg='修改成功'
        try:
            con = sqlite3.connect(file_name)
            cursor = con.cursor()
            sql = "update student set name=?,sex=?,birthday=?,address=?,remark=? where no=?"
            cursor.execute(sql,(student[1],student[2],student[3],student[4],student[5],student[0]))
            con.commit()
        except:
            msg='修改失败'
            con.rollback()
        finally:
            cursor.close()
            con.close()
            return msg
```

（4）在 models 目录下创建__init__.py 程序，并写入以下代码。

```
import models.student_model
print("准备进行数据库初始化工作")
models.student_model.create_database_and_table()
print("数据库初始化工作结束")
```

（5）运行 main.py 主程序，启动 Bottle 后台服务进程。

（6）打开浏览器，输入网址"http://127.0.0.1:8080"或者"http://localhost:8080"并按"Enter"键，测试学生管理系统的各项功能。

至此，本书采用 MVC 或 MVT 分层思想，依次借助列表、字典、JSON 文本文件+列表、JSON 文本文件+字典、CSV 文本文件+列表、CSV 文本文件+字典、pickle 二进制文件+列表、pickle 二进制文件+字典、Bottle+CSV 文本文件、Bottle+SQLite 数据库实现了 10 个版本的学生管理系统。

知识拓展篇

第 16 章 拓展知识

16.1 认识字符和字符编码

16.1.1 十进制数和二进制数

在现实世界中，我们接触最多的数就是十进制数，使用 0～9 共 10 个数字表示的是十进制数，例如 1314、520 等。计算机的世界里只有 0 和 1，使用 0 和 1 表示的是二进制数，二进制数就是 0 或者 1 的排列，例如 0 可以使用二进制数 "0b0" 表示，1 可以使用二进制数 "ob1" 表示，2 可以使用二进制数 "0b10" 表示，……，127 可以使用二进制数 "ob1111111" 表示。总之，计算机可以使用二进制数表示整数。

说明：在二进制数前面加上前缀 0b 或者 0B（b 源自单词 binary 的首字母），是为了区分二进制数和十进制数。例如，"0b10" 表示的不是十进制数 10，而是 2。

16.1.2 ASCII 编码表和 ASCII 字符集

字符（character）是人与人之间交流的最小表义符号，例如 "你""好""P""y""☺" 等都是字符。计算机可以表示整数，如何让计算机表示字符呢？最容易想到的办法是让每个字符唯一对应一个整数，形成 "字符↔整数" 之间的映射关系。

最早的 "字符↔整数" 之间的映射关系在 1967 年发布，并被命名为 ASCII 字符编码表，简称为 ASCII 编码表，如图 16-1 所示。ASCII 编码表一共编码了 128 个字符，每个字符唯一对应一个整数（0～127）。

ASCII 编码表中的 0～127 共 128 个整数如何进行二进制编码，存储到计算机中呢？是不是将 0 编码成 "0b0"，1 编码成 "ob1"，2 编码成 "0b10"，……，127 编码成 "ob1111111" 呢？并非如此。

ASCII 编码表的二进制编码交由 ASCII 字符集

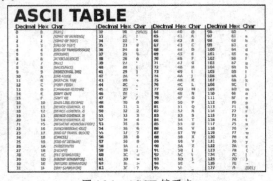

图 16-1　ASCII 编码表

实现。ASCII 字符集采用 "8 位""等宽" 二进制数编码 ASCII 编码表中的 128 个整数。具体而言，0 被编码成 "0b00000000"，1 被编码成 "0b00000001"，2 被编码成 "0b00000010"，……，127 被编码成 "0b01111111"。

说明 1：字符集是字符编码表的具体实现。字符编码表侧重于设计，字符集侧重于实现。

说明 2：ASCII 编码表的特殊之处在于，它既是编码表，又是字符集。

说明 3：ASCII 编码表的 128 个整数使用"8 位""等宽"二进制数进行编码。后来，规定每 8 位二进制数称作 1 个字节（byte），并且规定计算机以字节为单位处理文本数据。如今，字节已经成为计量存储容量的计量单位。1 个字节是 8 位 0 或者 1 的排列。

说明 4：ASCII 编码表的 128 个整数使用 8 位二进制数进行编码，其中最高位第 8 位是 0，留作奇偶校验位。

说明 5：ASCII 编码表中定义的 128 个字符叫作 ASCII 字符，其中包含 95 个可见字符和 33 个不可见字符。例如退格符 backspace↔整数 8、制表符 horizontal tab↔整数 9、换行符 line feed↔整数 10 等是不可见字符；字符"a"↔整数 97、字符"b"↔整数 98 等是可见字符。

16.1.3 十六进制数

二进制数由 0 和 1 组成，烦琐且不方便阅读，十六进制数则可以解决这个问题。十六进制使用 16 个数字（0~9、A~F）表示，其中 A、B、C、D、E 和 F 代替了十进制数字 10~15，十进制、二进制、十六进制的对应关系如表 16-1 所示。

表 16-1 十进制、二进制、十六进制的对应关系

十进制	0	1	2	3	4	5	6	7	8	9	10	11	12	13	14	15
二进制	0000	0001	0010	0011	0100	0101	0110	0111	1000	1001	1010	1011	1100	1101	1110	1111
十六进制	0	1	2	3	4	5	6	7	8	9	A	B	C	D	E	F

1 个十六进制可以表示 4 位 0 或者 1 的排列，1 个字节是 8 位 0 或者 1 的排列，推理得出，1 个字节可以使用 2 位十六进制数表示。例如整数 127 的二进制编码是"0b01111111"，可以使用十六进制数"0x7F"表示。使用 2 个十六进制比起使用 8 个二进制描述，确实便捷直观许多。

说明 1：通常在十六进制数前面加上前缀 0x 或者 0X（x 源自单词 hex 的第三个字母）。例如"0x64"表示的不是十进制数 64，而是 100。

说明 2：在现代计算机中，十六进制是表达二进制数的一种便捷方式。需要注意，计算机中的数据都是以二进制方式存储的，引入十六进制的主要目的只是方便人们阅读。

说明 3：ASCII 编码表的整数区间是 0~127，对应的十六进制区间是 0x00~0x7F。

16.1.4 字符编码表

ASCII 编码表仅仅解决了 128 个字符在计算机中的表示问题。随着计算机的普及，越来越多的国家（或地区）开始使用计算机，如何让计算机表示其他字符（例如中文字符"你"）呢？解决问题的第一步是设计编码表。

以国家（或地区）为单位，让每个国家（或地区）字符唯一对应一个整数，形成"国家（或地区）字符↔整数"的映射关系，这就是国家（或地区）字符编码表。字符编码表侧重于设计，下面列举了几个典型的字符编码表。

（1）为了在计算机中表示西欧文字，西欧国家制定了扩展 ASCII 编码表。扩展 ASCII 编码表是在 ASCII 编码表的基础上从 128 开始、扩展到 255 结束。扩展 ASCII 编码表共定义了 256 个字符，整数区间是 0~255，其中整数区间 0~127 兼容 ASCII 编码表。

（2）为了在计算机中表示中文字符，我国也在 ASCII 编码表的基础上进行了扩展，制定了汉字编码表。例如"我"↔整数 52946，"爱"↔整数 45230，"你"↔整数 50403。同时汉字编码表整数区间 0~127 兼容 ASCII 编码表。

（3）其他国家例如日本制定了日文编码表，俄罗斯制定了俄罗斯文编码表，这些国家的字符编码表整数区间 0~127 都兼容 ASCII 编码表。

说明1：几乎所有国家（或地区）的字符编码表都兼容ASCII编码表，这是ASCII字符不会产生乱码问题的根本原因。

说明2：设计编码表的过程非常复杂，并不是简单地给字符分配一个整数。设计字符编码表时既要兼容ASCII码，又要尽可能地使用最小的整数覆盖所有字符，以便节省存储空间。

说明3：除了ASCII和扩展ASCII，大多数字符编码表中的整数都不是连续的。

16.1.5 字符集

字符编码表设计好后，接着从实现的角度考虑字符编码表的"整数"使用哪些二进制数表示。字符编码表的"整数↔二进制数"的映射关系叫作字符集（character set）。字符编码表侧重于设计，字符集侧重于实现。常见的字符集有ISO-8859-1、GBK、UTF-8、UTF-16BE及UTF-16LE等，下面列举了几个典型的字符集。

（1）ISO-8859-1 字符集是扩展 ASCII 编码表的具体实现，ISO-8859-1 字符集的别名是 latin-1。ISO-8859-1 字符集规定：使用一个字节的存储空间（0x00～0xFF）存储扩展ASCII编码表整数区间0～255。

（2）GBK 字符集是汉字编码表的具体实现。GBK 字符集规定：ASCII 字符用 1 个字节的二进制数表示，中文字符用 2 个字节的二进制数表示。例如，"a"↔整数 97，使用 1 个字节 "0x61" 表示。"你"↔整数 50403，使用两个字节 "0xC4E3" 表示。

（3）Shift_JIS 字符集是日文编码表的具体实现；KOI8-R 字符集是俄罗斯文编码表的具体实现。

说明：汉字编码表至少有3种实现，分别是GBK字符集、GB2312字符集及GB18030字符集。其中GBK字符集最为常用，这是因为GBK能够占用最少的存储空间，且能够表示几乎所有的常用汉字。

▶注意：不同的字符集，同一个整数可能存在不同的二进制编码。例如，字符编码表"a"与整数97一一对应。ISO-8859-1字符集、GBK字符集和UTF-8字符集将整数97编码成1个字节的"0x61"，UTF-16BE字符集将整数97编码成2个字节的"0x0061"，UTF-16LE字符集将整数97编码成2个字节的"0x6100"，如表16-2所示。

表16-2 同一个整数可能存在不同的二进制编码

字符	整数	字符集	字符编码
"a"	97	ISO-8859-1	0x61
		GBK	
		UTF-8	
		UTF-16BE	0x0061
		UTF-16LE	0x6100

16.1.6 Unicode 编码表

每个国家（或地区）在设计本国（或本地区）字符的字符编码表时，没有考虑别国（或地区）文字，这就导致以国家（或地区）为单位设计的字符集无法表示多国文字，例如GBK可以表示中文字符却无法表示俄罗斯字符。有必要将全世界的所有字符各分配一个整数，这就是Unicode编码表。Unicode编码表中的整数称作代码点（Code Point）。

Unicode编码表对全世界近14万个字符统一编码，使得每个字符都唯一对应一个代码点，其中0～127代码点和ASCII编码表兼容。例如，Unicode编码表中"我""爱""你""a"分别对应整数25105、29233、20320和97。

对比汉字编码表中"我""爱""你""a"分别对应整数52946、45230、50403和97，同一个中文字符，汉字编码表和Unicode编码表所对应的整数并不相同，这是中文字符出现乱码问题的根本原因。

16.1.7 实现 Unicode 编码表的字符集

Unicode 编码表是标准，Unicode 编码表并没有告诉计算机如何编码近 14 万个代码点。也就是说，Unicode 编码表并没有规定近 14 万个代码点是采用 1 个字节的二进制数表示，还是采用 2 个字节、3 个字节甚至 4 个字节的二进制数表示；也没有规定高、低位字节分别是谁。

Unicode 编码表的二进制编码方案交由字符集具体实现。实现 Unicode 编码表的字符集很多，常见的有 UTF-8、UTF-16LE、UTF-16BE、UTF-32LE 和 UTF-32BE。本书主要介绍 UTF-8、UTF-16LE 和 UTF-16BE，这 3 种字符集被内置在了 Windows 操作系统中。

说明：ASCII 既是编码表又是字符集。Unicode 是编码表但不是字符集，UTF-8、UTF-16LE、UTF-16BE、UTF-32LE 和 UTF-32BE 才是实现 Unicode 编码表的字符集。

16.1.8 UTF-8 流行的原因

如果只存储中文字符，使用 GBK 字符集最节省存储空间，这是因为 1 个中文字符只占用 2 个字节的存储空间，1 个英文字符只占用 1 个字节存储空间，然而 GBK 不支持多国文字。

为了支持多国文字，只能在 UTF-8、UTF-16LE、UTF-16BE、UTF-32LE 和 UTF-32BE 中选择。

如果只存储 ASCII 字符，使用 UTF-8 最节省存储空间，这是因为一个 ASCII 字符只占用 1 个字节的存储空间，并且 UTF-8 支持多国文字，这就是 UTF-8 流行的主要原因。具体表现如下。

（1）很多集成开发环境（Integrated Development Environment，IDE）将字符编码默认设置为 UTF-8，例如 IDLE、PyCharm、Spyder、Eclipse 等。以 IDLE 为例，使用 IDLE 编写的 Python 程序，程序中的文本默认采用 UTF-8 编码存储在硬盘中。

（2）很多浏览器的默认字符编码是 UTF-8，例如 Chrome、Edge、Firefox 等。

（3）Web 开发时，经常使用 UTF-8，如图 16-2 所示。具体流程如下。

浏览器将请求数据编码成 UTF-8 码的字节码再发送给 Web 服务器。Web 服务器收到 UTF-8 码的字节码后，按照 UTF-8 码解析请求数据。Web 服务器处理请

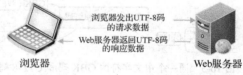

图 16-2　UTF-8 在 Web 开发中的应用

求数据。Web 服务器将处理结果封装成 UTF-8 码的响应数据再发送给浏览器。浏览器接收到 UTF-8 码的响应数据后，按照 UTF-8 码解析响应数据，将其渲染到浏览器窗口。

16.1.9 Python 字符串弃用 UTF-8 的原因

在目前全球互联的大背景下，UTF-8 的使用变得越来越广泛。但 Python 字符串并没有选择 UTF-8 编码，最主要的原因是 UTF-8 是"不等宽"编码方案。UTF-8 字符集中的 ASCII 字符占用 1 个字节的存储空间，中文字符占用 3 个字节的存储空间。如果 Python 使用 UTF-8 作为字符串的字符编码，那么通过"索引"访问字符串的某个字符时，需要扫描该索引前面的所有字符，效率非常低。

为了支持多国文字，提升字符串的索引效率和切片效率，Python 字符串弃用 UTF-8。Windows7 环境下的 Python 字符串使用 UTF-16BE 编码，原因如下。

① UTF-16BE 支持多国文字。

② UTF-16BE 是"等宽"编码方案。无论英文字符还是中文字符，都占用 2 个字节的存储空间。

③ Python 选择使用"等宽"编码方案，使得 Python 字符串的"索引"和"切片"效率大幅提升。

说明 1：UTF-32LE 和 UTF-32BE 并不是首选字符集，这是因为这两种字符集占用 4 个字节（32 位）存储多国文字，太浪费存储空间。

说明 2：Unicode 编码表定义了近 14 万个字符，但 UTF-16BE 最多能够表示 2 的 16 次方，即

65536 个字符。当 Python 字符串中的某个字符无法使用 UTF-16BE 表示时（例如 Python 字符串中包含表情字符"☺"），Python 字符串中的"所有"字符将使用 4 字节的 UTF-32BE 编码。

16.1.10 理解字符编码和字符解码

字符编码表考虑的是"字符↔整数"之间的映射关系，侧重于设计。字符集考虑的是"字符↔整数↔二进制数"之间的映射关系，侧重于实现。字符编码（或字符解码）考虑的是"字符↔二进制数"之间相互转换，侧重于动作。如果将字符编码表比作"标准"，将字符集比作"字典"，字符编码（或字符解码）就是在"查"字典。

计算机 A 是不能直接将字符串 C 传递给计算机 B 的。计算机 A 向计算机 B 传递字符串 C 的正确流程是：计算机 A 采用某种字符集将字符串 C 编码成字节串 C'（这个过程称为字符编码），再将字节串 C'沿着网络传递给计算机 B；计算机 B 以字节为单位获取字节串 C'后，采用同样的字符集将字节串 C'解码成字符串 C（这个过程称为字符解码）。

字符编码（encode）：采用某种字符集（例如 GBK、UTF-8）将字符串编码成字节串。

字符解码（decode）：采用某种字符集（例如 GBK、UTF-8）将字节串匹配一个字符串。

同一个中文字符，字符编码和字符解码必须使用同一种字符集，否则可能产生乱码问题。以"你""好"2 个简体中文字符为例，GBK 字符集和 UTF-8 字符集的二进制数并不相同，如图 16-3 所示。

图 16-4 所示的计算机 B 上的爬虫程序从计算机 A 爬取数据。计算机 A 采用 UTF-8 字符集将"你好"编码成字节串 b'\xe4\xbd\xa0\xe5\xa5\xbd'，爬虫程序收到该字节串后使用 GBK 字符集解码，"你好"将被解码成"浣犲ソ"，继而产生乱码问题。同一个中文字符，不同字符集的字符编码并不相同，这是中文字符产生乱码问题的主要原因。

图 16-3 同一个中文字符的 GBK 码和 UTF-8 码并不相同

图 16-4 计算机 B 上的爬虫程序从计算机 A 爬取数据

说明 1：有些资料将字符编码和字符解码统称为 codec（单词 encode 和 decode 的缩略语）。

说明 2：Python 的标准模块 codecs 定义了字符编码和字符解码的具体实现，感兴趣的读者可以查看 codecs.py 程序的源代码。

说明 3：字符集和字符编码（或字符解码）并不是同一个概念，字符编码（或字符解码）必须基于某种字符集才有意义。需要强调的是，本书在描述字符集的相关概念时，有时会将字符集和字符编码（或字符解码）视作同一个概念。

上机实践 1　通过文本文件认识字符和字符编码

知识提示：可以通过二进制查看器查看文本文件的十六进制编码，理解字符、字符集、字符编码等知识。

场景 1　准备工作

（1）确保显示文件的扩展名。
（2）下载并安装本书提供的二进制查看器（binary viewer）。
（3）在 C 盘根目录下创建 py3project 目录，并在该目录下创建 charset 目录。

说明：本次上机实践创建的文本文件全部保存在 C:\py3project\charset 路径下。

场景 2　查看 Windows 的首选字符编码

（1）在 Python Shell 中执行下列代码，查看 Windows 的首选字符编码，观察运行结果。

```
import locale
locale.getpreferredencoding()#输出'cp936'
```

说明：Windows 操作系统的代码页是'cp936'，对应于 GBK 字符集。

（2）查看 cmd 命令窗口的代码页。

查看 cmd 命令窗口代码页的方法有两种：在 cmd 命令窗口中执行代码"chcp"即可查看 cmd 命令窗口的字符集；右键单击 cmd 命令窗口的标题栏，选择"属性"选项，在"选项"选项卡可以查看 cmd 命令窗口的代码页，如图 16-5 所示。

（3）设置 cmd 命令窗口的代码页。

① 在 cmd 命令窗口中执行代码"chcp 65001"即可将当前 cmd 命令窗口的字符集设置为 UTF-8 字符集。

说明：Windows 操作系统的代码页是 cp65001，对应于 UTF-8 字符集。

② 在 cmd 命令窗口中执行代码"chcp 936"即可将当前 cmd 命令窗口的字符集设置为 GBK 字符集。

图 16-5　查看 cmd 命令窗口的代码页

场景 3　通过记事本程序和二进制查看器认识字符编码

知识提示 1：这里所指的记事本程序是 Windows 自带的记事本程序。

知识提示 2：Windows7 和 Windows10 的实验过程略有不同。

（1）打开 charset 目录，单击鼠标右键，依次选择"新建""文本文档"，将其重命名为"ANSI.txt"。由于文件里没有任何字符，此时文件的大小是 0KB。

鼠标右键单击该文件，选择"用记事本打开该文件"，输入字符串"你 a"（注意不要有任何其他字符，包括空格字符）。单击"文件"菜单中的"保存"菜单项，保存记事本文件后，关闭记事本，此时文件的大小是 1KB（文件中存储了一个 GBK 编码的字符串"你a"）。

说明 1：Windows 的默认字符集是 ANSI，ANSI 属于 Windows 操作系统所特有，不同语言的 Windows 操作系统的 ANSI 意义并不相同。例如，中文简体 Windows 中的 ANSI 对应于代码页 cp936（等效于 GBK 字符集），中文繁体 Windows 中的 ANSI 对应于代码页 cp950（等效于 BIG5 字符集），日文 Windows 中的 ANSI 对应于代码页 cp932（等效于 Shift_JIS 字符集）。

说明 2：默认情况下，使用 Windows 自带的记事本程序新建文本文档后，文本文件中的文本默认采用 ANSI 编码。由于作者使用的是中文简体 Windows，本步骤中的 ANSI 对应于代码页 cp936（等效于 GBK 字符集），本步骤中文本文件中的文本"你a"被编码为 GBK 码。

（2）在 charset 目录下新建文本文档 UTF-16LE.txt，由于文件里没有任何字符，此时文件的大小是 0KB。

右键单击该文件，选择"用记事本打开该文件"，单击"文件"菜单中的"另存为"菜单项，在弹出的"另存为"对话框中选择"Unicode"编码，如图 16-6 所示，单击"保存"按钮。在弹出的"确认另存为"对话框中单击"是"按钮。注意观察，文本文件虽然没有任何字符，但文件的大小变为 1KB，这是因为 Windows 自带的记事本程序自动向文件头部插入了一个 UTF-16LE 编码的 BOM 标记字符 0xFFFE（稍后可以使用二进制查看器查看）。

说明：如果读者使用的是 Windows10 操作系统，为了保证实验结果的一致性，此处应该选择 UTF-16LE，如图 16-7 所示。Windows7 中的 Unicode 对应于 Windows10 中的 UTF-16LE。

图 16-6　Windows7 记事本程序的字符编码

图 16-7　Windows10 记事本程序的字符编码

右键单击该文件，选择"用记事本打开该文件"，输入字符串"你 a"（注意不要有任何其他字符，包括空格字符）。单击"文件"菜单中的"保存"菜单项，保存文本文件后，关闭文本文件，此时文件的大小是 1KB（文件中存储了一个 UTF-16LE 编码的 BOM 标记字符 0xFFFE 和一个 UTF-16LE 编码的字符串"你 a"）。

（3）在 charset 目录下新建文本文档 UTF-16BE.txt，由于文件里没有任何字符，此时文件的大小是 0KB。

右键单击该文件，选择"用记事本打开该文件"，单击"文件"菜单中的"另存为"菜单项，在弹出的"另存为"对话框中选择"Unicode big endian"编码，单击"保存"按钮。在弹出的"确认另存为"对话框中单击"是"按钮。注意观察，文本文件虽然没有任何字符，但文件的大小变为 1KB，这是因为 Windows 自带的记事本程序自动向文件头部插入了一个 UTF-16BE 编码的 BOM 标记字符 0xFEFF（稍后可以使用二进制查看器查看）。

右键单击该文件，选择"用记事本打开该文件"，输入字符串"你 a"（注意不要有任何其他字符，包括空格字符）。单击"文件"菜单中的"保存"菜单项，保存文本文件后，关闭文本文件，此时文件的大小是 1KB（文件中存储了一个 UTF-16BE 编码的 BOM 标记字符 0xFEFF 和一个 UTF-16BE 编码的字符串"你 a"）。

说明：如果读者使用的是 Windows10 操作系统，为了保证实验结果的一致性，此处应该选择 UTF-16BE，Windows7 中的 Unicode big endian 对应于 Windows10 中的 UTF-16BE。

（4）在 charset 目录下新建文本文档 UTF-8.txt，由于文件里没有任何字符，此时文件的大小是 0KB。

右键单击该文件，选择"用记事本打开该文件"，单击"文件"菜单中的"另存为"菜单项，在弹出的"另存为"对话框中选择"UTF-8"编码，单击"保存"按钮。在弹出的"确认另存为"对话框中单击"是"按钮。需要注意，文本文件虽然没有任何字符，但文件的大小变为 1KB，这是因为 Windows 自带的记事本程序自动向文件头部插入了一个 UTF-8 编码的 BOM 标记字符 0xEFBBBF（稍后可以使用二进制查看器查看）。

右键单击该文件，选择"用记事本打开该文件"，输入字符串"你 a"（注意不要有任何其他字符，包括空格字符）。单击"文件"菜单中的"保存"菜单项，保存文本文件后，关闭文本文件，此时文件的大小是 1KB（文件中存储了一个 UTF-8 编码的 BOM 标记字符 0xEFBBBF 和一个 UTF-8 编码的字符串"你 a"）。

说明：如果读者使用的是 Windows10 操作系统，为了保证实验结果的一致性，此处应该选择"带有 BOM 的 UTF-8"，Windows7 中的 UTF-8 对应于 Windows10 中"带有 BOM 的 UTF-8"。

（5）使用二进制查看器（Binary Viewer）分别打开上述 4 个记事本文件，为便于比较，将它们汇总在一张图中，如图 16-8 所示。

图 16-8　同一个字符的 4 种字符编码对比

说明 1：文本文件中的字符一定是以某种字符编码存在。

说明 2：UTF-16LE、UTF-16BE、UTF-8 字符集是 Unicode 编码表的三种具体实现。Unicode 编码表中"你"的代码点是"20320"，代码点不涉及编码方案。使用 UTF-16LE、UTF-16BE、UTF-8 三种字符集存储代码点"20320"时，字符编码并不相同。UTF-16LE 将代码点"20320"编码为"0x604F"，UTF-16BE 编码为"0x4F60"，UTF-8 编码为"0xE4BDA0"。

说明 3：UTF-16BE 和 UTF-16LE 是"等宽"编码方案，每个字符占用 2 个字节的存储空间。UTF-16BE 和 UTF-16LE 之间的区别是高位字节和低位字节互换位置。例如"你"的 UTF-16BE 编码是"0x4F60"，UTF-16LE 编码是"0x604F"。为了记住高位、低位字节的顺序，UTF-16LE 的文本文件和 UTF-16BE 的文本文件需要 BOM。BOM（Byte Order Mark）译作字节顺序标记，被放置在文本头部且不可见，用于标记字符编码高位、低位字节的顺序。UTF-16BE 编码的 BOM 是"0xFEFF"，UTF-16LE 编码的 BOM 是"0xFFFE"，UTF-8 编码的 BOM 是"0xEFBBBF"。

说明 4：UTF-16BE 中 BE 是指 Big Endian，UTF-16LE 中 LE 是指 Little Endian。Big Endian 和 Little Endian 源自讽刺小说《格列佛游记》中的一个故事，故事中小人国的臣民为鸡蛋应该是从大端（big endian）剥开还是小端（little endian）剥开而争论不休，如图 16-9 所示。事实上，两种方法都可行。

小端（little endian）　　大端（big endian）

图 16-9　大端和小端

说明 5：UTF-8 是"不等宽"编码方案。UTF-8 字符集中，ASCII 字符占用 1 个字节的存储空间，中文字符占用 3 个字节的存储空间，表情字符例如"☺"占用 4 个字节的存储空间。UTF-8 不需要 BOM，但是 Windows7 自带的记事本程序"习惯性"地向 UTF-8 编码的文本文件的头部插入了 UTF-8 编码的 BOM"0xEFBBBF"。从 Windows10 开始，记事本程序提供了"不带 BOM 的 UTF-8"。

说明 6：GBK 是"不等宽"编码方案，GBK 不需要 BOM。

上机实践 2　通过 Python 代码认识字符和字符编码

知识提示：Python 字符串是基于 Unicode 的。可以通过 Python 字符串的 encode 方法和 Python 字节串的 decode 方法，理解字符、字符集、字符编码等知识。

场景 1　认识二进制数、八进制数和十六进制数

（1）在 Python Shell 上执行下列代码，观察运行结果。

```
0b1100001    #输出 97
0o141        #输出 97
0x61         #输出 97
```

说明：同一个十进制整数（例如 97）可以使用二进制、八进制和十六进制表示，如表 16-3 所示。

表 16-3　同一个十进制整数可以使用二进制、八进制和十六进制表示

进制	前缀（以数字零开头）	举例	对应的十进制数
二进制（binary）	'0b'或者'0B'	0b1100001	97
八进制（octal）	'0o'或者'0O'（第二个是字母 o）	0o141	97
十六进制（hex）	'0x'或者'0X'	0x61	97

（2）在 Python Shell 上执行下列代码，查看整数 97 的二进制、八进制或者十六进制。

```
bin(97)    #输出字符串'0b1100001'
oct(97)    #输出字符串'0o141'
hex(97)    #输出字符串'0x61'
```

说明：bin(x)、oct(x)和hex(x)函数都是Python的内置函数，分别用于返回整数x的二进制字符串、八进制字符串以及十六进制字符串。

场景 2　Unicode字符↔Unicode代码点

在Python Shell上执行下列代码，观察运行结果。

```
ord('你')              #输出整数 20320
chr(20320)             #输出字符'你'
hex(ord('你'))         #输出字符串'0x4f60'
bin(ord('你'))         #输出字符串'0b100111101100000'
```

说明1：Python字符串是基于Unicode的，ord(x)函数返回字符x对应的Unicode代码点，"你"的代码点是20320。

说明2：chr(x)函数返回Unicode代码点x对应的字符。注意，Python不存在字符的概念，这里所提到的字符指的是一个字符的字符串。

说明3：通过二进制查看器我们知道"你"的UTF-16BE编码是0x4F60，结合第3行代码的执行结果，推理得出Windows7环境下Python字符串使用UTF-16BE编码。

场景 3　认识Unicode字符

知识提示：以反斜杠"\u"（小写字母u）开头，后跟4个十六进制数，表示一个UTF-16编码的字符。以反斜杠"\U"（大写字母u）开头，后跟8个十六进制数，表示一个UTF-32编码的字符。Python Shell上执行下列代码，观察运行结果。

```
'\u4f60\u597d'                         #输出'你好'
'\u003C\u003E\u0026\u0027\u0022'       #输出'<>&\'"'
```

说明："你"的UTF-16BE编码是"0x4f60"，推理得出Unicode字符"\u4f60"等价于"你"。同样的道理，Unicode字符"\u003C"等价于"<"，"\u003E"等价于">"，"\u0026"等价于"&"，"\u0027"等价于"'"，"\u0022"等价于"""，"\u4e2d"等价于"中"，"\u56fd"等价于"国"，……。

场景 4　字符编码（字符串str→字节串bytes）

知识提示1：字符串对象string的encode()方法的语法格式如下，功能是返回字符串string基于某种字符集encoding的字符编码。encoding的默认值是UTF-8，errors表示编码错误时的处理方式，errors的默认值是strict，常见错误处理方式如表16-4所示。

```
string.encode(encoding="UTF-8", errors="strict")
```

表16-4　字符编码或字符解码时常见的错误处理方式

错误类型	说明
strict	默认值。编码失败时引发UnicodeDecodeError异常
ignore	忽略无法编码的Unicode字符
replace	使用"?"替代那些无法编码的Unicode字符

知识提示2：bytes是Python的内置数据类型，bytes构造方法的语法格式如下，功能是返回source字符串基于某种字符集encoding的字符编码。encoding参数和errors参数可参考字符串对象的encode()方法。

```
bytes([source[, encoding[, errors]]])
```

在Python Shell上输入以下代码，观察运行结果。

```
string = "你好Python"
x1 = string.encode('UTF-8')
x2 = bytes(string, 'UTF-8')
```

```
x1 #输出 b'\xe4\xbd\xa0\xe5\xa5\xbdPython'
x2 #输出 b'\xe4\xbd\xa0\xe5\xa5\xbdPython'
```

场景 5 认识字节串 bytes

知识提示 1：字符串 bytes 和字符串 str 的用法极其相似，例如字节串不可变更，字节串支持索引和切片操作。

知识提示 2：字节串和字符串的不同之处在于，外观上字节串是一个以字母 b 作为前缀的字符串，内容上字符串包含的是 Unicode 字符，字节串包含的是 0～255 的"小"整数，因为一个字节可以表示 0～255 的整数。

知识提示 3：显示单个字节时，单个字节被转换为"小"整数再显示；显示字节串时，字节串中的"小"整数以字节为单位转换为十六进制数或者 ASCII 字符后再显示（转换原则是 0～127 的小整数转换为 ASCII 字符，128～255 的小整数转换为十六进制数）。

知识提示 4：字节串本质是一个"小"整数（0～255）的序列。

接前面的步骤，在 Python Shell 上输入以下代码，观察运行结果。

```
len(x1)#输出 12
x1[0]#输出 228
x1[-1]#输出 110
x1[0:1]#输出 b'\xe4'
x1[:]#输出 b'\xe4\xbd\xa0\xe5\xa5\xbdPython'
```

说明 1：第 1 行代码用于返回字节串 x1 中字节的个数。

说明 2：第 2 行代码和第 3 行代码用于从字节串中获取单个字节。第 2 行代码用于返回字节串 x1 中第 1 个整数，第 3 行代码用于返回字节串 x1 中倒数第 1 个整数。可以看出，字节串中存储的是"小"整数（范围是 0～255）。

说明 3：第 4 行和第 5 行代码用于返回一个字节串的切片（注意字节串的切片依然是字节串）。显示字节串时，0～127 的小整数转换为 ASCII 字符后再显示，128～255 的小整数转换为十六进制数再显示。

场景 6 计算 BOM 的代码点

知识提示 1：BOM 标记了"剥鸡蛋"从大端（big endian）剥开还是小端（little endian）剥开。

知识提示 2：已知 Windows7 环境下 Python 字符串采用 UTF-16BE 编码，并且 BOM 的 UTF-16BE 字节序列是"FEFF"，可以计算 BOM 的代码点是 65279。

在 Python Shell 上输入以下代码，观察运行结果。

```
0xFEFF#输出 65279
chr(65279)#输出'\ufeff'
chr(65279).encode('UTF-8')#输出 b'\xef\xbb\xbf'
chr(65279).encode('UTF-16LE')#输出 b'\xff\xfe'
```

说明：BOM 的 UTF-8 编码是"0xEFBBBF"，UTF-16LE 编码是"0xFFFE"，UTF-16BE 编码是"0xFEFF"。

场景 7 字符解码（字节串 bytes→字符串 str）

知识提示 1：字节串对象 bytes 的 decode() 方法的语法格式如下，功能是返回字节串 bytes 基于某种字符集 encoding 的解码，返回结果是字符串。encoding 的默认值是 UTF-8，errors 的默认值是 strict。encoding 参数和 errors 参数可参考字符串对象的 encode() 方法。

```
bytes.decode(encoding= 'UTF-8', errors="strict")
```

知识提示 2：str 是 Python 的内置数据类型，也可以利用 str 实现字节串 decode 方法的相同功能，语法格式如下。encoding 参数和 errors 参数可参考字符串对象的 encode()方法。

```
str(object=b'', encoding='UTF-8', errors='strict')
```

（1）接前面的步骤，在 Python Shell 上输入以下代码，观察运行结果。

```
x1.decode('UTF-8')#输出'你好 Python'
```

说明：x1 是"你好 Python"字符串的 UTF-8 编码，是一个字节串。

（2）在 Python Shell 上输入以下代码，观察运行结果。

```
str(x1, encoding='UTF-8')#输出'你好 Python'
```

（3）在 Python Shell 上输入以下代码，观察运行结果。

```
'你好'.encode('UTF-8').decode('GBK')#输出'浣犲ソ'
```

说明：产生乱码问题的原因是"你好"采用 UTF-8 编码时，每个汉字对应 3 个字节；采用 GBK 解码时，每个汉字以 2 个字节为单位进行解码，如图 16-10 所示。

总结 1：字符串、字符串→某种字符编码→字节串、字节串→某种字符编码→字符串之间的关系如图 16-11 所示。

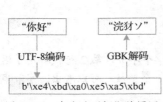

图 16-10　产生乱码问题的原因

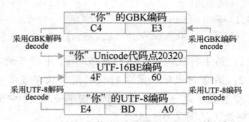

图 16-11　字符串和字节串的相互转换

总结 2：字符编码和字符解码时，字符集如果选择错误，可能出现乱码问题，甚至可能抛出异常。

总结 3："某种字符编码的字节串→另一种字符编码的字节串"的转换过程必须以"Python 字符串"作为"中间媒介"。也就是说转换过程必须是"某种字符编码的字节串→Python 字符串→另一种字符编码的字节串"。图 16-12 所示的代码片段演示了"UTF-8 编码的字节串→你好 Python→GBK 编码的字节串"的过程。

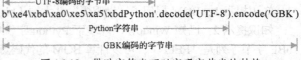

图 16-12　借助字符串可以实现字节串的转换

场景 8　创建 UTF-8 编码的 CSV 文本文件

（1）创建 Python 程序，输入以下代码，将 Python 程序命名为 csv_error.py。运行 Python 程序，创建 csv_error.csv 文本文件，使用 Excel 类软件（例如 WPS）打开该文件，内容如图 16-13 所示。

```
fh = open('csv_error.csv','w',encoding='UTF-8')
fh.write('你好\n')
fh.close()
```

说明 1：中文简体 Windows 的首选字符编码是 cp936（等效于 GBK）。

说明 2：目前为止，Excel 类软件需要根据 UTF-8 编码的 BOM 才能将 CSV 文本文件标识为 UTF-8 编码。由于本步骤中创建的 CSV 文本文件不包含 UTF-8 编码的 BOM，导致 Excel 类软件以"GBK"码解析 CSV 文本文件中的文本，从而产生乱码问题。

（2）创建 Python 程序，输入以下代码，将 Python 程序命名为 csv_correct.py。运行 Python 程序，

创建 csv_correct.csv 文本文件，使用 Excel 类软件打开该文件，内容如图 16-14 所示。

```
fh = open('csv_correct.csv','w',encoding='UTF-8')
fh.write('\uFEFF')
fh.write('你好\n')
fh.close()
```

图 16-13　Excel 类软件打开 UTF-8 编码的 CSV 文件

图 16-14　Excel 类软件打开带有 BOM 的 UTF-8 编码的 CSV 文件

说明：Windows7 环境下 Python 字符串采用 UTF-16BE 编码。第 2 行代码的功能是向 CSV 文本文件添加 UTF-16BE 编码的 BOM 字符 "\uFEFF"，该 BOM 被编码成 UTF-8 码 "EF BB BF" 后写入 CSV 文本文件。这样，Excel 类软件就可以根据该 BOM 判断 CSV 文件是不是 UTF-8 编码了。

（3）创建 Python 程序，输入以下代码，将 Python 程序命名为 create_unicode.py。

```
fh = open('unicode.csv','w',encoding='UTF-8')
i = 0
fh.write('\uFEFF')
for code_point in range(9312,20000):
    i = i + 1
    fh.write(chr(code_point)+",")
    if i%10==0:
        fh.write('\n')
fh.close()
```

说明：分隔符是 "，"，注意是英文逗号，不是中文逗号。

（4）运行 Python 程序，使用 Excel 类软件打开 unicode.csv 文件，部分内容如图 16-15 所示。

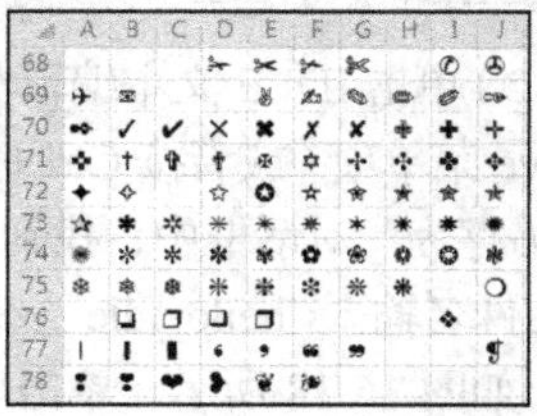

图 16-15　制作一个 Unicode 字符生成器

16.2　使用 IDLE 开发 Python 程序

工欲善其事，必先利其器，开发 Python 程序时，有必要选择一款合适的集成开发环境（Integrated Development Environment，IDE），为了降低读者的学习成本，本书选择 IDLE，它是 Python 安装程序（Windows 版本）自带的 IDE。

说明：根据个人爱好和习惯，读者也可以选择其他 IDE，例如 Jupyter Notebook 或者 PyCharm。切勿神话 IDE，掌握 Python 的核心语法，理解 Python Shell 的特点，养成良好的编程习惯，才是本书重点阐述的内容。

IDLE 是一个集成开发环境，专门用于开发 Python 程序，之所以被命名为 IDLE，据说是为了纪念英国六人喜剧团体 Monty Python 中的喜剧演员 Eric Idle。

IDLE 提供了两种使用方法：交互模式下运行 Python 代码；作为文本编辑器编写 Python 程序。常常将 IDLE 称为 IDE，是因为 IDLE 属于 IDE，且 IDLE 提供了比记事本程序更为强大的功能，例如语法高亮显示、智能缩进、代码自动补全。

上机实践 3　使用 IDLE 开发 Python 程序

场景 1　准备工作

（1）在 C 盘根目录下创建 py3project 目录，并在该目录下创建 idle 目录。
（2）确保显示文件的扩展名。

场景 2 启动 IDLE

知识提示：Windows 版的 Python 安装程序自带了 IDLE，成功安装 Python 后，也会自动安装 IDLE。

（1）启动 IDLE 的步骤是，单击操作系统的开始按钮→单击所有程序→单击 Python 文件夹（例如 Python3.8）→单击 IDLE，如图 16-16 所示，即可启动 IDLE。

（2）启动 IDLE 即可打开 Python Shell，输入 "print('你好 IDEL')" 代码并执行，执行结果如图 16-17 所示。

图 16-16 启动 IDLE

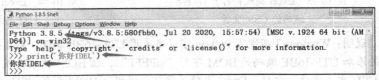

图 16-17 打开 Python Shell

说明：第 1 章已经对 Python Shell 的使用进行了详细讲解，这里不再赘述。

场景 3 使用 IDLE 创建 Python 程序

知识提示：为了能够成功地演示 IDLE 的智能化，Python 代码中务必包含中文字符。

（1）启动 IDLE 后，单击 File 菜单→选择 New File 菜单项，在弹出的 IDLE 文本编辑器中，输入以下代码。

```
print('你好 IDLE')
```

（2）单击 IDLE 文本编辑器中的 File 菜单→单击 Save 菜单项（或者按 Ctrl + S 组合键），在弹出的"另存为"对话框中，找到 C:\py3project\idle 目录，文件名输入"hello_idle"，保存类型选择 Python files，如图 16-18 所示，单击"保存"按钮，即可在 C:\py3project\idle 目录下创建名字为"hello_idle.py"的 Python 程序。

（3）打开 C:\py3project\idle 目录，使用记事本程序打开 hello_idle.py 程序，单击记事本程序中"文件"菜单，选择"另存为"菜单项，在弹出的"另存为"对话框中，可以看到 hello_idle.py 程序使用的是 UTF-8 编码，如图 16-19 所示。

（4）关闭记事本程序。

（5）返回 IDLE 文本编辑器，将代码修改为以下代码。单击 IDLE 文本编辑器中的 File 菜单→单

图 16-18 使用 IDLE 创建 Python 程序

图 16-19 使用记事本程序查看 Python 程序的字符编码（1）

击 Save 菜单项（或者按 Ctrl + S 组合键），保存修改内容。由于文件已经存在，此时不再弹出"另存为"对话框。

```
# coding:GBK
print('你好 IDLE')
```

（6）打开 C:\py3project\idle 目录，使用记事本程序重新打开 hello_idle.py 程序，单击记事本程序中的"文件"菜单，选择"另存为"菜单项，在弹出的"另存为"对话框中，可以看到 hello_idle.py 程序使用的是 ANSI 编码（等效于 GBK 编码），如图 16-20 所示。

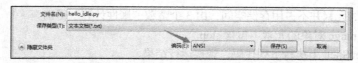

图 16-20 使用记事本程序查看 Python 程序的字符编码（2）

总结：使用 IDLE 创建 Python 程序时，如果程序中包含中文字符，并且没有指定字符编码注释，程序中的文本将默认采用 UTF-8 编码。如果指定了字符编码注释，IDLE 会根据字符编码注释，自动设置程序中文本的编码。

场景 4 在 IDLE 中采用直接方式运行 Python 程序

关闭记事本程序，返回 IDLE 文本编辑器，单击 Run 菜单→单击 Run Module 菜单项（或者直接按 F5 键），即可运行 Python 程序，在弹出的 Python Shell 中显示运行结果，如图 16-21 所示。

图 16-21 在 IDLE 中采用直接方式运行 Python 程序

说明 1：从 Run Module 菜单项的名字可以看出，Python 程序是以模块（Module）为单位运行的。
说明 2：每次运行 Python 程序时，IDLE 都会在当前的 Python Shell 上重启（RESTART）Python 会话。
说明 3：本场景采用直接方式运行 Python 程序。

场景 5 使用 IDLE 打开 Python 程序

知识提示：使用 IDLE 打开 Python 程序有两种方法（以打开 hello_idle.py 程序为例）。
方法 1：找到 hello_idle.py 程序，右键单击，选择 Edit with IDLE 打开即可。
方法 2：启动 IDLE，单击 File 菜单→选择 Open 菜单项，在弹出的"打开"对话框中定位到 hello_idle.py 程序，单击"打开"按钮即可。

说明：使用 IDLE 打开 Python 程序后，一定要关注 IDLE 的标题栏，如图 16-22 所示。IDLE 标题栏记录了当前程序所在的目录以及 Python 解释器的版本号。

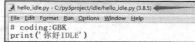

图 16-22 IDLE 的标题栏

16.3 可迭代对象和迭代器对象

如果一个对象支持 __iter__ 方法，那么该对象是可迭代对象（iterable）。可迭代对象支持 iter() 函数，语法格式是 "iter(iterable)"，功能是返回可迭代对象 iterable 的迭代器对象（iterator）。

如果一个对象既支持 __iter__ 方法，又支持 __next__ 方法，那么该对象是迭代器对象（iterator）。迭代器对象不仅支持 iter() 函数，还支持 next() 函数，语法格式是 "next(iterator)"，功能是对迭代器对象 iterator 进行迭代。迭代过程中，如果没有可迭代元素，则抛出 StopIteration 异常。

上机实践 4 可迭代对象和迭代器对象

场景 1 认识 range 对象

知识提示 1：range(start,stop,step) 用于构造一个 range 对象。该方法可接收 3 个整数，start 表示开始索引，stop 表示结束索引，step 表示步长（start、stop 和 step 的具体功能可参考字符串切片），start 和 step 是可选参数，start 的默认值是 0，step 的默认值是 1。

知识提示 2：range 对象是一个惰性计算的可迭代对象，range 对象只存储 start、stop 和 step 三个数据，range 对象的元素并不占用存储空间，由 3 个整数"惰性计算"得出。

知识提示 3：range 对象的元素不包含 stop。

（1）在 Python Shell 上执行下列代码，观察运行结果。

```
range5 = range(5)
len(range5)              #输出 5
range5[-1]               #输出 4
range5[2:4]              #输出 range(2, 4)
range5[::-1]             #输出 range(4, -1, -1)
range5[5]                #输出 IndexError: range object index out of range
```

说明：和列表、元组相似，range 对象有长度、可索引和可切片，对 range 对象进行切片时，结果依然是 range 对象。

（2）在 Python Shell 上执行下列代码，观察运行结果。

```
range5                   #输出 range(0, 5)
tuple5 = tuple(range5)
list5 = list(range5)
tuple5                   #输出(0, 1, 2, 3,4)
list5                    #输出[0, 1, 2, 3,4]
type(range5)             #输出<class 'range'>
list(range(3,10))        #输出[3, 4, 5, 6, 7, 8, 9]
list(range(3,10,2))      #输出[3, 5, 7, 9]
```

说明：range 对象可以转换为列表和元组。列表和元组的缺点是它们的元素都需要占用存储空间。range 对象的元素并不占用存储空间，由 start、stop 和 step 3 个整数"惰性计算"得出。

（3）在 Python Shell 上执行下列代码，执行结果如图 16-23 所示。

```
dir(range5)
```

图 16-23　range 对象是可迭代对象

说明：如果一个对象支持 __iter__ 方法，那么该对象是可迭代对象（iterable），range 对象是可迭代对象（iterable）。

（4）在 Python Shell 上执行下列代码，执行结果如图 16-24 所示。

```
it5 = iter(range5)
dir(it5)
```

图 16-24　it5 是一个迭代器对象

说明：如果一个对象既支持 __iter__ 方法，又支持 __next__ 方法，那么该对象是迭代器对象（iterator）。it5 就是一个迭代器对象。迭代器对象是可迭代对象，可迭代对象未必是迭代器对象。

场景 2　可迭代对象 VS 迭代器对象 1

（1）在 Python Shell 上执行下列代码，初始化一个可迭代对象 range5 和迭代器对象 it5。

```
range5 = range(5)
it5 = iter(range5)
```

（2）在 Python Shell 上执行下列代码两次，两次迭代可迭代对象 range5，执行结果如图 16-25（左）所示。

```
for _ in range5:
    print(_)
```

（3）在 Python Shell 上执行下列代码两次，两次迭代迭代器对象 it5，执行结果如图 16-25（右）所示。

```
for _ in it5:
    print(_)
```

说明：迭代器对象是一种可迭代对象，迭代器对象和可迭代对象的相同之处是都可以使用 for 循环进行迭代。不同之处在于，迭代器对象只能被迭代一遍，可迭代对象可以迭代多遍。

图 16-25 可迭代对象 VS 迭代器对象

场景 3 可迭代对象 VS 迭代器对象 2

（1）在 Python Shell 上执行下列代码，初始化一个可迭代对象 range5 和迭代器对象 it5。

```
range5 = range(5)
it5 = iter(range5)
lst5 = list(it5)
lst5#输出[0, 1, 2, 3, 4]
```

通过 iter 函数，可将可迭代对象转换为迭代器对象；通过 list、tuple、set 函数，可将迭代器对象转换为可迭代对象。

（2）在 Python Shell 上执行下列代码，执行结果如图 16-26 所示。

```
next(range5)
```

说明：range 对象是可迭代对象，不支持 next 函数。

（3）在 Python Shell 上执行下列代码，执行结果如图 16-27 所示。

```
next(it5)
next(it5)
next(it5)
next(it5)
next(it5)
```

图 16-26 可迭代对象不支持 next 函数　　图 16-27 迭代器对象支持 next 函数

总结 1：支持 __iter__ 方法的对象是可迭代对象；支持 __iter__ 和 __next__ 方法的对象是迭代器对象；迭代器对象一定是可迭代对象，可迭代对象不一定是迭代器对象。

总结 2：迭代器对象（iterator）支持 next 函数，通过 next(iterator) 函数可以迭代迭代器对象 iterator。迭代过程中，如果没有可迭代元素，则抛出 StopIteration 异常。

总结 3：range 对象是可迭代对象，但不是迭代器对象，不能对 range 对象直接使用 next() 函数迭代。

总结 4：单词 iterable 以 able 为后缀，表示形容词"可以迭代的"。单词 iterator 以 or 为后缀，表示名词"迭代器"。通过 iter 函数，可将可迭代对象转换为迭代器对象；通过 list、tuple、set 函数，可将迭代器对象转换为可迭代对象。使用 next 函数可以对迭代器对象进行迭代，直至抛出 StopIteration 异常。迭代器对象和可迭代对象都可以使用 for 循环进行迭代，迭代器对象只能被迭代一遍，可迭代对象可以被迭代多遍。可迭代对象和迭代器对象之间的关系如图 16-28 所示。

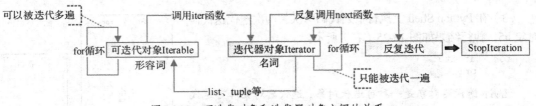

图 16-28　可迭代对象和迭代器对象之间的关系

场景 4　常见的可迭代对象（iterable）

知识提示：字符串、元组、列表、集合、字典、range 对象等都是可迭代对象（iterable）。

按照代码注释的内容，依次执行下列代码 5 次，5 次执行结果相同，如图 16-29 所示。

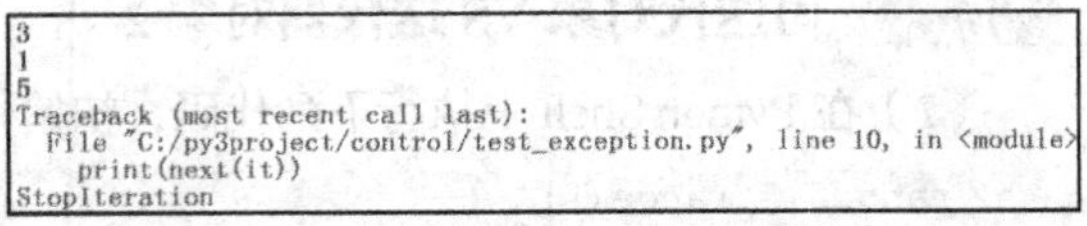

图 16-29　常见的可迭代对象

```
data = '315'
#data = (3,1,5)              #依次取消本行的注释，再次运行
#data = [3,1,5]              #依次取消本行的注释，再次运行
#data = {3,1,5}              #依次取消本行的注释，再次运行
#data = {3:'three',1:'one',5:'five'}     #依次取消本行的注释，再次运行
it = iter(data)              #本行代码不能删除
print(next(it))
print(next(it))
print(next(it))
print(next(it))
```

说明 1：使用 iter 函数将字典转换成迭代器对象时，字典元素的值将被丢弃。
说明 2：迭代字典和集合时，每次迭代的顺序可能不同。

场景 5　enumerate()用于返回一个迭代器对象

知识提示：enumerate 译作枚举，可看作 iter 函数的升级版。

按照代码注释的内容，依次执行下列代码 5 次，5 次执行结果相同，如图 16-30 所示。

图 16-30　enumerate()用于返回一个迭代器对象

```
data = '315'
#data = (3,1,5)              #依次取消本行的注释，再次运行
#data = [3,1,5]              #依次取消本行的注释，再次运行
#data = {3,1,5}              #依次取消本行的注释，再次运行
#data = {3:'three',1:'one',5:'five'}     #依次取消本行的注释，再次运行
it = enumerate(data)
#it = iter(it)       #取消本行的注释，再次运行
print(next(it))
print(next(it))
print(next(it))
print(next(it))
```

说明 1：enumerate()用于返回一个迭代器对象，内容是迭代次数和迭代元素组成的元组。

说明2：使用 enumerate()将字典转换成迭代器对象时，字典元素的值将被丢弃。
说明3：迭代字典和集合时，每次迭代的顺序可能不同。
说明4：取消代码"it = iter(it)"的注释，代码依然可以运行，这是因为迭代器对象 iterator 是可迭代对象。

场景6 对可迭代对象进行统计1

知识提示：any、all 函数的返回值是布尔型数据。
在 Python Shell 上执行下列代码，观察运行结果。

```
any([None,False,0,0.0,'',b'',(),[],set(),{},range(0)])        #输出 False
any([None,False,0,0.0,'',b'',(),[],set(),{},range(0),1])      #输出 True
all((-1,1,True))   #输出 True
all((0,1,True))    #输出 False
```

说明1：any(iterable)函数是 Python 的内置函数，如果可迭代对象 iterable 中任何（any）一个元素是"真"，则函数返回 True。也可以这样理解：如果可迭代对象 iterable 的每个元素都是"假"，则函数返回 False。any(iterable)函数的作用等效于将对象 iterable 的每个元素执行"or"运算，然后将执行结果转换为布尔型数据。

说明2：all(iterable)函数是 Python 的内置函数，如果可迭代对象 iterable 的所有（all）元素都是"真"，则函数返回 True。也可以这样理解：如果可迭代对象 iterable 中有一个元素是"假"，则函数返回 False。all(iterable)函数的作用等效于将对象 iterable 的每个元素执行"and"运算，然后将执行结果转换为布尔型数据。

场景7 对可迭代对象进行统计2

在 Python Shell 上执行下列代码，观察运行结果。

```
x = [1,2,3,4,5]
print(len(x),min(x),max(x),sum(x))#输出 5 1 5 15
```

说明：len、min、max、sum 函数都是 Python 的内置函数，分别用于计算可迭代对象的长度、最小值、最大值和总和。

16.4 生成器函数和生成器对象

普通函数使用 return 语句返回值。调用普通函数后，普通函数的函数体代码会立即执行，并且 return 语句负责结束函数的执行，将控制权转交给调用者，将函数的执行结果返回给调用者。

生成器函数（generator function）使用 yield 语句返回值。调用生成器函数时，生成器函数的函数体代码不会立即执行，而是返回一个生成器对象（generator）。生成器对象（generator）是迭代器对象（iterator），支持 next()函数，只有对生成器对象执行 next()函数时，生成器函数的函数体代码才会被执行，并且执行到第1处的 yield 时立即暂停执行；再次执行 next()函数时，会从暂停处继续运行；继续执行 next()函数，如果没有发现 yield，则会抛出 StopIteration 异常，此时生成器函数的函数体代码才执行完毕。生成器函数的执行过程如图 16-31 所示。

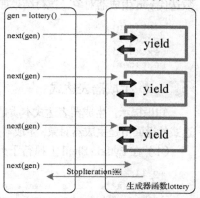

图 16-31 生成器函数的执行过程

说明1：与return语句完全终止函数的执行不同，yield语句会暂停函数的执行，保存其暂停状态，在后续调用next()函数时从暂停处继续执行。

说明2：生成器函数执行期间，局部命名空间的对象名不会被销毁，直到抛出StopIteration异常。

说明3：生成器更节省内存，这是因为生成器只能迭代一遍，生成器执行的是惰性计算，只在执行next()函数时才创建对象。

上机实践5 生成器函数和生成器对象

场景1 定义生成器函数和创建生成器函数对象

（1）创建Python程序，输入下列代码，定义函数lottery，将Python程序命名为generator1.py。

```
import random
def lottery():
    n = 10
    print('第1个随机数即将诞生')
    yield random.randint(1,10)
    print('第2个随机数即将诞生')
    yield random.randint(11,20)
    print('第3个随机数即将诞生')
    yield random.randint(21,30)
    print('函数执行完毕，n的值是',n)
```

说明：lottery函数用于生成1～10、11～20、21～30区间的3个随机数。

（2）运行Python程序，创建生成器函数对象lottery，观察Python程序的运行结果。

场景2 调用生成器函数对象创建生成器对象

（1）在Python Shell上执行下列代码，调用生成器函数对象lottery。

```
gen = lottery()
type(gen)#输出<class 'generator'>
```

（2）在Python Shell上执行下列代码，查看gen的属性和方法，执行结果如图16-32所示。

图16-32 查看生成器对象的属性和方法

说明：从执行结果可以看出，生成器对象（generator）是迭代器对象（iterator）。

（3）在Python Shell上执行下列代码，通过next函数迭代gen生成器对象，执行结果如图16-33所示。

```
next(gen)
next(gen)
next(gen)
next(gen)
```

图16-33 通过next函数迭代生成器对象

场景3 生成器表达式

知识提示：生成器表达式本质是一个"匿名的生成器函数"，与lambda匿名函数类似。生成器表达式的返回值是生成器对象，生成器表达式的语法格式类似于列表推导式，将方括号替换成圆括号即可。

（1）在Python Shell上执行下列代码，观察运行结果。

```
my_list = [1,3,5,7]
gen = (x**2 for x in my_list)
lst = [x**2 for x in my_list]
```

（2）在Python Shell上执行下列代码，观察运行结果。

```
gen#输出<generator object <genexpr> at 0x000000000244E430>
lst#输出[1, 9, 25, 49]
```

说明：生成器函数执行的是惰性计算，只在执行next()函数时才创建对象。生成器表达式比列表推导式更节省内存。

16.5 pip 包管理工具的使用

本书将模块分为内置模块（builtins）、标准模块（standard）和第三方模块（third-party），第三方模块也称为第三方包（package）、第三方库（library）或者扩展模块（extension）。pip 是 PyPA 推荐的 Python 包管理工具。PyPA（Python Packaging Authority）译作 Python 包管理机构，是一个专门开发、分享和维护 Python 第三方包的工作小组。

使用 pip 包管理工具可以安装、升级、卸载 Python 第三方包。默认情况下，pip 从 PyPI（网址是 https://pypi.org/）下载第三方包，因此使用 pip 安装第三方包时要确保计算机联网。PyPI（Python Package Index）译作 Python 包索引，是 Python 的第三方包存储仓库。

Python 安装程序中自带了 pip 包管理工具，安装 Python 后，会自动将 pip 包管理工具安装在 C:\python3\Scripts 目录下。需要注意：使用 pip 前建议将 pip 的安装目录配置到 Path 环境变量中；pip 命令需要在 cmd 命令窗口上运行，而不是在 Python Shell 上运行。

上机实践 6　pip 包管理工具的使用

场景 1　查看已经安装的第三方包以及版本号

知识提示：查看已经安装的第三方包以及版本号需要使用命令"pip list"。

打开 cmd 命令窗口，输入"pip list"命令，执行结果如图 16-34 所示。可以看到，当前已经安装了两个 Python 第三方包，分别是 pip 和 setuptools。

```
C:\py3project\hello>pip list
Package    Version
---------- -------
pip        20.1.1
setuptools 47.1.0
WARNING: You are using pip version 20.1.1; however, version 20.2.2 is available.
You should consider upgrading via the 'c:\python3\python.exe -m pip install --upgrade pip' command.

C:\py3project\hello>
```

图 16-34　查看已经安装的第三方包以及版本号

说明：打开 PyPI 的官网，在搜索框中分别输入 pip 和 setuptools，可以分别搜索到 pip 和 setuptools 两个 Python 第三方包的最新版本，如图 16-35 所示。

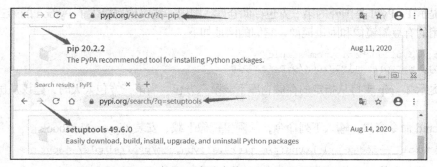

图 16-35　在 PyPI 中搜索第三方包的最新版本

场景 2 升级第三方包到最新版本

知识提示：升级第三方包到最新版本需要使用命令"pip install --upgrade 要升级的包名"。

打开 cmd 命令窗口，输入"pip install --upgrade pip"命令，升级 pip。

说明 1：该命令等效于（注意大写 U）"pip install -U pip"。

说明 2：安装过程中，如果出现图 16-36 所示的错误信息，向该命令添加"--user"选项即可，代码如下。

```
pip install --upgrade pip --user
```

图 16-36 升级第三方包到最新版本

场景 3 安装、卸载第三方包

知识提示 1：安装第三方包需要使用命令"pip install 要安装的包名"。

知识提示 2：卸载第三方包需要使用命令"pip uninstall 要卸载的包名"。

（1）打开 cmd 命令窗口，输入"pip install redis"命令，安装 redis 第三方包，如图 16-37 所示。

说明：如果再次执行上述命令，则可以找到 redis 第三方包安装在本机的位置。默认情况下 redis 安装在 C:\python3\Lib\site-packages 目录下。

（2）打开 cmd 命令窗口，输入"pip uninstall redis"命令，卸载 redis 第三方包，执行结果如图 16-38 所示，在 Proceed（y/n）提示符中输入"y"表示继续删除。

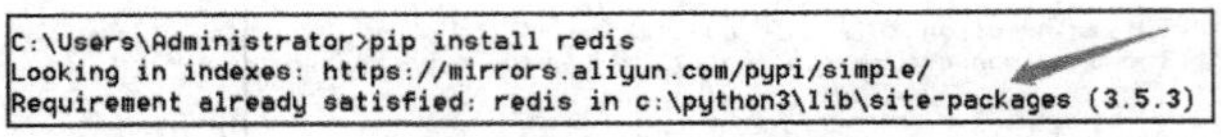

图 16-37 安装第三方包 　　　　　　　　图 16-38 卸载第三方包

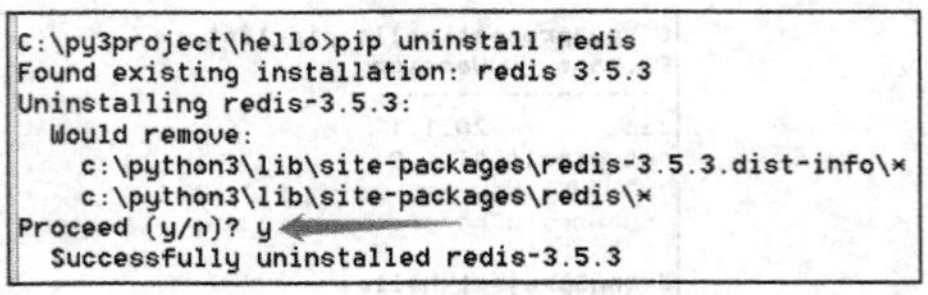

说明：对于初学者而言，请不要删除 pip 和 setuptools 两个 Python 第三方包。

场景 4 临时更换镜像

知识提示 1：PyPI 是国外的第三方包存储仓库，国内一些机构也提供了 Python 的第三方包存储仓库，常用的有豆瓣镜像和阿里镜像，它们的网址如下。

```
https://pypi.doubanio.com/simple/
https://mirrors.aliyun.com/pypi/simple/
```

知识提示 2：pip 支持从指定的存储仓库下载第三方包。当第三方包太大时，建议从国内镜像下载安装。

打开 cmd 命令窗口，输入下列命令，从阿里镜像下载、安装 Jupyter Notebook。

```
pip install --index-url https://mirrors.aliyun.com/pypi/simple/ jupyter
```

说明：该命令等效于 pip install -i https://mirrors.aliyun.com/pypi/simple/ jupyter。

场景 5　永久更换镜像

知识提示：pip 命令的 "--index-url" 参数用于临时更换镜像。如果想永久更换镜像，需要将镜像的网址写入 pip.ini 配置文件中。

（1）打开 cmd 命令窗口，输入下列命令永久更换镜像。

```
pip config set global.index-url https://mirrors.aliyun.com/pypi/simple/
```

（2）在 cmd 命令窗口中输入命令 "pip config list"，查看 pip 的配置选项。步骤（1）和步骤（2）的执行结果如图 16-39 所示。

```
C:\Users\Administrator>pip config set global.index-url https://mirrors.aliyun.com/pypi/simple/
Writing to C:\Users\Administrator\AppData\Roaming\pip\pip.ini

C:\Users\Administrator>pip config list
global.index-url='https://mirrors.aliyun.com/pypi/simple/'
```

图 16-39　查看 pip 的配置选项

说明：如果有多个 pip.ini 配置文件，可以通过下列命令查看 pip 从哪些 pip.ini 配置文件中获取配置参数信息，执行结果如图 16-40 所示。最后加载的参数信息会覆盖前面加载的参数信息。

```
pip config list -v
```

```
C:\Users\Administrator>pip config list -v
For variant 'global', will try loading 'C:\ProgramData\pip\pip.ini'
For variant 'user', will try loading 'C:\Users\Administrator\pip\pip.ini'
For variant 'user', will try loading 'C:\Users\Administrator\AppData\Roaming\pip\pip.ini'
For variant 'site', will try loading 'c:\python3\pip.ini'
global.index-url='https://mirrors.aaliyun.com/pypi/simple/'
```

图 16-40　获取配置参数信息

16.6　Python 中的标点符号

Python 中常用的标点符号总结如下。

（1）"："符号。

功能 1：代码块 "头" 和代码块 "体" 的分隔符号。

功能 2："[]" 中的 "：" 用作切片。

（2）缩进符号：表示代码块 "体" 的开始。

说明：一次缩进通常是指 4 个空格键或 1 个 Tab 键。Python 对缩进要求极其严格，如果缩进不规范，将抛出 IndentationError 异常。

（3）取消缩进：表示当前代码块 "体" 的结束以及当前代码块的结束。

（4）"()" 符号。

功能 1：使用 def 定义函数时，函数名后的 "()" 包含的是形参列表。

功能 2：函数名（或者方法名）后的 "()" 表示对函数（或者方法）进行调用，"()" 包含的是实参列表。

功能 3：使用 class 定义类时，类名后的 "()" 包含的是父类列表。

功能 4：类名后的 "()" 表示调用模板对象创建实例化对象，"()" 包含的是实例化对象的初始化属性值。

功能 5：实例化对象后的 "()" 表示调用实例化对象的 __call__ 方法。

功能 6：用作生成器表达式。

功能 7：表示原对象。例如 "(1)" 和 "1" 等效，都表示整数 1。

▶注意:"(1)"不是元组,"(1,)"和"1,"才是元组。当元组只包含一个元素时,必须在元素后面添加","逗号,否则表示原对象。

(5)"."符号。

功能1:对象后紧跟"."操作符表示访问对象"的"某个属性(或方法),属性的英文单词是 attribute。

功能2:访问模块中定义的对象。

功能3:数字后的点表示小数点。

功能4:在 import 导入语句中,"."用作分隔符,表示层次结构。

功能5:相对导入(relative import)时,如果包名以"."开始,"."表示当前包。

功能6:在文件系统中,"."表示当前目录。

(6)".."符号。

功能1:相对导入(relative import)时,如果包名以".."开始,则".."表示父包。

功能2:在文件系统中,".."表示父目录。

(7)"[]"符号。

功能1:通过索引访问元组、列表、字典、集合、字符串等容器中的某个元素,元素的英文单词是 element。

功能2:切片。

功能3:创建一个列表对象。

功能4:用作列表推导式。

(8)"{}"符号。

功能1:创建一个集合对象或者字典对象。

▶注意:"{}"表示空字典,不是空集合。

功能2:用作集合推导式或者字典推导式。

(9)","符号。

功能1:表示至少一个元素的元组。

功能2:元素之间的分隔符。例如形参列表、实参列表的分隔符。

(10)自定义类中的下画线。

功能1:单下画线开头。保护变量,不可被导入,除非在__all__列表中声明。

功能2:单下画线结尾。为了避免和 Python 关键字重名,例如 class_。

功能3:双下画线开头。私有属性、私有方法,不可被子类继承,因为其会被改名。

功能4:双下画线开头和双下画线结尾。魔术属性或者魔术方法。

(11)";"符号。

功能:可以使用";"在一行中包含多条代码,例如下面的代码。

```
x = 1; y = 2; z = 3
```

(12)"*"符号。

功能1:定义函数时,形参名前的"*"将位置参数组包成元组。

功能2:调用函数时,实参名前的"*"对元组、列表、字典进行解包。

功能3:from 模块 import *用于导入模块的所有对象名。

功能 4：from 包 import *，默认行为是不会从包中导入该包的任何模块的，除非这个模块被定义在该包__init__.py 程序的__all__列表中。

（13）"**"符号。

功能 1：定义函数时，形参名前的"**"将关键字参数组包成字典。

功能 2：调用函数时，实参名前的"**"对字典进行解包。

功能 3：pathlib 标准模块 Path 对象的 glob(pattern)方法支持"**"模式，功能是在文件路径中"递归"查找所有匹配指定模式的文件或目录。

（14）"/"符号。

功能 1：除法运算符。

功能 2：使用"/"可以拼接 pathlib 标准模块的 Path 文件路径对象。

功能 3：在 Windows 文件系统和 Linux 文件系统中，"/"表示路径分隔符。

（15）"\"符号。

功能 1：续行符。

说明：Python 代码通常占用一行，换行符"Enter"键标记了 Python 代码的结束。如果 Python 代码过长，可以使用续行符"\"将一行代码分成多行，例如下面的代码。

```
message1 = "Python是一种"\
"跨平台的计算机"\
"程序设计语言。"
```

功能 2：在 Windows 文件系统中，"\"表示路径分隔符。

（16）其他续行符

Python 支持在"()""[]""{}"中续行。其中，"[]"支持对列表续行，"{}"支持对字典或集合续行，"()"除了支持对元组续行，也支持对字符串、表达式续行。

例如下面的代码，使用"[]"对列表续行。

```
student = ['张三','男',
'2000-1-1','北京','备注']
```

例如下面的代码，使用"{}"对字典续行。

```
students = {
    '001':['张三','男','2000-1-1','北京','备注'],
    '002':['李四','女','2000-1-1','上海','备注'],
    '003':['王五','男','2000-1-1','深圳','备注'],
    '004':['马六','女','2000-1-1','广州','备注'],
}
```

例如下面的代码，使用"()"对元组续行。

```
nums = (2, 3, 5, 7,
11, 13, 17)
```

例如下面的代码，使用"()"对字符串续行。

```
message2 = ("Python是一种"
"跨平台的计算机"
"程序设计语言。")
```

例如下面的代码，使用"()"对表达式续行。

```
result = (1 + 2 + 3 + 4 +
5 + 6 + 7 + 8 +
9 + 10)
```

16.7 os 模块和 pathlib 模块的对比

os 模块和 pathlib 模块都提供了路径管理的函数（或方法），os 模块和 pathlib 模块有关路径管理的对比如表 16-5 所示。

表 16-5 os 模块和 pathlib 模块有关路径管理的对比

操作	os 模块或者 os.path 模块	pathlib 模块
创建目录	os.mkdir()	Path.mkdir()
重命名	os.rename()	Path.rename()
移动	os.replace()	Path.replace()
删除目录	os.rmdir()	Path.rmdir()
删除文件	os.remove(), os.unlink()	Path.unlink()
当前工作目录	os.getcwd()	Path.cwd()
修改当前工作目录	os.chdir()	无
文件属性	os.stat()	Path.stat(), Path.owner(), Path.group()等
文件路径是否存在	os.path.exists()	Path.exists()
是否是目录	os.path.isdir()	Path.is_dir()
是否是文件	os.path.isfile()	Path.is_file()
绝对路径	os.path.abspath()	Path.resolve()
是否是绝对路径	os.path.isabs()	Path.is_absolute()
拼接文件路径	os.path.join()	Path.joinpath()
文件名	os.path.basename()	Path.name
父目录	os.path.dirname()	Path.parent
是否是同名文件	os.path.samefile()	Path.samefile()
后缀	os.path.splitext()	Path.suffix
操作系统用户目录	os.path.expanduser('~')	Path.home()

说明：os 模块中定义了 path 对象，该对象也是一个模块，即 os.path 是模块。